Ihre Arbeitshilfen zum Download:

Die folgenden Arbeitshilfen stehen für Sie zum Download bereit:

Interviewgenerator:
- Erstellen Sie anhand von 700 Interviewfragen einen passenden Leitfaden für das Bewerberinterview

Formular:
- Anforderungsprofil
- Checklisten zur Analyse von Lebensläufen, Anschreiben und Zeugnissen

Den Link sowie Ihren Zugangscode finden Sie am Buchanfang.

Exklusiv für Buchkäufer!

Ihre Arbeitshilfen zum Download:

▶ **www.haufe.de/arbeitshilfen**

▶ **Buchcode:** VDD-HY4A

Systematische Bewerberinterviews

Christian Berndt
Bernd Wierzchowski

Systematische Bewerberinterviews

Mit der VeSiEr-Methode Kompetenzen erkennen und bewerten

Christian Berndt
Bernd Wierzchowski

2. Auflage

Haufe Gruppe
Freiburg · München

Bibliografische Information der Deutschen Nationalbibliothek

Die Deutsche Nationalbibliothek verzeichnet diese Publikation in der Deutschen Nationalbibliografie; detaillierte bibliografische Daten sind im Internet über http://dnb.dnb.de abrufbar.

Print ISBN: 978-3-648-05546-5   Bestell-Nr. 04412-0002
EPUB ISBN: 978-3-648-05547-2   Bestell-Nr. 04412-0100
EPDF ISBN: 978-3-648-05548-9   Bestell-Nr. 04412-0150

Christian Berndt, Bernd Wierzchowski
Systematische Bewerberinterviews
2. Auflage 2015

© 2015 Haufe-Lexware GmbH & Co. KG, Freiburg
www.haufe.de
info@haufe.de
Produktmanagement: Anne Lennartz

Lektorat: Ulrich Leinz, 10829 Berlin
Satz: Reemers Publishing Services GmbH, 47799 Krefeld
Umschlag: RED GmbH, 82152 Krailling
Druck: Schätzl Druck, Donauwörth

Inhaltsverzeichnis

Vorwort

Eine professionelle Personalauswahl ist heutzutage für jedes Unternehmen von entscheidender Bedeutung. Zu hoch sind die Kosten und zu groß die Risiken, die die Fehlbesetzung einer Position mit sich bringt. Wir unterstützen Sie dabei mit diesem Buch in jeder Phase der Personalauswahl. So finden Sie den optimalen Kandidaten, der zur ausgeschriebenen Stelle und zu Ihrem Unternehmen bestens passt.

In **Teil 1** begleiten wir Sie in fünf Schritten durch das gesamte Bewerbungsverfahren — von der Erstellung eines Anforderungsprofils über die Durchführung des Interviews bis zur Auswahl des optimalen Bewerbers — und stellen Ihnen dazu praxiserprobte Hilfs- und Arbeitsmittel zur Verfügung.

In **Teil 2** bieten wir Ihnen über 700 Fragen, die Sie direkt für Ihr Bewerberinterview einsetzen können. Sie sind unterteilt in die fünf Bereiche

- Interviewfragen zu Biografie und Erfahrung,
- Interviewfragen zu fachlichen Kompetenzen,
- Interviewfragen zu Soft Skills bzw. den überfachlichen Kompetenzen,
- Interviewfragen zu Motivation und
- Interviewfragen zum Abschluss.

Mit dem Interview-Generator, den wir Ihnen bei den Arbeitshilfen online zur Verfügung stellen, können Sie sich aus diesen Interviewfragen im Handumdrehen Ihren passenden Interviewleitfaden zusammenstellen.

In **Teil 3** geben wir Ihnen alle wichtigen Kommunikationstechniken für eine erfolgreiche Interviewführung an die Hand. Da ist zunächst die VeSiEr-Methode, mit der Sie das frühere Verhalten Ihres Bewerbers genau hinterfragen lernen, um daraus die Prognose für das zukünftige Verhalten erstellen zu können. Zudem helfen wir Ihnen eine zielführende Fragestrategie zu entwickeln und wir stellen Ihnen alle für das Interview wichtigen Fragetechniken mit Beispielen vor.

In **Teil 4** gehen wir auf die typischen Fallen und Fehler bei der Bewerberbeurteilung ein, auf den Umgang mit schwierigen Kandidaten und auf die besondere Situation in Interviews im internationalen Bereich. Hier informieren wir auch über die rechtlichen Grundlagen und Knackpunkte im Bewerberinterview.

Viel Erfolg wünschen Ihnen   *Christian Berndt* und *Bernd Wierzchowski*

Teil 1: Den optimalen Bewerber auswählen

1. Schritt: Anforderungsprofil erstellen
Welche Anforderungen muss ein Bewerber erfüllen, um die Aufgaben der zu besetzenden Position erfolgreich erledigen zu können? Welche fachlichen Kompetenzen und Soft Skills muss er mitbringen? Wie muss seine Motivation ausgeprägt sein?

2. Schritt: Bewerbungsunterlagen effizient analysieren
Welche Bewerber erfüllen die für die Position erforderlichen Anforderungen? Welche sind wirklich motiviert, die Stelle auch anzutreten? Arbeitmittel und Anleitung finden Sie in Kapitel 2.

3. Schritt: Per Telefoninterview eine Vorauswahl treffen
Nutzen Sie das Telefoninterview, um eine Vorauswahl zu treffen oder einen Eindruck von Bewerbern zu erhalten, die weit weg wohnen. Auf was Sie bei einem Telefoninterview achten müssen, lesen Sie in Kapitel 3.

4. Schritt: Bewerberinterview durchführen
Erstellen Sie einen Interviewleitfaden, um die Bewerber systematisch zu befragen. Nutzen Sie dazu die über 700 Einstiegs- und VeSiEr-Fragen aus dem Fragenpool in Kapitel 7. Und praktische Tipps , wie Sie das Interview führen, finden Sie in Kapitel 4.

5. Schritt: Interviews auswerten und Kandidaten auswählen
Bewerten Sie im Anschluss an die Interviews die Kandidaten. Verwenden Sie dazu die Auswertungsmatrix, die Sie mit dem Interview-Generator festlegen und ausdrucken können. Viele praktische Tipps finden Sie dazu in Kapitel 5.

Abb. 1: Fünf Schritte der Bewerberauswahl

Fehlbesetzungen vermeiden

Unabhängig davon, ob Sie sich für oder gegen einen Kandidaten entscheiden, sprechen die Bewerber über das Interview, das sie bei Ihnen im Hause geführt haben. Insofern liefern Sie mit jedem Interview eine Visitenkarte ab, Sie betreiben Marketing im Kleinen. Zum anderen geht es bei der Stellenbesetzung um erhebliche Kosten, die entstehen können, wenn es zu einer Fehlentscheidung kommt.

- Hohe Kosten: Eine Stelle, die mit der falschen Person besetzt ist, kostet das Unternehmen ca. 50.000 EUR im Jahr, bei Führungskräften sogar weitaus mehr — über Fehlbesetzungen von Auslandspositionen gar nicht zu sprechen.
- Zeitverlust: Die erneute Suche und Einstellung dauert mehrere Wochen oder Monate.
- Imageverlust: Zum einen sind unter Umständen die Kunden unzufrieden, wenn ihr Ansprechpartner häufig wechselt. Zum anderen wird der „falsche" Mitarbeiter verprellt, der ja nicht zwangsweise schlecht, sondern nur für diese Position ungeeignet ist.
- Demotivierte Mitarbeiter: Die Kollegen ärgern sich darüber, dass sie die Arbeit eines nicht geeigneten Kollegen mittragen müssen oder sie einen zusätzlichen Einarbeitungsaufwand haben.

Wissenschaftliche Untersuchungen zur prognostischen Validität von Personalauswahlmethoden liefern Ergebnisse darüber, welche Arten von Interviews die bessere Prognose erbringen. Daraus ergeben sich einige einfache, aber wirkungsvolle Grundsätze für Ihre Bewerberinterviews, die wir Ihnen im Folgenden vorstellen.

Fünf Grundsätze für Bewerberinterviews

- Erstellen Sie *positionsspezifische Anforderungsprofile* mit eindeutig definierten Anforderungskriterien. So wissen Sie als Interviewer, wonach Sie genau suchen müssen und wie Sie mehrere Bewerber für dieselbe Stelle professionell vergleichen können.
- Setzen Sie im Interview *halbstrukturierte Interviewleitfäden* ein, die auf die relevanten Anforderungskriterien zugeschnitten sind. Damit stellen Sie sicher, dass der Auswahlprozess objektiver abläuft.
- Erfragen Sie *konkretes, früheres Verhalten* des Bewerbers. Das frühere Verhalten liefert Ihnen eine gute Prognose für zukünftiges Verhalten. Mit der in diesem Buch dargestellten VeSiEr-Methode (siehe Kapitel 8) und den damit zusammenhängenden Fragestrategien und -techniken haben Sie das Know-how, mit dem Sie wertvolle Erkenntnisse im Interview erhalten werden.
- Führen Sie Interviews mit *mehreren Interviewern*. Das Mehr-Augen-Prinzip ist eine wichtige Maßnahme zur Qualitätssicherung im Interview. Viele mögliche Beurteilungs- und Wahrnehmungsfehler können so ausgeglichen oder verhindert werden.

- Werten Sie die Erkenntnisse aus den Interviews *systematisch* aus und berücksichtigen Sie gleichzeitig professionell Ihr *Bauchgefühl*. Neben aller Systematik ist es wichtig, die Zwischentöne während des Gesprächs oder bei der späteren Auswertung zu beachten. In diesem Buch erfahren Sie, wie Sie sich durch die systematische Auswertung gleichzeitig einen Freiraum für Ihr Bauchgefühl schaffen. So professionalisieren Sie Ihre Intuition.

1 Schritt 1: Anforderungsprofil erstellen

Wozu brauchen Sie ein Anforderungsprofil und welchen Nutzen hat es?

Mit einem Anforderungsprofil legen Sie die Fähigkeiten, Kenntnisse, Einstellungen sowie die Motivation fest, die der Bewerber für eine erfolgreiche Bewältigung der künftigen Tätigkeiten mitbringen sollte. Damit ist das Anforderungsprofil Ihr Maßstab, um geeignete von weniger geeigneten Bewerbern zu unterscheiden.

Dieser Prozess bietet Ihnen einen mehrfachen Nutzen:

- Sie erhalten eine Grundlage für Stellen- und Funktionsbeschreibung.
- Sie entwickeln mit den Personen, die an der Personalauswahl beteiligt sind, ein gemeinsames Verständnis für die Anforderungen an den Bewerber (wenn das Profil im Teamwork erarbeitet wurde).
- Sie erleichtern die Gehaltsfindung oder -einstufung.
- Sie schaffen eine Basis für die Entwicklung der Interviewleitfäden.
- Sie sparen Zeit bei der Vorauswahl.
- Sie stellen die Vergleichbarkeit zwischen Bewerberqualifikation und Stellenanforderungen sicher.
- Sie bewerten verschiedene Bewerber über den Auswahlprozess hinweg nach den gleichen Maßstäben.
- Sie können eine Absage anhand der sorgsam erarbeiteten Kriterien benachteiligungsfrei (im Sinne des Allgemeinen Gleichbehandlungsgesetzes) begründen.
- Sie können das Anforderungsprofil dazu verwenden, Entwicklungsgespräche mit (neuen) Mitarbeitern zu führen.

Die drei Bereiche eines Anforderungsprofils

Wir empfehlen Ihnen, das Anforderungsprofil in drei Kriterienbereiche zu gliedern: Hard Facts, Soft Skills und Motivation. Zu den **Hard Facts** gehören die Qualifikation bzw. Fachkenntnisse und berufliche Erfahrungen. Die **Soft Skills** sind die überfachlichen Kriterien. Die **Motivation** lässt sich differenzieren in stellenbezogene Motivation und motivationale Merkmale. Die einzelnen Anforderungskriterien erläutern wir Ihnen in den folgenden Abschnitten näher.

1.1   Inhalt 1: Hard Facts

1.1.1   Fachliche Kompetenzen

Hierzu gehören alle Anforderungen, die auf Wissen, Ausbildung, Technik und Methodik sowie spezifisches Know-how zurückgehen.

Das können zum Beispiel Kenntnisse in der Programmierung mit C++, im internationalen Recht, in Polymerchemie, im Umgang mit Portal-Managementsystemen, im Steuer- oder Handels- oder Versicherungsrecht sein.

1.1.2   Berufserfahrung

Für viele Aufgaben ist berufliche Erfahrung unabdingbar. Die für die Position gewünschte und notwendige berufliche Erfahrung nehmen Sie in das Anforderungsprofil auf.

Das kann zum Beispiel gelten für die Verkaufstätigkeit als Key-Accounter, praktische Erfahrung im Vertrieb von Anlagen, Erfahrung in der Qualitätssicherung in der Lebensmittelindustrie, Außendiensterfahrung, Arbeit als Trainer für einen Personalentwickler etc.

1.2   Inhalt 2: Überfachliche Kompetenzen – Definitionen und Verhaltensanker

Bei den überfachlichen Kompetenzen, die auch häufig „Soft Skills" genannt werden, handelt es sich um persönliche Fähigkeiten, die unabhängig von spezifischen Aufgabenbereichen wertvoll sind. Im Auswahlprozess erscheint es oft schwierig, solche Kriterien zu bewerten. Wenn Sie die VeSiEr-Methode (siehe Kapitel 8) anwenden, werden Sie mit diesem Problem nicht mehr konfrontiert sein.

Fünf Kompetenzfelder

Die überfachlichen Kompetenzen lassen sich verschiedenen Kompetenzfeldern zuordnen. Die folgende Auflistung gibt dazu einen Überblick.

Kompetenzfeld	Überfachliche Kompetenz
1. Umgang mit Menschen	1 Selbstsicheres Auftreten
	2 Kommunikationsfähigkeit
	3 Überzeugungsfähigkeit und Verkaufsgeschick
	4 Kontaktfähigkeit und Einfühlungsvermögen
	5 Teamfähigkeit
	6 Networking
	7 Konfliktfähigkeit
	8 Durchsetzungsfähigkeit
	9 Verhandlungsgeschick
	10 Kundenorientierung
	11 Interkulturelle Kompetenz
2. Umgang mit Inhalten	12 Analytisches Denken
	13 Prozessmanagement
	14 Präsentationsfähigkeit
	15 Moderationsfähigkeit
	16 Aufgaben- und Projektplanungskompetenz
	17 Ressourcensteuerung und Ergebnisorientierung
	18 Schriftlicher Ausdruck
	19 Sorgfalt und Gewissenhaftigkeit
	20 Umgang mit Ambiguitäten
	21 Entscheidungsfähigkeit
	22 Kreative Lösungsentwicklung
	23 Veränderungskompetenz und Flexibilität

Schritt 1: Anforderungsprofil erstellen

Kompetenzfeld	Überfachliche Kompetenz
3. Potenzialindikatoren	24 Initiative und Eigenständigkeit
	25 Komplexitätsverarbeitungskompetenz
	26 Selbstreflexion
	27 Rollenbewusstsein
	28 Selbstmanagement
	29 Leistungsorientierung
	30 Physische und psychische Belastbarkeit
	31 Lernfähigkeit und -bereitschaft
4. Mitarbeiterführung	32 Delegationsfähigkeit und Kontrollkompetenz
	33 Informationsverhalten
	34 Fördern und Entwickeln von Mitarbeitern
	35 Einschätzung von Fähigkeiten und Potenzialen
	36 Teambuilding und Teamführung
	37 Zielsetzungs- und Zielerreichungskompetenz
5. Unternehmerische Führung	38 Strategisches Geschick und unternehmerisches Denken
	39 Innovationskompetenz
	40 Werteorientierung
	41 Visionsorientierung und Gestaltungskraft

Tab. 1: Übersicht: 41 überfachlichen Kompetenzen unterteilt nach fünf Kompetenzfeldern

Im Anschluss an diese Übersicht stellen wir Ihnen die einzelnen Soft Skills vor, definieren und erläutern sie. Von großer Bedeutung sind dabei die sogenannten Verhaltensanker.

Was sind Verhaltensanker?

Als Verhaltensanker wird das beobachtbare Verhalten eines Menschen bezeichnet, in dem sich bestimmte Kompetenzen oder Eigenschaften zeigen. Verhaltensanker sind möglichst sachlich formulierte Beschreibungen eines beobachtbaren Verhaltens und Grundlage für die Beobachtung und Beurteilung von Soft Skills. Sie zeigen Ihnen, inwieweit ein Bewerber ein bestimmtes Anforderungskriterium erfüllt.

1.2.1   Kompetenzfeld 1: Umgang mit Menschen

Kompetenz 1: Selbstsicheres Auftreten

Definition: Unter selbstsicherem Auftreten verstehen wir die Fähigkeit und Bereitschaft, gegenüber anderen, auch hierarchisch höher gestellten Personen souverän aufzutreten.

Verhaltensanker: Eine Person, die dieses Kriterium erfüllt,
- zeigt Vertrauen in das eigene Können, auch wenn es um komplexe und anspruchsvolle Aufgaben geht,
- strahlt selbst in heiklen Situationen Ruhe und Sicherheit aus,
- behält auch dann den Überblick, wenn sie mit einer unstrukturierten Materie konfrontiert ist,
- spricht mit klarer, fester Stimme,
- hält den Blickkontakt,
- kann mit konstruktiver Rückmeldung umgehen,
- steht zu den eigenen Fehlern.

Kompetenz 2: Kommunikationsfähigkeit

Definition: Hierbei handelt es sich um die Fähigkeit und Bereitschaft, anderen zuzuhören, Interaktionen angemessen zu gestalten und sich dabei flüssig in gut strukturierten und prägnanten Sätzen auszudrücken.

Verhaltensanker: Eine Person, die eine hohe Kommunikationsfähigkeit besitzt,
- hört ihrem Gesprächspartner aufmerksam zu,
- versucht, die Äußerungen ihres Gegenübers aus dessen Blickwinkel zu sehen,
- wiederholt die Argumente des Gesprächspartners, um sicherzustellen, dass sie sie verstanden hat,
- vermeidet eine vorschnelle Bewertung des Gehörten,
- stellt Sachverhalte übersichtlich und anschaulich dar,
- ist redegewandt und spricht flüssig, strukturiert, differenziert und verständlich,
- argumentiert präzise und sachlich.

Kompetenz 3: Überzeugungsfähigkeit und Verkaufsgeschick

Definition: Mit Überzeugungsfähigkeit und Verkaufsgeschick ist die Fähigkeit und Bereitschaft gemeint, angemessene zwischenmenschliche Verhaltensweisen und Kommunikationsmethoden einzusetzen und so andere Personen (Mitarbeiter, Kollegen, Vorgesetzte, Kunden) für eine Idee, einen Plan, eine Maßnahme oder ein Produkt zu gewinnen.

Verhaltensanker: Ein Mensch, der diese Kompetenz besitzt,
- ist von seiner Sache überzeugt und vermittelt dies auch seinen Gesprächspartnern,
- kann andere für eine Sache begeistern,
- findet den richtigen Ton,
- verfügt über die richtigen Argumente, um auf Einwände einzugehen,
- spricht gegebenenfalls auch heikle Themen offen an,
- findet beiderseits akzeptable Lösungen,
- setzt sich mit den Argumenten anderer ernsthaft auseinander,
- passt die eigene Argumentation an die Zielgruppe an,
- bereitet sich auf Kundengespräche systematisch vor,
- versteht schnell das Problem des Kunden und geht darauf ein,
- beherrscht die Technik der Nutzenargumentation, d. h., er nennt nicht die Vorteile eines Produkts, sondern dessen Nutzen.

Kompetenz 4: Kontaktfähigkeit und Einfühlungsvermögen

Definition: Dies ist die Fähigkeit und Bereitschaft, die Gefühle anderer wahrzunehmen und sich in deren Situation hineinzuversetzen sowie zu Fremden leicht Kontakt zu finden und von ihnen akzeptiert zu werden.

Verhaltensanker: Eine Person mit hoher Kontaktfähigkeit und großem Einfühlungsvermögen
- stellt sich auf Gesprächspartner und deren Interessen und Bedürfnisse ein,
- hört aktiv und aufmerksam zu,
- zeigt ein gutes Gespür für die Stimmungen und Anliegen anderer,
- nimmt auf die Gefühle und Bedürfnisse anderer Rücksicht,
- versetzt sich in die Lage ihrer Mitmenschen,
- geht von sich aus auf andere zu,
- tritt natürlich und verbindlich auf und schafft eine positive Gesprächsatmosphäre,
- verhält sich anderen gegenüber zuvorkommend, freundlich und wertschätzend,

- beherrscht Small Talk,
- erkennt mögliche Missverständnisse oder Kommunikationsbarrieren frühzeitig,
- bewältigt auch angespannte zwischenmenschliche Situationen auf eine lockere, freundliche Art.

Kompetenz 5: Teamfähigkeit

Definition: Hierunter ist die Fähigkeit und Bereitschaft zu verstehen, mit anderen sachorientiert, konstruktiv und vertrauensvoll zusammenzuarbeiten, sich für die Gruppe und die Erreichung gemeinsamer Ziele einzusetzen sowie eine konstruktive Teamatmosphäre zu schaffen.

Verhaltensanker: Eine Person, die teamfähig ist,
- bezieht andere Teammitglieder bei der Erarbeitung von Lösungen mit ein,
- engagiert sich für ein gemeinsames Ergebnis und bringt eigene Fähigkeiten ein,
- stellt eigene Ziele für das gemeinsame Ziel zurück,
- unterstützt Teammitglieder und bietet Hilfe an,
- zeigt sich in der Zusammenarbeit vertrauenswürdig und verlässlich,
- setzt sich mit verschiedenen Meinungen konstruktiv auseinander,
- gibt anderen Menschen das Gefühl, geschätzt, anerkannt und einbezogen zu werden,
- stellt sich gut auf einzelne Gruppenmitglieder ein, d. h., sie hört zu, fragt nach, und versucht, zu verstehen.

Kompetenz 6: Networking

Definition: Wer Networking betreibt, etabliert und pflegt unternehmensintern wie -extern freundschaftliche Beziehungen zu Personen, die beim Erreichen arbeitsbezogener Ziele von Nutzen sind oder sein könnten.

Verhaltensanker: Eine Person, die Networking-Kompetenz besitzt,
- nutzt gezielt Gelegenheiten, Kontakte innerhalb oder außerhalb des Unternehmens auszubauen,
- sucht und erkennt Gelegenheiten für Kooperationen mit internen und externen Partnern,
- arbeitet in (bereichs-)übergreifenden Teams mit,
- etabliert persönliche Beziehungen zu Geschäftspartnern und Kunden und
- hält durch regelmäßige Kontakte die Beziehungen zu Geschäftspartnern bzw. Kunden aufrecht.

Kompetenz 7: Konfliktfähigkeit

Definition: Damit ist die Fähigkeit und Bereitschaft gemeint, Sach- und Interessen-konflikte zu erkennen, Differenzen anzusprechen sowie eine konstruktive Lösung eines Konflikts herbeizuführen.

Verhaltensanker: Eine Person mit hoher Konfliktfähigkeit

- erkennt Missverständnisse, Unstimmigkeiten und Konflikte und spricht diese umgehend und in angemessener Form an,
- bezieht einen klaren Standpunkt und vertritt diesen,
- Gibt den Beteiligten Raum, ihre Position deutlich zu machen,
- bleibt in Konfliktsituationen sachlich,
- konzentriert sich bei Konflikten auf die Lösung statt auf Schuldzuweisungen,
- zeigt Win-win-Situationen auf bzw. erkennt diese, wenn andere sie anbieten,
- übt angemessen Kritik und akzeptiert diese selbst auch.

Kompetenz 8: Durchsetzungsfähigkeit

Definition: Darunter verstehen wir die Fähigkeit und Bereitschaft, die eigenen Vorstellungen, Standpunkte und Ziele gegen Widerstände (z. B. menschliche oder organisatorische Hemmnisse) in angemessener Zeit zu verwirklichen.

Verhaltensanker: Wer durchsetzungsfähig ist,

- bestimmt Ergebnisse wesentlich mit,
- verschafft sich auch in unübersichtlichen Situationen Gehör,
- lehnt inakzeptable Forderungen freundlich, aber entschieden ab,
- setzt den eigenen Standpunkt und eigene Ziele auch gegen Widerstände durch,
- benutzt adäquate Mittel, um Entscheidungen umzusetzen,
- hält Spannungen und Belastungen aus,
- handelt überlegt und sicher, auch wenn sich die Umstände verändern.

Kompetenz 9: Verhandlungsgeschick

Definition: Dies ist die Fähigkeit, in Verhandlungssituationen die Interessen der beteiligten Parteien zu erkennen und bestmögliche Ergebnisse für die eigene so-wie Zufriedenheit für die andere Seite zu erzielen.

Verhaltensanker: Eine Person mit hohem Verhandlungsgeschick

- spricht Unterschiede und Übereinstimmungen der vertretenen Meinungen an,
- bleibt auch in schwierigen Gesprächen sachlich,
- kennt und nutzt ihre Spielräume in Verhandlungen,
- lehnt inakzeptable Forderungen freundlich, aber entschieden ab,
- entwickelt eigene Lösungsideen und Verhandlungsziele,
- bezieht andere aktiv bei der Suche nach Lösungen ein,
- fasst (Zwischen-)Ergebnisse zusammen,
- trifft konkrete Vereinbarungen,
- kennt Verhandlungstechniken, -taktiken und -strategien,
- ist auch unter Druck verhandlungsfähig.

Kompetenz 10: Kundenorientierung

Definition: Bei der Kundenorientierung handelt es sich um die Fähigkeit und Bereitschaft, die eigene Arbeit konsequent an den Erwartungen und Wünschen von Kunden auszurichten.

Verhaltensanker: Eine Person, die kundenorientiert arbeitet,

- stellt sich auf die jeweiligen Kunden und deren Bedürfnisse ein,
- übernimmt persönlich die Verantwortung für die Lösung von Kundenproblemen,
- bearbeitet Kundenwünsche schnell und zuverlässig,
- behält bei der Arbeit den Kundennutzen stets im Fokus,
- überprüft aktiv die Kundenzufriedenheit,
- baut langfristige Partnerschaften mit Kunden auf und pflegt diese,
- kann die Interessen des eigenen Unternehmens gegenüber Kunden vertreten.

Kompetenz 11: Interkulturelle Kompetenz

Definition: Unter interkultureller Kompetenz verstehen wir die Fähigkeit und Bereitschaft, sich auf ungewohnte bzw. fremde Verhaltensweisen, Strukturen und Werte einzulassen und die darin liegenden Möglichkeiten zu nutzen.

Verhaltensanker: Eine Person, die dieses Kriterium erfüllt,

- ist sich der eigenen kulturellen Prägung bewusst,
- vermittelt den eigenen Standpunkt nachvollziehbar und sensibel,
- nimmt Kulturunterschiede bewusst wahr,
- respektiert und schätzt kulturelle Unterschiede,

- zeigt sich bereit und interessiert, Wissen über kulturelle Unterschiede zu erlangen, sieht kulturelle Unterschiede als gemeinsame Chance und nutzt diese,
- ist in der Lage, die eigene Vorgehensweise flexibel auf die kulturelle Zielgruppe abzustimmen.

1.2.2   Kompetenzfeld 2: Umgang mit Inhalten

Kompetenz 12: Analytisches Denken

Definition: Analytisches Denken ist die Fähigkeit, Sachverhalte treffend und systematisch zu durchschauen und zu erklären. Dazu gehört im Besonderen, Soll-Ist-Vergleiche anzustellen, Abweichungen vom Sollzustand zu erkennen, Gründe für diese Abweichungen zu benennen und Lösungen zu erarbeiten.

Verhaltensanker: Wer diese Kompetenz besitzt,
- definiert Probleme oder Fragestellungen klar und eindeutig,
- kann zwischen Detail- und Metaebene wechseln,
- analysiert Situationen und Probleme mithilfe verschiedener Techniken,
- zerlegt Probleme oder Prozesse gedanklich in ihre Bestandteile,
- erkennt die Zusammenhänge zwischen Elementen, auch wenn sie nicht offensichtlich sind,
- erkennt die Gesetzmäßigkeiten von Ursache und Wirkung bzw. Wechselwirkungen.

Kompetenz 13: Prozessmanagement

Definition: Hierbei handelt es sich um die Fähigkeit, in Abläufen zu denken und wiederkehrende Vorgänge mit Blick auf den Mehrwert für den Kunden zu optimieren.

Verhaltensanker: Eine Person, die Kompetenz im Prozessmanagement besitzt,
- kann Prozesse beschreiben,
- kann Prozesse analysieren,
- nimmt den Kunden als Ausgangspunkt seines Denkens und Handelns,
- holt regelmäßig Feedback zu den gelieferten Produkten oder Dienstleistungen vom Kunden ein,
- prüft Prozesse auf den Mehrwert für den Kunden,
- unterscheidet wertschöpfende und nicht wertschöpfende Prozesse,

- nutzt die Ressourcen der Mitarbeiter zur Optimierung von Prozessen (z. B. Vorschlagswesen, Qualitätszirkel),
- führt Verfahren zur Verdeutlichung von Arbeitsprozessen ein (z. B. Berichtswesen, Arbeitsschritte),
- standardisiert Arbeitsabläufe mit Hilfsmitteln (z. B. Checklisten, Flussdiagramme).

Kompetenz 14: Präsentationsfähigkeit

Definition: Dies ist die Fähigkeit, komplexe Sachverhalte treffend, verständlich und zielgruppenspezifisch unter Verwendung anschaulicher sprachlicher Bilder oder Vergleiche sowie optischer und akustischer Medien zu vermitteln.

Verhaltensanker: Wer dieses Kriterium erfüllt,
- drückt sich verständlich und präzise aus,
- kommuniziert mündlich und schriftlich zielgruppengerecht,
- unterstützt die eigene Darstellung durch Visualisierungen,
- überprüft das Verständnis der Zuhörer,
- benutzt in angemessenem Umfang verschiedene Präsentationsmethoden,
- hat stets eine übersichtliche Gliederung,
- behält die Aufmerksamkeit der Zuhörer über die Dauer eines Gesprächs oder Vortrags,
- verdeutlicht seine Gedanken durch treffende und einleuchtende Beispiele,
- hinterfragt Einwürfe anderer Personen auf eine konstruktive Weise.

Kompetenz 15: Moderationsfähigkeit

Definition: Das Kriterium wird definiert als Fähigkeit und Bereitschaft, Arbeitsgruppen und Meetings so zu leiten, dass angemessene Arbeitsfortschritte erreicht werden, und dabei möglichst viele Anwesende zu beteiligen.

Verhaltensanker: Eine Person, die diese Kompetenz besitzt,
- stellt Ziel, Zweck und Bedeutung eines Meetings zu Beginn vor,
- nutzt eine klare Agenda zur Gestaltung eines Meetings,
- steuert Meetings so, dass geplante Zeiten eingehalten werden,
- kann mit Störungen so umgehen, dass die Arbeitsfähigkeit der Gruppe erhalten bleibt,
- fasst das Besprechungsergebnis und Aktionspunkte am Ende zusammen und sorgt für die Dokumentation,

- kennt Rolle und Aufgaben eines Moderators,
- beherrscht Werkzeuge der Moderation und Visualisierung,
- beteiligt und lenkt die Anwesenden im Arbeitsprozess durch geeignete Fragetechniken.

Kompetenz 16: Aufgaben- und Projektplanungskompetenz

Definition: Unter Aufgaben- und Projektplanungskompetenz fassen wir die Fähigkeit, komplexe Aufgaben so zu planen, vorzubereiten und durchzuführen, dass ein optimales Ergebnis sichergestellt wird.

Verhaltensanker: Wer dieses Kriterium erfüllt,
- systematisiert anfallende Aufgaben für sich und andere,
- ist in der Lage, komplexe Strukturen auf das Wesentliche zu reduzieren,
- setzt Prioritäten aufgrund von Wichtigkeit und Dringlichkeit,
- erstellt eine schlüssige und angemessene Zeitplanung,
- klärt Rollen und Verantwortlichkeiten für einzelne Teilaufgaben,
- kontrolliert Fortschritte anhand von Meilensteinen und Teilergebnissen,
- hält Termine und Zeitpläne ein,
- behält auch bei komplexen Aufgaben oder Projekten den Überblick,
- entwickelt Ideen bzw. greift die Ideen anderer auf, klärt Bedingungen für die praktische Umsetzung und arbeitet konsequent darauf hin.

Kompetenz 17: Ressourcensteuerung und Ergebnisorientierung

Definition: Hierbei geht es um die Fähigkeit, vorhandene Ressourcen im Hinblick auf die zu erreichenden Ziele optimal zu planen, bedarfsgerecht einzusetzen sowie deren Verwendung zu überprüfen und gegebenenfalls zu optimieren.

Verhaltensanker: Eine Person, die sich durch eine hohe Kompetenz in diesem Bereich auszeichnet,
- setzt Mitarbeiter gezielt nach Effizienzgesichtspunkten ein,
- plant mit angemessenen Budgets,
- plant Zeitressourcen realistisch,
- plant und setzt Ressourcen gezielt ein, damit angestrebte Ergebnisse mit möglichst geringem Aufwand erreicht werden,
- überprüft Arbeitsprozesse regelmäßig auf den Einsatz von Zeit und Geld,
- erstellt Kosten-Nutzen-Analysen im eigenen Arbeitsbereich,

- sucht gezielt nach Möglichkeiten, die Verwendung von Ressourcen zu optimieren,
- gestaltet auch die eigene Arbeitsweise unter Effizienzgesichtspunkten, d. h., sie verändert Vorgehensweisen, um die eigene Leistung zu steigern und Aufgaben schneller, kostengünstiger oder effizienter zu erledigen.

Kompetenz 18: Schriftlicher Ausdruck

Definition: Dies ist die Fähigkeit, in der schriftlichen Kommunikation adäquate Formulierungen zu entwickeln und zu nutzen.

Verhaltensanker: Guter schriftlicher Ausdruck zeigt sich bei einer Person darin, dass sie
- die Schriftsprache fehlerfrei beherrscht,
- sich schriftlich klar und verständlich ausdrückt,
- den Inhalt von Texten sinnvoll gliedert und eine klare Argumentation verfolgt,
- sich kurz fasst, aber prägnant in der Aussage ist, d. h., kurze, präzise Sätze verwendet,
- Interesse und Neugier beim Leser weckt,
- es schafft, ihre Zielgruppe mit passenden Formulierungen zu erreichen,
- aktive, lebendige Verben und Adjektive benutzt,
- positive Formulierungen verwendet.

Kompetenz 19: Sorgfalt und Gewissenhaftigkeit

Definition: Hierbei handelt es sich um die Fähigkeit und die Bereitschaft, Aufgaben vollständig durchzuführen und genau zu arbeiten. Wer sorgfältig und gewissenhaft arbeitet, minimiert Fehler, indem er sämtlichen, auch kleinen Details die nötige Aufmerksamkeit schenkt.

Verhaltensanker: Eine Person, die dieses Kriterium erfüllt,
- überprüft Arbeitsergebnisse sehr genau, gegebenenfalls auch mehrfach,
- stellt sicher, dass auch die Details eines Arbeitsauftrags erledigt werden,
- leitet umgehend Maßnahmen ein, wenn eine Qualitätsgefährdung vorliegt,
- kontrolliert die eigene Arbeit und überwacht die Arbeit anderer,
- arbeitet auch bei hohem Arbeitsdruck ordentlich und zuverlässig.

Kompetenz 20: Umgang mit Ambiguitäten

Definition: Hierzu gehören die Fähigkeit und die Bereitschaft, mit unklaren oder mehrdeutigen Anforderungen umzugehen und, wenn notwendig, eine Klärung herbeizuführen.

Verhaltensanker: Wer mit Ambiguitäten umgehen kann,

- sucht für Aufgaben gangbare Wege zwischen der theoretisch optimalen und der für die konkrete Situation passenden Lösung,
- erkennt Widersprüchlichkeiten oder Missverständnisse und spricht diese an,
- stellt, wenn nötig, Rückfragen, z. B. bei uneindeutigen Aufgabenstellungen oder fehlenden Informationen,
- bleibt auch bei ungewöhnlichen, widersprüchlichen Anforderungen freundlich und motiviert,
- bleibt auch in unübersichtlichen Situationen handlungsfähig,
- geht mit unklaren Sachverhalten im interkulturellen Kontext angemessen um.

Kompetenz 21: Entscheidungsfähigkeit

Definition: Unter diesem Kriterium fassen wir die Fähigkeit und Bereitschaft zusammen, Entscheidungen auf der Basis von vorliegenden Informationen innerhalb eines angemessenen Zeitrahmens zu treffen und entsprechende Maßnahmen zu ergreifen.

Verhaltensanker: Eine Person, bei der diese Kompetenz stark ausgeprägt ist,

- sammelt und analysiert die für eine Entscheidung relevanten Informationen,
- ermittelt verschiedene Handlungsalternativen,
- geht bei der Bewertung dieser Alternativen systematisch vor,
- nutzt auch ihre Intuition zur Entscheidungsfindung,
- trifft Entscheidungen auf der Basis von vorhandenen, gegebenenfalls unvollständigen Informationen über Chancen und Risiken,
- trifft Entscheidungen innerhalb eines angemessenen Zeitrahmens,
- berücksichtigt bei einer Entscheidung auch zukünftige Entwicklungen bzw. die Konsequenzen ihres Entschlusses,
- ringt sich auch in Zweifelsfällen zu einer Entscheidung durch,
- zeigt sich bereit, selbst für schwierige Entscheidungen Verantwortung zu übernehmen,
- steht auch bei negativen Konsequenzen zu den eigenen Entscheidungen,
- handelt in Krisensituationen rasch und entschlossen.

Kompetenz 22: Kreative Lösungsentwicklung

Definition: Hierbei handelt es sich um die Fähigkeit, auch in kurzer Zeit neue oder ungewöhnliche Lösungen für unerwartete Probleme oder Aufgabenstellungen zu entwickeln bzw. zu erkennen.

Verhaltensanker: Wer dieses Kriterium erfüllt,

- stellt bekannte Lösungswege bewusst infrage,
- findet neue, ungewöhnliche Herangehensweisen an Probleme,
- verlässt alte Denkpfade,
- entwickelt alternative Wege oder Strukturen, um Prozesse oder Ergebnisse zu verbessern,
- nutzt Konzepte, die in einem anderen Umfeld erfolgreich waren, und passt sie an die eigene Situation an,
- hat viele neuartige Ideen,
- regt durch seine überraschenden Einfälle andere zu Innovationen an,
- kennt kreative Lösungstechniken (z. B. Brainstorming, Methode 6-3-5).

Kompetenz 23: Veränderungskompetenz und Flexibilität

Definition: Veränderungskompetenz und Flexibilität definieren wir als Fähigkeit und Bereitschaft, flexibel und offen auf Neuerungen zu reagieren und konstruktiv mit Veränderungen umzugehen.

Verhaltensanker: Eine Person, die dieses Kriterium erfüllt,

- zeigt eine positive Einstellung gegenüber Veränderungen bzw. Neuerungen,
- reagiert auf Veränderungen im Arbeitsumfeld mit Neugier statt mit Ablehnung,
- setzt sich mit den Auswirkungen von Veränderungen auf das eigene Arbeitsverhalten auseinander,
- stellt bei Bedarf die herkömmliche Arbeitsweise infrage und modifiziert diese,
- entwickelt konkrete Handlungsschritte, um Veränderungen umzusetzen,
- betrachtet unbekannte Aufgaben als positive Herausforderung,
- kommt auch mit unvorhergesehenen Situationen gut zurecht.

1.2.3 Kompetenzfeld 3: Potenzialindikatoren

Kompetenz 24: Initiative und Eigenständigkeit

Definition: Zu diesem Kriterium gehören die Fähigkeit und die Bereitschaft, aus eigenem Antrieb mehr zu leisten, als erwartet wird, und proaktiv zu handeln.

Verhaltensanker: Wer Initiative und Eigenständigkeit zeigt,
- handelt vorausschauend in Bezug auf den eigenen Arbeitsbereich,
- bringt selbstständig Verbesserungsvorschläge und Ideen bezüglich des eigenen Arbeitsbereichs ein,
- füllt die eigene Arbeitszeit von sich aus mit sinnvollen Aktivitäten,
- ergreift aus eigenem Antrieb Chancen zur persönlichen Weiterentwicklung,
- greift von sich aus Themen auf und bearbeitet sie eigenständig,
- weiß sich auch in schwierigen Situationen zu helfen,
- arbeitet eigenverantwortlich nach Zielvorgaben,
- weiß, wann er seine Vorgesetzten einschalten muss.

Kompetenz 25: Komplexitätsverarbeitungskompetenz

Definition: Darunter verstehen wir die Fähigkeit, in komplexen Situationen den Überblick zu behalten und Gesetzmäßigkeiten bzw. Verbindungen zwischen Umständen zu erkennen, die scheinbar nichts miteinander zu tun haben.

Verhaltensanker: Eine Person, die diese Kompetenz besitzt,
- erfasst die zentralen Aspekte komplexer Situationen und entwickelt (ungewöhnliche) Konzepte, um komplexe Daten zu erklären,
- betrachtet ein komplexes Problem aus unterschiedlichen Blickwinkeln,
- sucht gezielt nach Informationen, die ein tieferes Verständnis der Situation ermöglichen,
- identifiziert Trends, Ursache-Wirkungs-Beziehungen und potenzielle Hindernisse,
- vereinfacht Kompliziertes,
- ist in der Lage, komplexe Sachverhalte sprachlich darzustellen,
- beantwortet bei Kettenfragen alle Teilfragen (s. Kapitel 11.14).

Kompetenz 26: Selbstreflexion

Definition: Dies ist die Fähigkeit, das eigene Handeln sowie eigene Stärken und Schwächen differenziert einschätzen zu können und sich mit ihnen konstruktiv auseinanderzusetzen.

Verhaltensanker: Eine Person, die dieses Kriterium erfüllt,
- beschreibt das eigene Handeln in der Rückschau zutreffend,
- schätzt die eigene Wirkung auf andere und den eigenen Einfluss realistisch ein,
- verändert das eigene Verhalten aufgrund von Erfahrungen und Rückmeldungen,
- kennt ihre eigenen Stärken und Unzulänglichkeiten und kann diese zutreffend benennen.

Kompetenz 27: Rollenbewusstsein

Definition: Eine Person, die dieses Kriterium erfüllt, ist sich über die eigene Rolle und die damit verbundenen Erwartungen im Klaren und besitzt die Fähigkeit, sich in dieser Rolle konsistent zu verhalten.

Verhaltensanker: Wer diese Kompetenz besitzt,
- thematisiert und klärt die Erwartungen, die an die eigene Person von unterschiedlichen Seiten gestellt werden,
- ist sich der Verantwortung für die eigenen Aufgabenbereiche und Ziele bewusst,
- grenzt die eigene Verantwortung bzw. den eigenen Aufgabenbereich von anderen ab,
- trennt bewusst private und berufliche Rollen,
- ist sich der unterschiedlichen Rollen bewusst, die zu seiner Funktion gehören,
- kann aus den unterschiedlichen Rollen heraus klar kommunizieren.

Kompetenz 28: Selbstmanagement

Definition: Zum Selbstmanagement gehören die Fähigkeit und die Bereitschaft, sich selbst so zu organisieren, dass in angemessener Zeit eigene Ziele erreicht und Aufgaben umgesetzt werden.

Verhaltensanker: Eine Person, die dieses Kriterium erfüllt,

- setzt persönliche Ziele und Prioritäten und verfolgt sie konsequent,
- nutzt die eigene Zeit effizient und vermeidet Ablenkungen,
- setzt geeignete Instrumente und Hilfsmittel ein, um sich zu organisieren,
- reflektiert die persönlichen Motivationsfaktoren und kann diese benennen,
- motiviert sich auch bei unattraktiven Aufgaben selbst,
- strukturiert die eigene Arbeit sinnvoll und behält den Überblick über die eigenen Aufgaben,
- behält eigene Belastbarkeitsgrenzen im Blick,
- kommuniziert die eigene Auslastung, um Über- bzw. Unterforderung zu vermeiden.

Kompetenz 29: Leistungsorientierung

Definition: Hierunter verstehen wir die Fähigkeit, das eigene Handeln an überdurchschnittlichen Maßstäben auszurichten.

Verhaltensanker: Wer leistungsorientiert ist,

- handelt vorausschauend in Bezug auf den eigenen Arbeitsbereich,
- gibt sich mit Erreichtem nicht zufrieden und sucht ständig nach Verbesserungsmöglichkeiten,
- zeigt hohen Einsatz, um seine Ziele zu erreichen,
- ist bereit, mehr zu leisten, als gefordert ist,
- gibt sich nicht mit mittelmäßigen Ergebnissen zufrieden, sondern erbringt überdurchschnittliche Leistungen,
- setzt ehrgeizige Ziele für sich und andere.

Kompetenz 30: Physische und psychische Belastbarkeit

Definition: Hierbei handelt es sich um die Fähigkeit und Bereitschaft, anhaltende Belastungssituationen durchzustehen und auf Rückschläge mit unverminderter Energie zu reagieren. Stress kann ausgelöst werden durch Zeitdruck, gegenteilige Meinungen anderer, Gruppendruck oder die Schwierigkeit bzw. Fülle der Aufgaben. Wenn einer oder mehrere dieser Stresserzeuger normale Bestandteile der Stelle sind, ist die Belastbarkeit in Bezug auf den jeweiligen Stressfaktor wichtig.

Verhaltensanker: Eine Person, die dieses Kriterium erfüllt,

- hält ihr Leistungsniveau auch unter Druck über eine längere Zeit aufrecht,
- lässt sich nicht durch emotionale Schwankungen vom eigenen Weg abbringen,

- betrachtet Rückschläge und Misserfolge als etwas ganz Normales,
- schafft sich selbst innere Distanz zur Aufgabe, wenn es angebracht ist,
- bleibt auch unter Stress handlungsfähig,
- setzt bei Bedarf Methoden der Stressbewältigung ein,
- kann Stress und Überbelastung körperlich aushalten,
- ist unempfindlich gegen Schlafentzug, Reisebelastungen und ähnliche Einflüsse,
- reagiert gelassen auf psychischen Druck,
- hat geeignete Ausgleichsfelder zur Arbeit, treibt regelmäßig z. B. Sport.

Kompetenz 31: Lernfähigkeit und -bereitschaft

Definition: Dies sind die Fähigkeit und die Bereitschaft, Lernsituationen zu nutzen, um das eigene Verhalten zu verbessern und sich kontinuierlich neues berufsrelevantes Fachwissen und neue Fähigkeiten bei angemessenem Zeitaufwand anzueignen.

Verhaltensanker: Eine Person, die diese Kompetenz besitzt,
- erkennt eigenen Entwicklungs- und Lernbedarf kurz-, mittel- und langfristig,
- sucht innerhalb und außerhalb des Unternehmens nach Möglichkeiten, die eigenen Fähigkeiten zu erweitern,
- begibt sich auch in Lernsituationen, die über die Anforderungen der aktuellen Tätigkeit hinausgehen,
- hält ihr Wissen und Können ständig auf dem neuesten Stand,
- setzt sich bei Rückschlägen und Misserfolgen bewusst mit den Erkenntnissen auseinander, die daraus gewonnen werden können,
- verändert auf berechtigte Aufforderung hin das eigene Verhalten,
- arbeitet sich rasch in neue Aufgaben ein.

1.2.4 Kompetenzfeld 4: Mitarbeiterführung

Kompetenz 32: Delegationsfähigkeit und Kontrollkompetenz

Definition: Hierunter verstehen wir die Fähigkeit und Bereitschaft, Aufgaben, Entscheidungen und Ergebnisverantwortlichkeiten, die von Mitarbeitern selbstständig übernommen werden können, an diese zu delegieren und keine Rückdelegation anzunehmen.

Verhaltensanker: Wer dieses Kriterium erfüllt,

- delegiert Aufgaben und Kompetenzen entsprechend den Fähigkeiten und Neigungen der Mitarbeiter,
- delegiert auch attraktive und anspruchsvolle Aufgaben,
- beschreibt die delegierten Aufgaben und die damit verbundene Verantwortung sowie Qualitätsansprüche,
- bezieht die Mitarbeiter und ihre Ideen bei der Delegation mit ein,
- vereinbart mit seinen Mitarbeitern Ziele, Befugnisse und Verantwortlichkeiten,
- toleriert alternative Lösungsmöglichkeiten und Meinungen,
- unterscheidet echten Entscheidungsbedarf von Rückdelegation und vermeidet Letztere,
- sorgt dafür, dass während seiner Abwesenheit die Erledigung der Aufgaben in seinem Verantwortungsbereich sichergestellt ist,
- setzt für einzelne Teilschritte einer delegierten Aufgabe Termine und kontrolliert, dass diese eingehalten werden.

Kompetenz 33: Informationsverhalten

Definition: Das Informationsverhalten wird beeinflusst durch die Fähigkeit und Bereitschaft, Informationsbedarf sowohl bei sich selbst als auch bei anderen zu erkennen und den Informationsaustausch angemessen zu gestalten.

Verhaltensanker: Eine Person mit gutem Informationsverhalten

- achtet bei der Informationsweitergabe auf Sachlichkeit und Konstruktivität,
- bereitet Informationen empfängerfreundlich auf,
- gibt die ihr vorliegenden Informationen in notwendigem Umfang vertrauensvoll weiter,
- nutzt Informationen nicht als Machtinstrument,
- kennt und nutzt verschiedene Wege der Informationsweitergabe und greift auch auf ihr Netzwerk zurück,
- leitet E-Mails mit wesentlichen Informationen zügig an die Mitarbeiter weiter,
- bevorzugt die persönliche Weitergabe von Informationen, z. B. in Besprechungen oder in direkter Ansprache des jeweiligen Mitarbeiters.

Kompetenz 34: Fördern und Entwickeln von Mitarbeitern

Definition: Hierbei handelt es sich um die Fähigkeit und Bereitschaft, die Kompetenzen der Angestellten im Hinblick auf die Aufgaben in der gegenwärtigen oder einer zukünftigen Position durch Fortbildungs- und Förderungsmaßnahmen gezielt aufzubauen und zu stärken. Dazu müssen die Mitarbeiter richtig eingeschätzt sowie regelmäßig und zutreffend beurteilt werden.

Verhaltensanker: Wer dieses Kriterium erfüllt,

- erkennt Potenziale bei Mitarbeitern und sorgt für die Durchführung entsprechender Fördermaßnahmen,
- führt regelmäßig Gespräche mit Mitarbeitern, um sie beurteilen zu können,
- gibt regelmäßig Feedback an die Mitarbeiter in Form von Anerkennung und Kritik,
- macht sich regelmäßig Notizen über die Mitarbeitereinschätzung,
- nutzt angemessene Methoden, um sich Informationen über Stärken und Schwächen seiner Mitarbeiter zu verschaffen,
- stellt sicher, dass Mitarbeiter aus Fehlern lernen,
- bespricht langfristige Entwicklungsziele mit den Mitarbeitern und erarbeitet gemeinsam mit ihnen Möglichkeiten, diese Ziele zu erreichen,
- drückt Vertrauen und Zuversicht in die Fähigkeiten der Mitarbeiter aus, gibt also Vertrauensvorschuss.

Kompetenz 35: Einschätzung von Fähigkeiten und Potenzialen

Definition: Bei diesem Kriterium geht es darum, in kurzer Zeit Fähigkeiten und Potenziale von bereits angestellten wie auch zu rekrutierenden Mitarbeitern treffsicher einzuschätzen.

Verhaltensanker: Eine Person, die dazu in der Lage ist,

- erkennt geeignete Mitarbeiter anhand von Fähigkeiten und Potenzialen,
- beherrscht Fragetechniken und Methoden zur Auswahl von Mitarbeitern,
- weiß, welche Kriterien zur Einschätzung der Mitarbeiter relevant sind,
- weiß, wie er sich schnell ein Bild von einem Mitarbeiter verschaffen kann,
- beobachtet Mitarbeiter gezielt bei der Arbeit,
- hinterfragt Vorgehensweisen von Mitarbeitern.

Kompetenz 36: Teambuilding und Teamführung

Definition: Eine Person mit Kompetenzen in diesem Bereich sorgt dafür, dass Arbeitsgruppen entsprechend der individuellen Möglichkeiten und Neigungen der Teammitglieder zusammengestellt werden, sich an gemeinsamen Zielen orientieren und ihre Leistungsfähigkeit ausschöpfen können, indem sie optimal zusammenarbeiten.

Verhaltensanker: Wer dieses Kriterium erfüllt,

- steuert und begleitet das Team bei der Festlegung von konkreten Zielen und Aufgaben,
- fördert proaktiv den Teamgedanken und die Zusammenarbeit, z. B. mittels Teamentwicklungsmaßnahmen,
- sorgt für klare Teamstrukturen,
- vereinbart Spielregeln im Team,
- sieht das Team als Ganzes und betrachtet nicht nur Einzelpersonen,
- kennt und nutzt Instrumente zur Diagnose von Problemen in Teams,
- führt regelmäßig und effizient Teambesprechungen durch,
- sucht geeignete Mitglieder für ein Team aus,
- gestaltet Arbeitsprozesse, die für die Zusammenarbeit im Team förderlich sind.

Kompetenz 37: Zielsetzungs- und Zielerreichungskompetenz

Definition: Unter Zielsetzungs- und Zielerreichungskompetenz fassen wir die Fähigkeit und Bereitschaft, eigene Ziele aus Unternehmenszielen abzuleiten, diese konsistent zu verfolgen sowie mit Hinblick auf deren Erreichung zu handeln und Mitarbeiter zu führen.

Verhaltensanker: Eine Person, die dieses Kriterium erfüllt,
- handelt im Einklang mit Vision und Zielen der Organisation,
- leitet Bereichs- bzw. Abteilungsziele aus Unternehmenszielen ab,
- zeigt Anerkennung für Verhalten von Mitarbeitern, das im Einklang mit der Vision und den Zielen der Organisation steht,
- kann mit Angestellten nach Zielkriterien (z. B. SMART) konkrete individuelle Ziele formulieren, die sich aus den übergeordneten Unternehmenszielen ableiten,
- gibt regelmäßig Rückmeldung in Bezug auf die Zielerreichung,
- leitet Arbeitsabläufe und Maßnahmen aus Zielen ab und plant die Umsetzung.

1.2.5 Kompetenzfeld 5: Unternehmerische Führung

Kompetenz 38: Strategisches Geschick und unternehmerisches Denken

Definition: Hierzu gehört die Fähigkeit, Trends und Entwicklungen vorherzusehen, vorausschauend zu agieren sowie Chancen zu ergreifen und dadurch ein Unternehmen oder einen Verantwortungsbereich auf Erfolg und Konkurrenzfähigkeit am Markt auszurichten.

Verhaltensanker: Wer strategisches Geschick und unternehmerisches Denken besitzt,

- zeigt ein Gespür für künftige Entwicklungen und Trends und leitet daraus unternehmerische Chancen ab,
- berücksichtigt bei unternehmerischen Entscheidungen Informationen über zukünftige Entwicklungen,
- informiert sich über relevante betriebliche Kennziffern und ist in der Lage, sie zu interpretieren,
- setzt die ihm zur Verfügung stehenden Ressourcen wirtschaftlich ein,
- schöpft seinen Kompetenzbereich zur Erreichung der Unternehmensziele aus,
- entwickelt marktfähige Strategien und Konzepte, um den Erfolg des Unternehmens bzw. seines Bereichs zu gewährleisten,
- verfolgt die gesetzten Unternehmensziele aktiv.

Kompetenz 39: Innovationskompetenz

Definition: Innovationskompetenz bezeichnet die Fähigkeit, Bilder von der Zukunft sowie neuartige Ideen und Konzepte zu entwickeln und deren Umsetzung voranzutreiben.

Verhaltensanker: Eine Person, die dieses Kriterium erfüllt,

- denkt in kreativen Zukunftsszenarien, um Chancen für Innovationen zu erkennen,
- interessiert sich für Zukunftsbilder und die Zukunft beeinflussende Faktoren (Technik, Umwelt, Gesundheit etc.),
- formuliert Ideen, die über die gegenwärtigen Möglichkeiten hinausgehen und diese erweitern können,
- empfindet neue oder zukünftige Entwicklungen als Herausforderung oder Anregung,
- nutzt Ideen, die an anderer Stelle erfolgreich waren, und passt sie an die eigene Situation an,
- entwickelt neue Wege oder Strukturen, um Arbeitsergebnisse zu verbessern.

Kompetenz 40: Werteorientierung

Definition: Unter diesem Begriff ist die Fähigkeit zu verstehen, Werte zu entwickeln, in Übereinstimmung mit diesen Werten zu handeln und sie unabhängig von der aktuellen Unternehmenssituation zu vertreten.

Verhaltensanker: Wer werteorientiert handelt,

- ist sich der eigenen, persönlichen Werte bewusst,
- ist sich der Werte des Unternehmens bewusst,
- entwirft Werte für die Organisation bzw. seinen Verantwortungsbereich,
- orientiert sein Handeln an eigenen Werten bzw. den Werten des Unternehmens,
- wendet Werte der Organisation auf alltägliche Arbeitsaktivitäten an,
- vermittelt anderen die Bedeutung von Werten.

Kompetenz 41: Visionsorientierung und Gestaltungskraft

Definition: Dies ist die Fähigkeit, unternehmerische Ideen oder Visionen zu entwickeln und sich mit der eigenen Person und großem Engagement dafür einzusetzen sowie andere dauerhaft dafür zu gewinnen.

Verhaltensanker: Eine Person, die dieses Kriterium erfüllt,

- strahlt Sicherheit und Zielstrebigkeit sowie Energie und Zuversicht aus,
- bringt andere in ihrem Sinne in Bewegung,
- ist bei Widerständen hartnäckig in der Verfolgung der eigenen Ziele,
- zeigt sich nach außen eng mit dem eigenen Anliegen bzw. der Organisation verbunden,
- kann mit der eigenen Frustration und der Frustration anderer umgehen.

1.3 Inhalt 3: Motivation

Vielleicht haben Sie das auch schon einmal erlebt: Sie haben einen Bewerber vor sich, der fachlich und überfachlich sehr gut zu einer Stelle passt und der auch die notwendigen Erfahrungen mitbringt. Trotzdem entscheidet er sich, Ihr Angebot abzulehnen, oder Sie können sich Ihrerseits nicht vorstellen, dass er sich in Ihrer Organisation wohlfühlen wird. In solchen Fällen spielt häufig die Motivation eine Rolle. Sie ist der Schlüsselfaktor bei der Besetzung von Arbeitsplätzen. Wenn die Motivation des Bewerbers — aus welchen Gründen auch immer — nicht ausreicht, ist eine baldige Fluktuation vorhersehbar. Wir unterscheiden zwei Aspekte bei der Motivation:

- die stellenbezogene Motivation und
- die motivationalen Merkmale.

1.3.1 Job, Location, Organization – die stellenbezogene Motivation

Bei der stellenbezogenen Motivation geht es um die Frage, ob sich ein Bewerber auf der konkreten Stelle unter den gegebenen Umständen wohlfühlt bzw. ob er zumindest in der Lage ist, diese Umstände auszuhalten. Dies ist aus unserer Sicht ein entscheidendes Kriterium, das Sie in jedem Fall berücksichtigen sollten, denn die grundlegenden Arbeitsbedingungen sind in der Regel nicht — oder kaum — veränderbar.

Es kann z. B. sein, dass ein Bewerber fachlich gut zu passen scheint, sich aber ungern in einem Großraumbüro aufhält. Genauso hat nicht jeder Mensch Freude daran, im Team zu arbeiten, zu unregelmäßigen Zeiten im Büro zu sein oder Vorgaben zu erhalten, die viele Fragen offen lassen. Bei bestimmten Tätigkeiten ist all das aber nicht zu vermeiden. Zudem sind auch die Inhalte der Arbeit in der Regel von vornherein festgelegt.

TIPP: Können ist nicht gleich Wollen

Dass eine Person das notwendige Know-how in einem bestimmten Bereich mitbringt, bedeutet noch nicht, dass sie die dazugehörigen Tätigkeiten auch gern ausführt.

So kann Ihr Bewerber durchaus das überfachliche Kriterium „Aufgaben- und Projektplanungskompetenz" erfüllen. In Hinblick auf seine Motivation ist es ihm aber unter Umständen lieber, wenn jemand anderes die entsprechenden Arbeiten für ihn erledigt.

Eine andere Person ist vielleicht hoch belastbar, will keine Karriere machen und ist nicht bereit, häufig Überstunden zu leisten.

In einem dritten möglichen Fall ist ein Bewerber eher introvertiert. Er kann durchaus gut im Team arbeiten, hat daran allerdings keine Freude.

Fazit: Das Können ist nicht gleich dem Wollen!

Drei Ebenen der stellenbezogenen Motivation: Job, Location und Organisation

Die stellenbezogene Motivation lässt sich in drei Bereiche unterscheiden:

- Job Fit (tätigkeitsbezogene Motivation): An welchen Aspekten der Tätigkeit sollte der Bewerber Freude haben? Welche Frustrationsquellen muss der Bewerber in der Stelle aushalten?

- Location Fit (standortbezogene Motivation): In welcher Hinsicht sollte der Bewerber den Standort mögen oder akzeptieren?
- Organisational Fit (organisationsbezogene Motivation): Was sollte dem Bewerber an der Organisation bzw. der Organisationskultur gefallen?

BEISPIEL: Was bedeuten Job, Location und Organisational Fit?

Udo Permer bewirbt sich auf eine Assistenzstelle in einem Geschäftsbereich eines Großunternehmens. Zu den Aufgaben gehört es, dem Abteilungsleiter zuzuarbeiten und sich um weitere 25 Mitarbeiter zu kümmern. Die Firma selbst sitzt in Ottobrunn bei München, der Bewerber kommt aus dem ländlichen Schleswig Holstein. Im Interview sind alle drei genannten Bereiche zu hinterfragen oder mit dem Bewerber direkt zu besprechen, damit es zu einer wirklich fundierten Entscheidung auf beiden Seiten kommt.

Job Fit

Bezogen auf die Tätigkeit muss Udo Permer Folgendes mögen bzw. aushalten können:
- Er wird in Einzelarbeit, also nicht im Team, tätig sein, da es nur eine Assistenzstelle in der Abteilung gibt.
- Er muss viele Anforderungen von unterschiedlichen Seiten koordinieren.
- Er muss seine Arbeit an der Kunden- und Serviceorientierung ausrichten.
- Er muss kurzfristig auf Anforderungen reagieren und dafür andere Arbeiten liegen lassen.
- Er muss kurzfristig auftretende längere Arbeitszeiten in Kauf nehmen.
- Er muss mit internationalen Kunden und Geschäftspartner über das Telefon kommunizieren.

Location Fit

Bezogen auf den Standort ist zu berücksichtigen:
- Das Unternehmen befindet sich in ländlichem Umfeld, aber in der Nähe einer Großstadt.
- Permer muss sich auf lange Fahrzeiten einstellen, wenn er in der Stadt wohnen möchte.
- Er muss hohe Mieten in Kauf nehmen, wenn er in der Stadt wohnen möchte.
- München bietet ein attraktives kulturelles Umfeld.

Organisational Fit

In Bezug auf das Unternehmen ist zu bedenken:
- Es handelt sich um ein Großunternehmen mit Hierarchie und mitunter langen Entscheidungswegen.

- Die Umsetzung von Veränderungen benötigt häufig viel Zeit.
- Es gibt viele Weiterentwicklungsmöglichkeiten für andere Stellen.
- Ein gutes internes Weiterbildungsangebot ist vorhanden.
- Permer profitiert von den typischen Sozialleistungen eines Großunternehmens.

≡ **CHECKLISTE: stellenbezogene Motivation**

Job Fit

- An welchen Aspekten der Tätigkeit sollte der Bewerber Freude haben?

- Welche Frustrationsquellen muss der Bewerber in der Stelle aushalten?

Location Fit

- In welcher Hinsicht sollte der Bewerber den Standort mögen oder akzeptieren?

Organisational Fit

- Was sollte dem Bewerber an der Organisation bzw. der Organisationskultur gefallen?

1.3.2 Das LAB-Profil: Aus der Sprechweise die Motivation erkennen

Eine interessante Ergänzung zum Thema Motivation liefern die Erkenntnisse aus den sogenannten LAB-Profilen (LAB = „Language and behaviour")[1]. Mit den LAB-Profilen lässt sich herausfinden, wodurch Menschen angetrieben werden (dies bezeichnen wir als motivationale Merkmale), wie sie Informationen verarbeiten und Entscheidungen treffen.

Der Grundgedanke ist dabei folgender: Aus der Art und Weise, wie Menschen über bestimmte Situationen oder Kontexte **sprechen**, lassen sich Rückschlüsse auf ihr Verhalten in diesen Situationen oder Kontexten ziehen.

Beachten Sie dabei jedoch bitte Folgendes: Da Menschen vielfältige Eigenschaften haben und flexibel sind, verhalten sie sich in verschiedenen Situationen bzw. Kon-

---

[1]   Der US-amerikanische Linguist Roger Bailey entwickelte die LAB-Profile aus den Metaprogrammen des NLP (Neuro-Linguistischen Programmierens).

texten in der Regel auch unterschiedlich. Das bedeutet, dass die motivationalen Merkmale von Kontext zu Kontext (z. B. beruflich und privat) verschieden sein können. Vorhersagen über das Verhalten sind allerdings nur für den Kontext gültig, in dem das Profil der jeweiligen Person erstellt worden ist. Insofern sollten Sie sich im Interview unbedingt auf den beruflichen Kontext beziehen.

Für das Bewerberinterview bringt Ihnen die Erstellung eines LAB-Profils folgenden Nutzen:

- Bei der Anforderungsanalyse ermitteln Sie, welche Ausprägungen der motivationalen Merkmale die zu besetzende Position erfordert.
- Im Interview selbst gewinnen Sie über die LAB-Fragen — wir haben sie im Folgenden motivationale Fragen genannt — Erkenntnisse über die Ausprägung der motivationalen Merkmale bei dem Kandidaten.
- Als Führungskraft erkennen Sie, inwieweit der Bewerber Ihrem Profil entspricht. Falls er ein anderes Profil hat, finden Sie heraus, wie Sie ihn optimal in „seiner Sprache" motivieren können.

Fünf motivationale Merkmale

Ein LAB-Profil besteht aus einer Reihe von Aspekten zu motivationalen Merkmalen sowie aus Merkmalen der Informationsverarbeitung, deren Ausprägung Sie mit Hilfe von Fragen herausfinden können. Hier im Kontext des Bewerberinterviews konzentrieren wir uns auf fünf motivationale Merkmale. Wir zeigen Ihnen, wie Sie diese sowohl für die Erarbeitung des Anforderungsprofils nutzen können als auch mit entsprechenden Fragen im Interview die Ausprägung erkennen können.[2]

1.3.2.1 Merkmal 1: Kriterien der Motivation

Die Kriterien der Motivation eines Bewerbers sind Begriffe, die er in Bezug auf seine Arbeit verwendet, die für ihn in Bezug auf seine Arbeit oder Tätigkeit wichtig sind. Sie sind für ihn mit Emotionen und positiven Erinnerungen verbunden sind. Die Kenntnis dieser Kriterien ermöglicht Ihnen einen Vergleich mit den Anforderungen im Job. Wenn Sie Differenzen feststellen, sollten Sie diese auch im Interview ansprechen.

---

[2]   Wenn Sie sich weitergehend mit dem Thema LAB-Profil beschäftigen möchten, sei Ihnen das Buch „Wort sei Dank" von Shelle Rose Charvet (Junfermann Verlag) ans Herz gelegt.

Fragen zu Kriterien der Motivation

Was ist Ihnen bei Ihrer Arbeit wichtig?
Was erwarten Sie vor allem bei Ihrer Arbeit?
Worauf kommt es Ihnen bei der Arbeit an?
Welche Kriterien sind Ihnen bei Ihrer Arbeit wichtig?

Reaktion bzw. Antwort:

1.3.2.2 Merkmal 2: Richtung der Motivation

Hinter diesem Merkmal verbirgt sich die Frage: Was bewegt einen Bewerber bzw. zukünftigen Mitarbeiter zum Handeln? In welche Richtung lässt er sich leicht motivieren? Arbeitet er bewusst auf bestimmte Ziele hin und will etwas erreichen oder will er Probleme lösen und Fehler verhindern? Verfolgt er also eher ein „Auf-etwas-zu-Muster" oder ein „Von-etwas-fort-Muster"?

Beide Ausprägungen sind gleich wichtig. Manche Menschen neigen jedoch dazu, die Ausprägung „Auf-etwas-zu" positiv und das „Von-etwas-fort Muster" negativ zu bewerten. Dieses Urteil beruht größtenteils auf einer durch den Begriff „positives Denken" bestimmten Interpretation. Jedoch geht hier aber um Auslöser oder Motivatoren, die Menschen zum Handeln veranlassen und nicht darum, ob sie im Leben bestimmte Ereignisse eher nach dem Motto „halb volles Glas" oder „halb leeres Glas" bewerten.

Welche Ausprägung eignet sich für welchen Bereich eher? Für das Recruiting stellt sich vor allem die Frage, ob ein Mitarbeiter auf der fraglichen Stelle eher eine Auf-etwas-zu-Motivation oder eine Von-etwas-fort-Motivation benötigt. Eine Tätigkeit, die zum ersteren Typ passt, ist z. B. der Vertrieb, letzterer Typ eignet sich u. a. für die Qualitätssicherung oder die Revision.

Im Interview kann es wichtig sein, die Richtung der Motivation bei einem Bewerber zu ermitteln, weil nur bei den wenigsten Menschen beide Aspekte gleichermaßen ausgeprägt sind.

Die durchschnittliche Verteilung der Ausprägung, die der Forscher Rodger Bailey in Studien für den Arbeitskontext ermittelt hat, lautet:

40 Prozent — Auf-etwas-zu-Muster (nur oder überwiegend)
20 Prozent — gleichermaßen auf etwas zu und von etwas fort
40 Prozent — Von-etwas-fort-Muster (nur oder überwiegend)

Antworten auf die Frage „**Was haben Sie davon**"? Lassen Sie uns an einem Beispiel vorstellen, wie sich die motivationale Richtung eines Bewerbers in dessen Antwort auf eine Frage ausdrücken kann. Die Frage lautet: „Was haben Sie davon?" Und wir geben zu jedem Beispiel an, wie stark die motivationale Richtung (Von-etwas-fort bzw. Auf-etwas-zu) in der Beispielantwort jeweils ausgeprägt ist.

- *Auf-etwas-zu-Muster*: „Ich habe das Gefühl, ich könnte etwas bewegen, und würde befördert werden."
  2 × Auf-etwas-zu-Aussagen
- *Überwiegend Auf-etwas-zu-Muster*: „Ich habe das Gefühl, ich könnte etwas bewegen, und würde befördert werden. Ich wäre dann persönlich sehr zufrieden und nicht mehr so viel unterwegs."
  3 × Auf-etwas-zu-Aussagen
  1 × Von-etwas-fort-Aussagen
- *Gleichermaßen beide Muster*: „Ich habe das Gefühl, etwas bewegen zu können, und wäre nicht mehr so viel unterwegs."
  1 × Auf-etwas-zu-Aussagen
  1 × Von-etwas-fort-Aussagen
- *Überwiegend Von-etwas-fort-Muster*: „Ich wäre nicht mehr so viel unterwegs und würde mich weniger mit Routinetätigkeiten beschäftigen. Zudem kann ich etwas bewegen."
  1 × Auf-etwas-zu-Aussagen
  2 × Von-etwas-fort-Aussagen
- *Von-etwas-fort-Muster*: „Ich stelle so sicher, dass keine Fehler bei der Arbeit mehr geschehen. Zudem hätte ich keinen Termindruck mehr und mein Chef würde mir auch nicht jederzeit über die Schulter schauen."
  3 × Von-etwas-fort-Aussagen

Nach der Richtung der Motivation im Interview fragen: In der unten stehenden Arbeitshilfe bieten wir Ihnen vorformulierte Fragen, mit denen Sie die Ausrichtung der Motivation erkennen können. (Diese Fragen finden Sie auch im Interviewleitfaden).

Wenn Sie nach der Richtung der Motivation fragen, ist es wichtig, dass Sie dreimal vertiefend nachhaken, um eine solide Basis für Ihre Auswertung zu erhalten. Achten Sie im Interview dabei auf die Anzahl der Auf-etwas-zu-Antworten und die Anzahl der Von-etwas-fort-Antworten und ermitteln Sie so, ob der Bewerber in Bezug auf das *Kriterium der Motivation* (siehe oben: Merkmal 1) eher ein Auf-etwas-zu-Muster oder eher ein Von-etwas-fort-Muster aufweist.

Die Auswertungshinweise zu typischen Antwortformulierungen in der folgenden Arbeitshilfe sollen Ihnen eine Hilfestellung geben, wie Sie die Sprachmuster des Bewerbers den Mustern der Motivationsrichtung zuordnen können. Die Prozentzahl gibt jeweils die Verteilung im Arbeitskontext an.

Fragen zur Richtung der Motivation	
Nachfrage 1	Warum ist Ihnen … [Kriterium] wichtig? *oder* Warum ist dieses [Kriterium] die Mühe wert?
Reaktion bzw. Antwort:	
Nachfrage 2	Was ist daran so wichtig? *oder* Warum ist dieses [Kriterium] von Bedeutung?
Reaktion bzw. Antwort:	
Nachfrage 3	Warum ist das wichtig? *oder* Was haben Sie davon?
Reaktion bzw. Antwort:	

Auswertungshinweise: Was sagt die Person nach dem Wort „weil"?				
Auf etwas zu	Hauptsächlich auf etwas zu	Beides	Hauptsächlich von etwas fort	Von etwas fort
Auf etwas zu: Ziele erreichen (Durchschnitt im Arbeitskontext 40 %)			**Von etwas fort:** Probleme lösen/Fehler vermeiden (Durchschnitt im Arbeitskontext 40 %)	

▪ Spricht davon, was gewonnen werden kann	▪ Erwähnt Situationen bzw. Fehler, die vermieden werden sollen
▪ Spricht davon, etwas zu erreichen	▪ Spricht von Problemen, die behoben werden müssen
▪ Sagt, was er will	▪ Ausgrenzen unerwünschter Dinge
▪ Nennt Ziele	▪ Lösen, verhindern, vermeiden, loswerden
▪ Ermöglichen	▪ Gesten der Ausgrenzung
▪ Nutzen, Vorteile	▪ Kopfschütteln
▪ Einbeziehen, integrieren	▪ Abwehr
▪ Zeigt auf Dinge	

1.3.2.3 Merkmal 3: Quelle der Motivation

Hinter diesem Aspekt verbirgt sich die Frage: Wo findet jemand seine Motivation? Nutzt er dafür externe Quellen oder interne Werte und Glaubenssätze? Zwei Möglichkeiten lassen sich hierbei unterscheiden:

Der „internal" Motivierte ist durch eigene innere Maßstäbe angetrieben. Er weiß, wann er eine Arbeit gut gemacht hat, und es fällt ihm schwer, die Meinung anderer zu akzeptieren. Er holt Informationen ein und entscheidet dann anhand eigener Maßstäbe.

Der „external" Motivierte braucht die Meinung anderer Personen, also Anleitung und Feedback von außen, um motiviert zu bleiben. Im beruflichen Kontext benötigt er Feedback, um die Qualität seiner Arbeit einzuschätzen.

Welche Quelle der Motivation eignet sich für welche Position? Beim Recruiting stellt sich für Sie die Frage: Verlangt die Position jemanden, der die Qualität seiner Arbeit selbst beurteilen kann, oder jemanden, der sein Vorgehen an äußeren Anforderungen orientiert?

- Die Qualität der Arbeit selbst zu beurteilen, d. h. internal motiviert zu sein, ist z. B. für Produktionsleiter, Mitarbeiter der Revision oder im Controlling notwendig.
- Manager müssen viele Entscheidungen treffen und dafür Normen setzen. Deshalb sollten sie eine gesunde Mischung mitbringen und ihre Motivation hauptsächlich internal aber zu einem kleineren Teil auch external finden.
- Eine ausschließlich external ausgeprägte Motivation ist z. B. in Vertrieb, Kundenbetreuung, Service oder Rezeption von Nutzen.

Es kann im Interview wichtig sein, die Quelle der Motivation eines Bewerbers zu ermitteln, weil bei den wenigsten Menschen beide Aspekte gleichermaßen ausgeprägt sind. Die Verteilung, die Rodger Bailey in seinen Studien für den Arbeitskontext ermittelt hat, lautet:

40 Prozent — internal
20 Prozent — gleichermaßen internal und external
40 Prozent — external

Die folgende Tabelle zeigt, wie die Frage nach der Quelle der Motivation im Interviewleitfaden integriert ist. Die Auswertungshinweise geben Ihnen eine Hilfestellung, wie Sie die Sprachmuster des Bewerbers den Mustern der Motivationsquelle zuordnen.

Quelle der Motivation
Frage: Woher wissen Sie, dass Sie bei der Arbeit etwas gut gemacht haben?
Reaktion bzw. Antwort:

Auswertungshinweise				
internal	hauptsächlich internal	internal/ external	hauptsächlich external	external
internal 40 %				external 40 %
<ul><li>Bewertet Leistung aufgrund eigener Maßstäbe und Kriterien</li><li>Entscheidet selbstständig nach der Devise: „Ich weiß es einfach"</li><li>Anweisungen anderer werden als Information aufgefasst</li><li>Widersetzt sich, wenn jemand sagt, was getan werden soll</li><li>Sitzt aufrecht, zeigt auf sich</li><li>Hält inne, bevor er auf eine Bewertung von jemandem antwortet</li></ul>			<ul><li>Informationen von außen werden als Entscheidung oder Anweisung aufgefasst</li><li>Lässt andere Menschen oder äußere Informationsquellen für sich entscheiden</li><li>Misst die eigene Arbeit an externen Normen oder Maßstäben (Checklisten, Quoten)</li><li>Neigt sich vor, beobachtet Reaktion des Gegenübers</li><li>Gesichtsausdruck in Erwartung einer Rückmeldung bzw. Bewertung</li></ul>	

1.3.2.4 Merkmal 4: Grund der Motivation

Hinter diesem Aspekt verbirgt sich die Frage danach, was einen Menschen mehr motiviert: die Suche nach Alternativen oder das Befolgen etablierter Prozesse? Zu unterscheiden sind zwei Typen:

- Der „optional" Orientierte ist motiviert, wenn er die Möglichkeit hat, eine Aufgabe mit neuen, innovativen Methoden zu erledigen. Er entwickelt gern Verfahren und Systeme, hat aber u. U. Schwierigkeiten, diese zu befolgen. Er ist schnell bereit, Regeln zu brechen.
- Der „prozedural" Orientierte hält sich gern an vorgegebene Schritte. Wenn er eine Arbeit angefangen hat, will er sie auch zu Ende führen. Er ist überzeugt, dass es einen „richtigen" Weg gibt. Er ist gegebenenfalls ratlos, wenn er sich an kein Verfahren halten kann.

Welcher Grund der Motivation ist bei welcher Position hilfreich? Beim Recruiting spielt der Grund der Motivation eine große Rolle. Wenn Sie das Anforderungsprofil erstellen, sollten Sie sich folgende Frage stellen: Macht die Stelle es erforderlich, Systeme bzw. Vorgehensweisen zu entwickeln (optionale Orientierung) oder sind eher vorgegebene Prozeduren zu befolgen (prozedurale Orientierung)?

- Ersteres trifft auf alle Tätigkeiten zu, in denen kreativ neue Lösungen, z. B. Sicherheitsmaßnahmen, entwickelt werden.
- Letzteres gilt in der Produktion, für Busfahrer, Flugkapitäne, Pflegeberufe in der Klinik oder Mitarbeiter in Bauunternehmen.

Es kann im Interview wichtig sein, nach dem Grund der Motivation zu fragen, weil bei den wenigsten Menschen beide Aspekte gleichermaßen ausgeprägt sind. Die Verteilung, die Rodger Bailey in seinen Studien für den Arbeitskontext ermittelt hat, lautet:

40 Prozent optional
20 Prozent gleichermaßen optional und prozedural
40 Prozent prozedural

Die folgende Tabelle zeigt, wie die Frage nach dem Grund der Motivation in den Interviewleitfaden integriert ist. Die Auswertungshinweise geben Ihnen eine Hilfestellung, wie Sie die Sprachmuster des Bewerbers den Mustern des Motivationsgrundes zuordnen.

Grund der Motivation
Frage: Warum haben Sie Ihre jetzige Stelle gewählt?
Reaktion bzw. Antwort:
Alternativfrage: Wie sieht Ihr typischer Arbeitsalltag aus?

Reaktion bzw. Antwort:

Auswertungshinweise				
Optional	Hauptsächlich optional	Optional/ prozedural	Hauptsächlich prozedural	Prozedural
Optional 40%				Prozedural 40%

▪ Führt eine Liste von Kriterien auf ▪ Berichtet von Gelegenheiten oder Möglichkeiten ▪ Die Erweiterung der Wahlmöglichkeiten ist wichtig ▪ Hat Schwierigkeiten mit dem Befolgen von Prozeduren ▪ Entwickelt Systeme und Verfahren	▪ Antwortet auf die Frage nach dem „Warum" damit, „wie" etwas zustande kam ▪ Hat nicht selbst gewählt ▪ Erzählt Anekdoten und Geschichten ▪ Berichtet von Ereignissen und Umständen, die zu einer Situation geführt haben ▪ Reagiert ratlos, wenn er sich nicht an ein Verfahren halten kann ▪ Befolgt erprobte Verfahren

1.3.2.5 Merkmal 5: Niveau der Motivation

Bei diesem Aspekt geht es um die Frage, ergreift die Person von sich aus die Initiative oder wartet sie darauf, dass andere die Initiative ergreifen. Wir können zwei Typen unterscheiden:

Der „proaktive" Mensch ergreift die Initiative und handelt eventuell mit wenig oder ohne Überlegung bzw. ohne lange Analyse. Er kann andere verärgern, da er manchmal wie eine Dampfwalze vorgeht. Er ist gut darin, das zu tun, was zu tun ist.

Der „reaktive" Mensch wartet bis andere die Initiative ergreifen oder die Situation reif ist, bevor er sich zum Handeln entschließt. Er überlegt und analysiert, bevor er handelt. Manchmal geht er mit solcher Sorgfalt vor, dass die Analyse einer Situation kein Ende nimmt. Aus der Sicht anderer braucht er zu lange, bevor er mit etwas beginnt. Er ist auf alle Fälle gut für analytische Aufgaben geeignet.

Welches Niveau der Motivation ist bei welcher Position hilfreich? Für das Recruiting spielt das Motivationsniveau eine wichtige Rolle. Wenn Sie das Anforderungsprofil erstellen, sollten Sie sich folgende Frage stellen: Benötigen Sie für die Stellen eher einen proaktiven Mitarbeiter, weil es um eine Aufgabe geht, bei der Initiative erforderlich ist, jemand eine Arbeit ausführt und erledigt? Oder brauchen Sie für die Stelle einen reaktiven Mitarbeiter, weil die Aufgabe eher darin besteht, auf Anfragen zu reagieren?

Schritt 1: Anforderungsprofil erstellen

Im Vertrieb oder Verkauf wird eher ein proaktives Profil benötigt. Ebenso bei Tätigkeiten, die einen hohen Grad an selbstständigem Arbeiten oder die eine gewisse Durchsetzungsfähigkeit bzw. Frechheit erfordern.

Kundendienstmitarbeiter sind in der Regel reaktiv. Bei Tätigkeiten, die Forschung und Analyse voraussetzen, werden Menschen benötigt, die Geduld und Ausdauer für die Auswertung von Daten mitbringen.

Tipps für das Anforderungsprofil: Für die Erstellung des Anforderungsprofils können Sie folgende Fragen stellen: Inwieweit wird der Stelleninhaber Initiative übernehmen müssen? In welchem Umfang sind Analyse und die Reaktion auf die Handlungen anderer gefordert? Schätzen Sie den prozentualen Anteil und Sie wissen, wie viel Zeit mit reaktiven und proaktiven Tätigkeiten zugebracht wird.

Eventuell können Sie im Interview die Ermittlung des Motivationsniveaus vernachlässigen, weil bei den meisten Menschen beide Aspekte gleichermaßen ausgeprägt sind. Die Verteilung, die Rodger Bailey in seinen Studien für den Arbeitskontext ermittelt hat, lautet:

20 Prozent reaktiv
60 Prozent gleichermaßen reaktiv und proaktiv
20 Prozent proaktiv

Die folgende Tabelle zeigt, wie Sie das Motivationsniveau des Bewerbers mithilfe der Auswertungshinweise zuordnen können. Eine besondere Frage ist im Gegensatz zu den anderen motivationalen Merkmalen nicht erforderlich.

Niveau der Motivation
(ergreift die Person die Initiative oder analysiert sie eher und reagiert auf Impulse von anderen)

Da ca. 60 bis 65 Prozent der Bevölkerung im Arbeitskontext beides sind, können Sie zunächst davon ausgehen, dass sich Ihr Gesprächspartner in der Mitte der Verteilung befindet. Achten müssen Sie nur auf deutliche Abweichungen in Satzstruktur und Körpersprache.

Auswertungshinweise

Proaktiv 20 %	Proaktiv/Reaktiv 60 %	Reaktiv 20 %
Proaktiv		**Reaktiv**
• Satzstruktur: kurze Sätze mit Subjekt, aktives Verb und konkretes Objekt • Die Person spricht, als hätte sie Kontrolle über ihre Umgebung		• Unvollständige Sätze: fehlendes Verb oder Subjekt • Passiv oder in Substantiv umgewandelte Verben

- Klare eindeutige Satzstruktur
- Direkte, schnelle Sprache
- Im Extremfall rollt sie wie eine Dampf-walze über alles hinweg
- Körpersprache: Anzeichen von Unge-duld, viel Bewegung, sitzt nicht ruhig

- Viele Infinitive, vorsichtige Sprache
- Lange, verschachtelte Sätze
- Häufiges Nachdenken, Analysieren, Verste-hen, Warten oder prinzipielle Fragen
- Konditionalsätze: würde, könnte, sollte
- Kann lange ruhig sitzen

1.3.2.6 Wie Sie mit den motivationalen Merkmalen arbeiten

Wenn Sie ein Anforderungsprofil erstellen, helfen Ihnen die motivationalen Merk-male, festzulegen, welche Ausprägungen von Motivation ein Bewerber bezogen auf die zu besetzende Funktion mitbringen sollte.

Sie finden alle motivationalen Merkmale in der unten stehenden Übersicht bestmöglich dargestellt. Anders als bei der stellenbezogenen Motivation legen Sie sich mit Ihrer Ant-wort auf einer Skala fest. Sie priorisieren also zwischen der Ausprägung auf der linken Seite oder derjenigen auf der rechten Seite. Falls ein Aspekt keine Rolle spielt oder beide Ausprägungen möglich sind, ist die Mitte der Skala die richtige Wahl. Alternativ können Sie den jeweiligen Punkt bei den Interviews später auch einfach außer Acht lassen.

Motivationale Merkmale (LAB-Profil)					
Welche Motivation sollte der Mitarbeiter für die Position mitbringen?					
Auf-etwas-zu-Muster • Eher Prioritäten setzen und Ziele erreichen				**Von-etwas-fort-Muster** • Eher Probleme erkennen und lösen	
Internal • Entscheidet selbst nach eigenen Grundsätzen, • Arbeitet eher auf sich allein gestellt, • Fasst Wünsche als Informa-tion auf (sammelt Informa-tionen und bildet sich dann ein eigenes Urteil)				**External** • Passt sich Rückmeldungen und Feedback von außen an, • Fasst Wünsche als Anliegen auf	
Prozedural • Befolgt eher Routinen • Arbeitet gern mit vorge-gebenen Systemen oder Prozessen				**Optional** • Ist eher kreativ, • Sucht ständig nach Alternativen, • Entwirft Routinen oder Prozesse	
Proaktiv • Handelt von sich aus				**Reaktiv** • Reagiert auf Impulse	

Stellen Sie sich bei den einzelnen Merkmalen folgende Fragen, wenn Sie das Anforderungsprofil erarbeiten:

- Sollte der Mitarbeiter eher Ziele erreichen und Prioritäten setzen, also auf etwas zustreben, oder eher Fehler vermeiden und Probleme lösen, also von etwas fort streben?
- Verlangt die Position eher jemanden, der die Qualität seiner Arbeit selbst beurteilen kann, oder verlangt sie eher jemanden, der sein Vorgehen an äußeren Anforderungen orientiert?
- Benötigen Sie in der Funktion eher jemanden, der Routinen befolgt und gern mit bzw. nach vorgegebenen Systemen oder Prozessen arbeitet, oder eher jemanden, der kreativ ist, ständig nach Alternativen sucht und Routinen oder Prozesse entwickeln kann?
- Benötigen Sie in der Funktion eher jemanden, der proaktiv, d. h. von sich aus handelt, oder eher jemanden, der reaktiv handelt, also äußeren Impulsen folgt?

1.4 Anforderungsprofil erstellen – Methoden und Praxistipps

1.4.1 Die besten vier Methoden zur Erstellung

Wir schlagen Ihnen vier Methoden vor, mit denen Sie auf einfachem Wege die drei Teile (Hard Facts, Soft Skills, Motivation) eines Anforderungsprofils erstellen können. Wobei diese vier Methoden sich unterschiedlich gut zur Erstellung der jeweiligen Teile eignen. Mit welcher Methode Sie welchen Teil des Anforderungsprofils erstellen können, zeigen wir Ihnen anhand des nachfolgenden Schaubilds. Die vier Methoden zur Erstellung des Anforderungsprofils sind: Fragebogen-, Karten-, Priorisierungs- und Auswertungsmethode. Diese vier Methoden werden wir im Folgenden ausführlich erläutern.

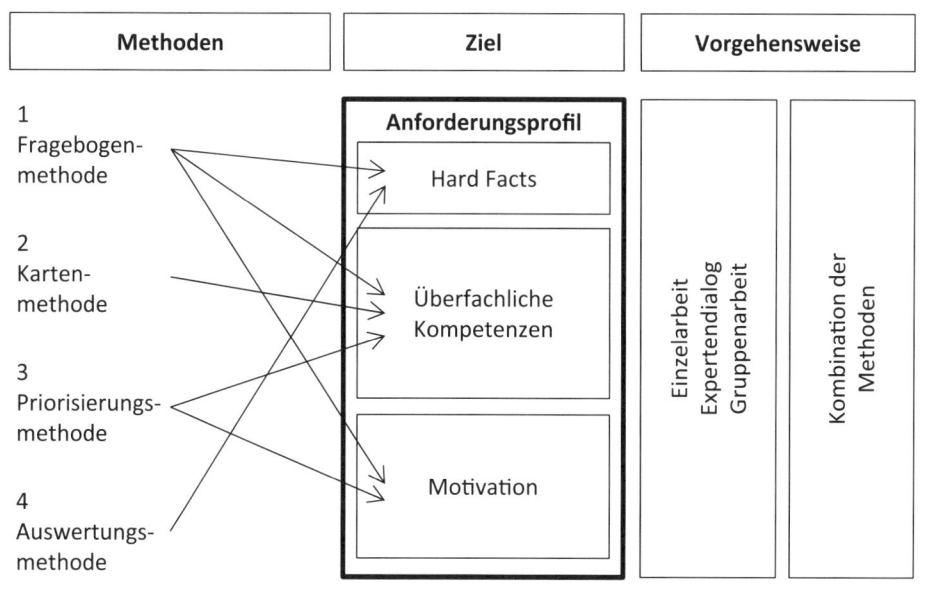

Abb. 2: Mit welchen der vier Methoden die jeweiligen Inhalte des Anforderungsprofils erarbeitet werden können.

1.4.1.1 Die Fragebogenmethode

Wann ist die Fragebogenmethode geeignet? Mit den Fragen aus dem Top-down-Ansatz gewinnen Sie Informationen zu Hard Facts wie auch zu den überfachlichen Kompetenzen/Soft Skills. Die aus der Critical-Incident-Technique (CIT) abgeleiteten Fragen liefern Ihnen Informationen zu den relevanten überfachlichen Kompetenzen/Soft Skills. Die Fragen zur stellenbezogenen Motivation liefern Ihnen wichtige Erkenntnisse und sollten auf jeden Fall beantwortet werden. Die Fragebogenmethode ist sowohl für den Expertendialog als auch für die Einzelarbeit sehr gut geeignet. Sie ist auch von Nutzen, wenn es um die Erarbeitung von Anforderungen an neue Positionen geht.

Wie funktioniert die Fragebogenmethode? Bei der Fragebogenmethode beantworten Sie systematisch eine Reihe von Fragen. Aus den Antworten können Sie dann die relevanten Anforderungen ableiten. Der Fragebogen kombiniert den Top-down-Ansatz mit dem Bottom-up-Ansatz und ist ergänzt um Fragen zur stellenbezogenen Motivation (Job, Location, Organization) .

Schritt 1: Anforderungsprofil erstellen

Mithilfe der Fragen aus dem **Top-down-Ansatz** werden aus den Unternehmenszielen und -strategien die Ziele der Position entwickelt. Daraus ergeben sich die konkreten Aufgaben und Tätigkeiten (differenziert nach Haupt- und Nebentätigkeiten). Aus diesen werden dann wiederum die Anforderungen auf Verhaltens-, Motivations- und Wissensebene abgeleitet.

Mit dem **Bottum-up-Ansatz** (CIT-Fragen) werden zuerst erfolgskritische Situationen identifiziert. Dies sind Situationen, bei denen sich entscheidet, ob es sich um einen sehr guten oder einen mittelmäßigen Mitarbeiter handelt. Im nächsten Schritt beschreiben Sie dann dasjenige Verhalten, das in der Praxis in diesen Situationen zum Erfolg führt. Das ist natürlich dann besonders leicht, wenn es diese Stelle schon gibt. Die entstehenden Verhaltensbeschreibungen dienen auch als Verhaltensanker. Aus ihnen wird abgeleitet, welche fachlichen und überfachlichen Kriterien für die Stelle erforderlich sind.

Bei den Fragen zur **stellenbezogenen Motivation** geht es nicht um Fähigkeiten, sondern um Merkmale der Tätigkeit, des Orts und der Organisation, die ein Bewerber zumindest akzeptieren muss oder sogar begrüßt.

Arbeitsmittel zur Fragebogenmethode

Top-down				
Um welche Position/Funktion geht es?				
Was sind die Ziele, die in der Position erreicht werden sollen?	1			
	2			
	3			
Haupttätigkeiten (3 bis 5)	Aufwand für Tätigkeit in Prozent oder Stunden?	Um die Aufgabe zu erfüllen, muss die Person Folgendes ...		
		können (Verhalten)	wollen (Motivation)	kennen (Wissen)
1				
2				
3				
4				
5				

relevante Ne- bentätigkei- ten (3 bis 5)	Wie hoch ist der Aufwand für jede Tätigkeit in % oder Zeit?	Um die Aufgabe zu erfüllen, muss die Person Folgendes …		
		können (Verhalten)	wollen (Motivation)	kennen (Wissen)
1				
2				
3				
4				
5				

Bottom-up (Critical Incident)

erfolgskriti- sche Situati- onen	▪ Wie verhält sich in diesen Situationen ein besonders erfolgreicher Mitarbeiter? ▪ Woran erkennen Sie das konkret?
1	
2	
3	
4	
5	
Auswertung	
Welche überfachlichen Anforderungskrite- rien lassen sich daraus ableiten?	
Welche Informationen zu den Hard Facts lassen sich daraus ableiten?	

Stellenbezogene Motivation

Job Fit	An welchen Aspekten der Tätigkeit sollte der Bewerber Freude haben? Welche Frustrationsquellen muss der Bewerber in der Stelle aushal- ten?	
Loca- tion Fit	In welcher Hinsicht sollte der Be- werber den Standort mögen oder akzeptieren?	
Orga- nisa- tional Fit	Was sollte dem Bewerber an der Organisation bzw. der Organisati- onskultur gefallen?	

Tipps zum Vorgehen: Wenn Sie mit der Fragebogenmethode arbeiten, ist es selbstverständlich wichtig, dass Sie die Antworten notieren. Auf diese Weise müssen Sie nicht zu viele Informationen gedanklich abspeichern und haben somit freie Ressourcen.

Achten Sie darauf, dass Sie bei der Sammlung von Kernaufgaben notieren, welche Arbeiten der Mitarbeiter konkret ausführen muss. Verwenden Sie Tätigkeitsbegriffe und keine Eigenschaftsaussagen.

Achten Sie darauf, dass die Aufwandsschätzung nicht in der Summe über 100 Prozent liegt. Sollte das der Fall sein müssen Sie priorisieren und anschließend reduzieren, denn mehr als 100 Prozent haben Sie nicht zur Verfügung. Die Bottum-up-Fragen zu bearbeiten, fällt in der Regel leichter, da es möglich ist an die bisherigen Mitarbeiter zu denken. Die Fragen zum Top-down-Ansatz nutzen Sie zum Einstieg, die Bottum-up-Fragen zur Vertiefung.

1.4.1.2 Die Kartenmethode

Wann ist die Kartenmethode geeignet? Die Kartenmethode ist für die Erarbeitung von überfachlichen Anforderungskriterien (Soft Skills) geeignet. Sie lässt sich sowohl im Expertendialog als auch in der Einzelarbeit sehr gut anwenden. Sie ist die schnellste Methode, wenn mehrere Personen in Gruppenarbeit beteiligt werden sollen. Sie ist auch gut geeignet, wenn es um die Erarbeitung von Anforderungen an neue Positionen geht.

Wie funktioniert die Kartenmethode? Um die relevanten Soft Skills für eine Position zu bestimmen, können Sie auch mit der Kartenmethode arbeiten. Als Hilfsmittel stehen Ihnen bei den Arbeitshilfen online die Anforderungskriterien zum Ausdrucken auf Karten zur Verfügung.

So gehen Sie vor: Drucken Sie als erstes die Karten aus. Anschließend sortieren Sie die in zwei bis drei Durchgängen: Sortieren Sie zunächst die Karten mit den Anforderungskriterien in zwei ähnlich große Stapel: Auf den einen Stapel legen Sie die Karten, deren Anforderungskriterien für die Position *wichtig* sind. Auf den anderen Stapel legen Sie die Karten, deren Anforderungskriterien für die Stellen *unwichtig* sind. Anschließend gehen Sie den Stapel mit den wichtigen Anforderungskriterien durch und sortieren diesen nach *sehr wichtigen* und *wichtigen* Anforderungskriterien.

Wenn Sie die Kartenmethode in der Gruppenarbeit anwenden, entscheiden Sie beim Sortieren gemeinsam mit den anderen Personen, welche der überfachlichen Anforderungskriterien wichtig sind. Wenn jeder Beteiligte die Kriterien zunächst für sich allein sortiert, tragen Sie die Ergebnisse später in der Gruppe zusammen. Suchen Sie dann zuerst nach den Übereinstimmungen und diskutieren Sie danach die Unterschiede bis zur Einigung.

Achten Sie bitte darauf, dass der Stapel „sehr wichtig" nicht mehr als fünf bis acht Karten enthält. Denn je mehr Karten Sie verwenden, umso umfangreicher wird der Interviewleitfaden und damit das Interview.

1.4.1.3   Die Priorisierungsmethode

Wann ist die Priorisierungsmethode geeignet? Die Priorisierungsmethode ist für die Ermittlung der überfachlichen Anforderungskriterien (Soft Skills) geeignet. Sie lässt sich ebenso auf bestehende wie auf neue Positionen anwenden. Sie können mit der Priorisierungsmethode die erforderliche Ausprägung der motivationalen Merkmale ermitteln. Die Methode ist sowohl für den Expertendialog als auch für die Einzelarbeit sehr gut geeignet.

Wie funktioniert die Priorisierungsmethode? Die Priorisierungsmethode ist eine weitere Möglichkeit, um die Ausprägung der Soft Skills zu ermitteln, und sie ist die einzige, um die Ausprägung der motivationalen Merkmale schnell und einfach zu erkunden.

So gehen Sie vor: Sie verwenden dazu das Formular „Anforderungsprofil" bei den Arbeitshilfen online und gehen folgendermaßen vor: Sie überlegen sich, wie stark die einzelnen Soft Skills für die relevante Position ausgeprägt sein sollen (von „1" bzw. „niedrig" bis „5" bzw. „hoch"), und kreuzen die jeweilige Ausprägung im Dokument an. Sie überlegen sich, wie die einzelnen motivationalen Merkmale für die relevante Position gewichtet sein sollten, und kreuzen die jeweilige Gewichtung im Dokument an. Sie lesen zur Qualitätssicherung und Verständnisklärung die Definitionen und Verhaltensanker der ausgewählten Anforderungskriterien durch und ergänzen diese bzw. passen sie an.

Achten Sie darauf, dass Sie bei der Ankreuzmethode nicht mehr als sechs Kriterien mit „5" („hoch") bewerten. Je mehr Kriterien Sie eine hohe Priorität einräumen, umso umfangreicher wird Ihr Interviewleitfaden und damit das Bewerberinterview.

1.4.1.4 Die Auswertungsmethode

Wann nutzen Sie die Auswertungsmethode? Die Auswertungsmethode ist für die Ermittlung der Hard Facts geeignet. Sie liefert Ihnen wertvolle Informationen (z. B. Zielsetzung, Hauptaufgaben) für die Arbeit mit der Fragebogenmethode (Top-down-Ansatz). Sie lässt sich vor allem in der Einzelarbeit sehr gut anwenden.

Wie funktioniert die Auswertungsmethode? In den meisten Unternehmen gibt es Stellen- bzw. Funktionsbeschreibungen. Diese haben vor allem eine arbeitsrechtliche Bedeutung und erläutern die Zielsetzung einer Stelle, Hauptaufgaben, Zuständigkeiten und Verantwortungsbereich, die Einordnung in der Unternehmenshierarchie und die Vergütung. Zwar sind in der Stellen- bzw. Funktionsbeschreibung selten konkrete Anforderungen genannt und zudem fehlt meist eine Auskunft über die Gewichtung dieser Anforderungen. Ebenso geben Stellen- bzw. Funktionsbeschreibungen selten Aufschluss über Fähigkeiten, Kenntnisse und Erfahrungen, über die der Stelleninhaber verfügen sollte. Dennoch können Sie die Stellenbeschreibung nutzen, um daraus Kriterien für ein Anforderungsprofil zu gewinnen.

So gehen Sie vor: Werten Sie die jeweilige Stellen- oder Funktionsbeschreibung im Hinblick auf brauchbare Informationen aus und übertragen Sie diese in das Formular „Anforderungsprofil". Doch müssen Sie sich bei dieser Vorgehensweise bewusst sein, dass Sie damit noch lange nicht alle Anforderungen hinreichend identifiziert haben.

Die in Stellen- oder Funktionsbeschreibungen genannten Soft Skills sollten Sie sorgfältig hinterfragen. Meist ist zweifelhaft, ob die aufgezählten Kompetenzen tatsächlich zu den relevanten Anforderungskriterien gehören. Für die Erarbeitung der Soft Skills empfehlen wir die Kartenmethode.

1.4.2 Praxistipps zum Vorgehen

Im Folgenden wollen wir Ihnen noch einige Tipps mit an die Hand geben, wie Sie möglichst effizient zu einem optimalen Anforderungsprofil gelangen.

1.4.2.1 Methoden effizient miteinander kombinieren

Hier geht es zunächst um die Frage, wie Sie die oben genannten Methoden sinnvoll kombinieren: Um bestmögliche Ergebnisse zu erzielen, kann es schließlich auch hilfreich sein, mehrere Methoden anzuwenden. Im Folgenden erfahren Sie beispielhaft, welche Methodenkombinationen sinnvoll sind und in welchen Formen der Zusammenarbeit sie die besten Ergebnisse erbringen.

Variante 1 — ausführlich: Diese Variante kann entweder in Einzelarbeit oder im Expertendialog, idealerweise in Zusammenarbeit von Führungskraft und Personalabteilung durchgeführt werden.

Dabei wenden Sie jede der folgenden Methoden nacheinander an:

Auswertungsmethode, Fragebogenmethode und Priorisierungsmethode.

Variante 2 — schnell und einfach: Diese Variante eignet sich ebenfalls für die Einzelarbeit und den Expertendialog. Idealerweise wird auch sie in Zusammenarbeit von Führungskraft und Personalabteilung durchgeführt.

Diese Methoden werden in der genannten Reihenfolge kombiniert: Auswertungsmethode und Priorisierungsmethode.

Variante 3 — viele Gleiche: Diese Variante ist ideal geeignet, wenn mehrere Führungskräfte einer Ebene die gleichen Funktionen zu besetzen haben (z. B. Filialleiter) oder wenn größere Organisationen etwa für ihr Managementpersonal einheitliche überfachliche Anforderungskriterien definieren wollen.

Allerdings bleiben hierbei zunächst die Anforderungen an die Hard Facts außen vor, denn Sie verwenden nur die folgenden Methoden: Kartenmethode und Priorisierungsmethode (nur in Bezug auf die motivationalen Merkmale).

1.4.2.2 Mit wem arbeiten Sie bei der Erstellung zusammen?

Dabei geht es zum einen darum, wie viele Personen sich mit den Stellenanforderungen auseinandersetzen: Sollte die Aufgabe lieber in der Hand einer einzelnen Person liegen? Oder ziehen Sie eine Gruppenarbeit vor? Und Sie müssen entscheiden, welche Position die Beteiligten selbst in Ihrem Unternehmen haben sollen.

Einzelarbeit: Als Führungskraft können Sie die oben aufgeführten Methoden auch für sich allein anwenden. Sorgen Sie dafür, dass Sie ungestört sind. Der Hauptnutzen besteht für Sie darin, Ihre Gedanken schwarz auf weiß zu Papier zu bringen und so im Kopf Raum für weitere Überlegungen zu schaffen. Im Alltag nehmen sich Führungskräfte erfahrungsgemäß wenig Zeit bestimmte Anforderungen in einem

Anforderungsprofil zu konkretisieren. Sobald sie aber anfangen, sich damit zu beschäftigen und diese Gedanken auch zu Papier bringen, tauchen neue wichtige Aspekte auf, an die sie bislang noch nicht gedacht haben. Auf diese Weise entsteht dann ein umfangreiches, alle Aspekte berücksichtigendes Anforderungsprofil und das Risiko, im Interview Dinge zu vergessen ist gesunken!

Expertendialog: Sind Sie hingegen als Mitarbeiter in der Personalabteilung tätig und kennen aus vorherigen Suchen das Anforderungsprofil nicht genau, werden Sie vermutlich eher die Führungskraft oder Mitarbeiter befragen, die einen besonders guten Einblick in die Aufgaben der Position haben. Zur Vorbereitung auf diesen Expertendialog können Sie die Stellen- und Funktionsbeschreibungen auswerten. Als Experten kommen verschiedene Personen infrage:

- Kollegen, die ähnliche oder gleiche Funktionen ausüben,
- die für die Stelle verantwortliche Führungskraft,
- die Geschäftsführung, soweit sie in die Einstellung involviert ist,
- externe Personen, z. B. Kunden, mit denen der neue Mitarbeiter in Kontakt kommt (diese externen Personen können Ihnen z. B. Auskunft über die Art und Qualität der Aufgaben oder über erwünschte Verhaltensweisen geben),
- unterstellte Mitarbeiter,
- der Vorgänger auf der Position bzw. dessen Kollegen, sofern Sie eine bestehende Stelle wieder besetzen.

Stehen Sie als Führungskraft vor der Herausforderung, ein Anforderungsprofil zu erarbeiten, kann Ihnen hoffentlich als Experte die Personalabteilung dienen. Sie verfügt entweder über die Stellen- und Funktionsbeschreibungen oder besitzt das Know-how in der Erarbeitung von Anforderungsprofilen. Eventuell interviewen die Kollegen Sie sogar nach der Fragebogenmethode und helfen Ihnen so, Ihre Gedanken zu Papier zu bringen.

Gruppenarbeit: Besonders effektiv lassen sich Anforderungskriterien in Gruppendiskussionen erarbeiten. Hierfür sind insbesondere die Kartenmethode und die Priorisierungsmethode geeignet. Sie finden bei der Beschreibung der Kartenmethode ein Beispiel aus der Praxis, wie mit vielen Führungskräften einer Ebene die Soft-Skills für eine Position erarbeitet wurden. Im Grunde genommen können Sie auch die Priorisierungsmethode ähnlich einsetzen. Aus unserer Sicht ist es empfehlenswert, darauf zu achten, dass dabei die Gruppengröße unter sieben Personen bleibt. Sonst steigt der Aufwand im Abgleich der unterschiedlichen Profile.

● ▬▬▬ **TIPP: Zukünftige Anforderungen berücksichtigen**

Da sich im Laufe einer Anstellung die Anforderungen ändern können, empfehlen wir Ihnen bei allen Methoden folgende Fragen zu berücksichtigen:

- Wie werden sich die Aufgaben in den nächsten Jahren ändern? (z. B. Übernahme einer Leitungsrolle)
- Was sind zwar seltene doch wesentliche Tätigkeiten?
- In welcher Umgebung wird sich der zukünftige Mitarbeiter bewegen? (Großkunden, spezielle Zielgruppe etc.)

1.5   Formular: Anforderungsprofil

Dieses Formular finden es ebenfalls auf der zum Buch gehörenden Arbeitshilfen-online-Seite und können es dort öffnen, bearbeiten und natürlich auch ausdrucken.

Anforderungsprofil erstellen

Inhalt 1: Hard Facts		Muss- Kann-
	Beschreibung	Anforderung
Qualifikation bzw. Fachkenntnisse		
EU-/Nicht-EU-Bürger		
Führerschein		
Schulabschluss		
Ausbildungsabschluss		
Studium/Semesterzahl		
Abschluss/Promotion		
Praktika (In-/Ausland)		
Weiterbildungen		
IHK-Qualifizierungen/ Meister		
Fremdsprachen		
Zusatzqualifikationen		

Schritt 1: Anforderungsprofil erstellen

Berufserfahrung			
Branche			
Sparten/Bereich			
Aufgaben, Team- und Projektpraxis (fachliche Erfahrungen)			
Managementpraxis			
Auslandseinsätze			
Sonderpunkte			
Sonstiges			
Eintrittstermin			
Häufigkeit beruflicher Wechsel			
Wunscheinkommen			

Inhalt 2:
Überfachliche Kompetenzen
Hinweis: Kennzeichnen Sie nicht mehr als 6 Kompetenzen mit „5" aus.

	Wichtigkeit				
	niedrig				hoch
Kompetenzfeld 1: Umgang mit Menschen	1	2	3	4	5
Selbstsicheres Auftreten					
Kommunikationsfähigkeit (Zuhören, Reden, Ausdruck)					
Überzeugungsfähigkeit und Verkaufsgeschick					
Kontaktfähigkeit und Einfühlungsvermögen					
Teamfähigkeit					
Networking					
Konfliktfähigkeit					
Durchsetzungsfähigkeit					
Verhandlungsgeschick					
Kundenorientierung					
Interkulturelle Kompetenz					
Kompetenzfeld 2: Umgang mit Inhalten	1	2	3	4	5
Analytisches Denken					

Prozessmanagement					
Präsentationsfähigkeit					
Moderationsfähigkeit					
Aufgaben- und Projektplanungskompetenz					
Ressourcensteuerung und Ergebnisorientierung					
Schriftlicher Ausdruck					
Sorgfalt und Gewissenhaftigkeit					
Umgang mit Ambiguitäten					
Entscheidungsfähigkeit					
Kreative Lösungsentwicklung					
Veränderungskompetenz und Flexibilität					
Kompetenzfeld 3: Potenzialindikatoren	1	2	3	4	5
Initiative und Eigenständigkeit					
Komplexitätsverarbeitungskompetenz					
Selbstreflexion					
Rollenbewusstsein					
Selbstmanagement					
Leistungsorientierung					
Physische und psychische Belastbarkeit					
Lernfähigkeit und -bereitschaft					
Kompetenzfeld 4: Mitarbeiterführung	1	2	3	4	5
Delegationsfähigkeit und Kontrollkompetenz					
Informationsverhalten					
Fördern und Entwickeln von Mitarbeitern					
Einschätzung von Fähigkeiten und Potenzialen					
Teambuilding und Teamführung					
Zielsetzungs- und Zielerreichungskompetenz					
Kompetenzfeld 5: Unternehmerische Führung	1	2	3	4	5
Strategisches Geschick und unternehmerisches Denken					

Innovationskompetenz				
Werteorientierung				
Visionsorientierung und Gestaltungskraft				

Inhalt 3:
Motivation

Stellenbezogene Motivation

Job Fit

- An welchen Aspekten der Tätigkeit sollte der Bewerber Freude haben?

- Welche Frustrationsquellen muss der Bewerber in der Stelle aushalten?

Location Fit

- In welcher Hinsicht sollte der Bewerber den Standort mögen oder akzeptieren?

Organisational Fit

- Was sollte dem Bewerber an der Organisation bzw. der Organisationskultur gefallen?

LAB-Profil — motivationale Merkmale

Welche Motivation sollte der Mitarbeiter für die Position mitbringen?

Auf-etwas-zu-Muster Eher Prioritäten setzen und Ziele erreichen				Von-etwas-fort-Muster Eher Probleme erkennen und lösen
Internal Entscheidet selbst nach eigenen Grundsätzen, arbeitet eher auf sich allein gestellt, fasst Wünsche als Information auf (sammelt Informationen und bildet sich dann ein eigenes Urteil)				**External** Passt sich Rückmeldungen und Feedback von außen an, fasst Wünsche als Anliegen auf
Prozedural Befolgt eher Routinen, arbeitet gern mit vorgegebenen Systemen oder Prozessen				**Optional** Ist eher kreativ, sucht ständig nach Alternativen, entwirft Routinen oder Prozesse
Proaktiv Handelt von sich aus				**Reaktiv** Reagiert auf Impulse

1.6 Das Mitarbeiterprofil – Teampassung ermitteln

In diesem Kapitel wollen wir Ihnen eine Methode nahebringen, mit der Sie ein Mitarbeiterprofil für die zu besetzende Stelle erarbeiten können. Dieses Profil kann das Anforderungsprofil (Kapitel 1) ergänzen.

Der Vorteil dieser Methode ist, dass Sie die Passung zu einem bestehenden Team bzw. zu der Führungskraft ohne Tests, sondern allein durch Überlegungen herausfinden können. Für diese Überlegungen ist das Stichwort „Fremdeinschätzung" leitend. Diese Fremdeinschätzung wird von der Führungskraft oder anderen am Recruitingprozess beteiligten Personen erbracht.

Diese Methode, das Mitarbeiterprofil zu entwickeln, basiert auf der sogenannten LIFO®-Verhaltens-Typologie. Da auch unsere in diesem Buch dargestellte Interview-Methode (VeSiEr) sich auf die Verhaltensweisen des Bewerbers zur Prognose zukünftiger Arbeitsleistung bezieht, passt der Ansatz der LIFO®-Methode gut, da diese ebenfalls beim Verhalten und nicht bei der Persönlichkeit ansetzt.

Die zentralen Fragen, auf die mittels der Methode Antworten gefunden werden sollen, lauten:

- Was für ein Mitarbeiterprofil erfordert die zu besetzende Position?
- Wie ist das bisherige Teamprofil inklusive Führungskraft?
- Was für ein Mitarbeiterprofil könnte in das Team passen?
- Welches Profil hat der Bewerber?

Die verwendeten Verhaltenstypologien helfen Ihnen

- die Komplexität der sozialen Wirklichkeit zu reduzieren, um somit ein leichteres Verständnis zu ermöglichen,
- eine Perspektive einzunehmen, aus der Sie auf Menschen in spezifischen Situationen schauen können,
- die Stärken und ggf. auch Schwächen der jeweiligen Typen besser zu verstehen,
- sich der eigenen Vorurteile bewusst zu werden,
- zu erklären, wieso Ihnen andere Menschen sympathisch sind oder unsympathisch.

1.6.1 Die Grundlagen der Methode

Die Methode geht von einer auch in vielen anderen Typologien gebräuchlichen Unterscheidung von Mensch- oder Sachorientierung aus und kombiniert diese mit der Unterscheidung von lang- oder kurzfristiger Orientierung. Auf der vertikalen Achse befinden sich die Pole „Nähe zu Menschen" und „Nähe zur Aufgabe". Und auf der horizontalen Achse sind die Pole „Langfristigkeit" bzw. „Kurzfristigkeit" angesiedelt.

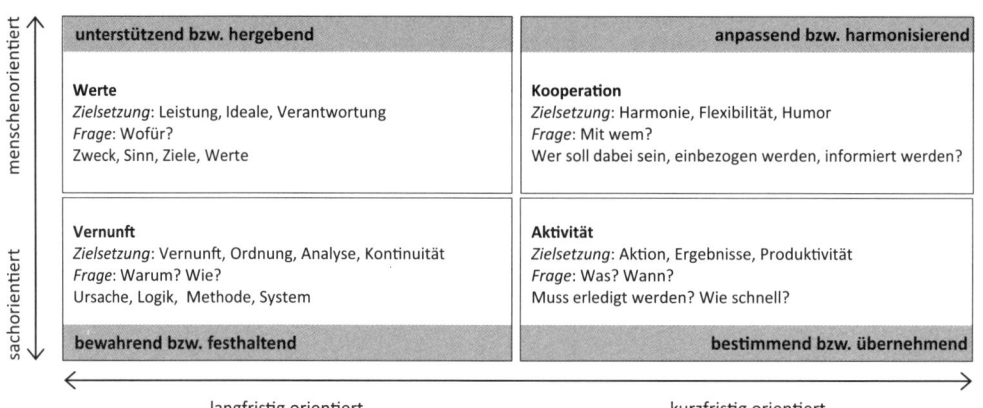

Abb. 3: Die vier Verhaltensstile

In den durch die Überschneidungen entstehenden Quadranten sind durch die vier Pole vier Verhaltensstile beschrieben. Diese Verhaltensstile — so die Grundaussage der LIFO®-Methode — können bei jedem Menschen beobachtet werden, denn sie repräsentieren jeweils bestimmte Bedürfnisse der Menschen. Allerdings sind die Verhaltensstile von Mensch zu Mensch unterschiedlich ausgeprägt. Nun gibt es aber bei diesen Verhaltensstilen keine besseren im Gegensatz zu schlechteren: Alle vier Stile sind gleich wertvoll und gleich nützlich.

Ein weiterer wichtiger Punkt ist, dass LIFO®-Methode und die vier Verhaltensstile Stärken beschreiben. Doch ist die Methode nicht rein auf das Positive ausgerichtet. Die Methode bezieht die negativen Seiten der vier Verhaltensstile ein, die entstehen, wenn sie übertrieben werden. So beschreibt die Methode auch das jeweilige Risiko der vier Stärken, die durch ein „Zuviel des Guten" zur Schwäche werden.

Vier grundlegende Verhaltensstile

Folgende vier grundlegende Verhaltensstile beschreibt die LIFO®-Methode. In den vier Begriffspaaren werden zuerst die Stärke und anschließend die Übertreibung der Stärke (Schwäche) genannt: der *unterstützende* bzw. *hergebende* Verhaltensstil, der *bestimmende* bzw. *übernehmende* Verhaltensstil, der *bewahrende* bzw. *festhaltende* Verhaltensstil und der *anpassende* bzw. *harmonisierende* Verhaltensstil. Diese vier Verhaltensstile werden in der LIFO®-Methode weiter ausgearbeitet und durch einen zentralen Begriff, eine typische Frage und die Zielsetzung des Verhaltensstils genauer beschrieben.

Verhaltensstil 1: unterstützend bzw. hergebend

Das Kennzeichen dieses Verhaltensstils ist eine starke Werteorientierung. Ihn beschäftigt vor allem die Frage nach dem Sinn und Zweck (Warum? Wofür?), um sich an den eigenen Werten ausrichten zu können. Er bringt eine hohe Leistungsorientierung mit sich, hat häufig einen hohen Anspruch an sich selbst und an andere. Er ist sehr verantwortungsbewusst und hilfsbereit (Nähe zu Menschen). Er will geschätzt und akzeptiert werden. Allerdings tendiert er dazu, sich auszusuchen, mit wem er es zu tun haben will (Werteorientierung). Das führt automatisch dazu, dass es eher wenige ausgewählte Menschen sein werden.

Verhaltensstil 2: bestimmend bzw. übernehmend

Das Kennzeichen dieses Verhaltensstils ist eine starke Aktivitätsorientierung. Ihn beschäftigen die Fragen „Was ist zu tun?" und „Bis wann ist es zu tun?". Der Verhaltensstil bringt eine Handlungsorientierung mit sich, zentral ist Dinge zu erledigen, das Ziel zu erreichen, lieber heute als morgen. Grundsätzlich ist er offen für Veränderungen, riskiert eventuell gerne das Bestehende für etwas Neues. Er bestimmt gerne und legt los, allerdings kann es ihm passieren, dass er seine Mannschaft dabei verliert.

Verhaltensstil 3: bewahrend bzw. festhaltend

Das Kennzeichen dieses Verhaltensstils ist eine starke Vernunftorientierung. Die Fragen nach Ursachen und Gründen (Warum?) sowie nach der Struktur und dem System (Wie?) sind für diesen Verhaltensstil zentral. Logisches Denken und analytisches Vorgehen sind typisch, auch wenn es Zeit in Anspruch nimmt. Das Verhalten ist gekennzeichnet durch eine hohe Aufgabenorientierung und Sachlichkeit. Dieser Typus steht Veränderungen kritisch gegenüber. Er versucht bisher Bewährtes beizubehalten.

Verhaltensstil 4: anpassend bzw. harmonisierend

Das Kennzeichen dieses Verhaltensstils ist eine starke Kooperationsorientierung. Den anpassenden bzw. harmonisierenden Typ beschäftigt die Frage „mit wem?" Humor, Witz, Charme nutzt er um Harmonie zu schaffen und zu erhalten. Er versucht unterschiedliche Meinungen zusammenzubringen, Dinge passend zu machen. Er ist an Kompromissen und an Konsens interessiert und passt sich der Meinung anderer an. Sein gutes Gespür für Beziehungen zeichnet ihn aus. Er steht auch gerne im Mittelpunkt einer Gruppe. Er ist sehr flexibel und für Neues immer zu haben.

Verhaltensstil: unterstützend bzw. hergebend	Verhaltensstil: anpassend bzw. harmonisierend
Bedürfnisse Zugänglicher und wertvoller Mensch sein; geschätzt, verstanden und akzeptiert werden	**Bedürfnisse** Liebenswerter beliebter Mensch zu sein; alle sollen mit Ergebnis zufrieden sein
Stärken Bewundert, unterstützt die Leistung anderer; stellt hoher Ansprüche an sich und andere; vertraut und glaubt anderen; hilft anderen **Schwächen** Gibt unnötige Hilfe und Ratschläge; ist enttäuscht und kritisch; wenn er keinen Sinn sieht packt er nicht an	**Stärken** Gutes Gespür für Gefühle und Beziehungen; gestaltet Beziehungen noch positiver; flexibel, keine festgelegten Muster, vermittelt gut **Schwächen** Scherzt gerne, auch wenn es unangebracht ist; hält eigene Ansichten zurück, passt sich an, verbringt Zeit gern in Sitzungen
Werte	Kooperation
Vernunft	Aktivität
Bedürfnisse Objektiv und vernünftig sein; Risiken vermeiden	**Bedürfnisse** Aktiver und fähiger Mensch zu sein; Hindernisse überwinden; noch andere Möglichkeiten sehen
Stärken Analysiert, interpretiert und schafft Fakten; Zahlen, Daten, Fakten (ZDF); methodisch, strukturiert umsichtig **Schwächen** Zu Fakten und Detailorientiert; verliert Interesse anderer, verwirrt durch zu viele Wahlmöglichkeiten; akzeptiert ungern Neues	**Stärken** Übernimmt Führung, will mitbestimmen; vermittelt Gefühl von Wichtigkeit; sucht Herausforderungen, sucht verborgene Widerstände **Schwächen** Dominiert und unterbricht andere; nimmt riskante unnötige Herausforderungen an
Verhaltensstil: bewahrend bzw. festhaltend	Verhaltensstil: bestimmend bzw. übernehmend

Abb. 4: Charakteristiken der vier Verhaltensstile

Sicherlich haben Sie damit spontan eine Idee, in welchem Quadranten Sie am ehesten zuhause sind und vielleicht auch ein sicheres Gefühl, welcher Quadrant bei Ihnen am schwächsten ausgeprägt ist.

Sechs Mischungen von je zwei Verhaltensstilen

Wir wollen Ihnen im Folgenden noch eine Erweiterung vorstellen, mit deren Hilfe zwar die Komplexität ein wenig zunimmt, die auf der anderen Seite aber erheblich Vorteile mit sich bringt, wenn es um die Anwendung im Recruiting geht. Denn fast immer sind zwei der vier Verhaltensstile stärker und ein weiterer Verhaltensstil schwächer ausgeprägt. Die sechs verschiedenen möglichen Mischungen von jeweils zwei stärker ausgeprägten Verhaltensstilen wollen wir Ihnen jetzt vorstellen.

Stilmischung 1: Werteorientierung und Vernunft. Die beiden Schwerpunkte liegen bei dem unterstützenden bzw. hergebenden und bei dem bewahrenden bzw. festhaltenden Verhaltensstil.

unterstützend/hergebend   anpassend/harmonisierend

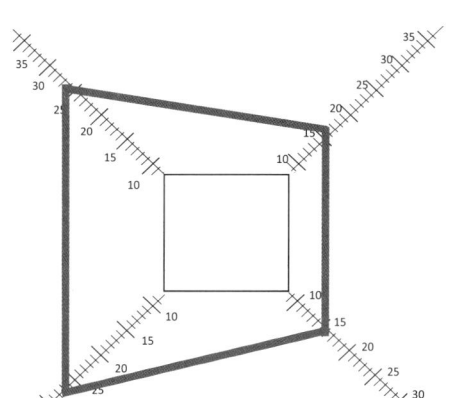

bewahrend/festhaltend   bestimmend/übernehmend

Abb. 5: Stilmischung 1: Werteorientierung und Vernunft

Beide Stile liegen auf der langfristigen Seite, d. h. der Träger dieser Stilkombination braucht Zeit, mit den eigenen Werten, mit Logik und Vernunft einen Sachverhalt zu überprüfen, da beide Stile die Dinge auch in der Zukunft stabil halten wollen.

Werte kommen vor Logik: Wenn es um einen wichtigen Sachverhalt geht, wird der Träger dieser Stilkombination erst prüfen, ob die Dinge mit den eigenen Werten und Qualitätsansprüchen übereinstimmen. Erst dann werden Fakten und Daten zur Untermauerung gesammelt. Diese unterstützen die Glaubwürdigkeit des Handelns. Ist der Träger dieser Stilkombination von etwas überzeugt, so braucht es sehr gute Argumente (bewahrend/festhaltend) und viele wertvolle Fragen, die den unterstützenden bzw. hergebenden Anteil dazu bringen, die eigene Überzeugung noch einmal auf den Prüfstand zu stellen.

- Die Träger dieser Stilkombination lieben keine schnellen ad hoc-Entscheidungen. Sie bevorzugen eine sachorientierte Entscheidung, die alle Aspekte berücksichtigt, dabei aber die Meinung der betroffenen Menschen mit einbezieht.
- In der Zusammenarbeit unterstützen Träger dieser Stilkombination ihr Umfeld und stehen mit Rat und Sachverstand zur Seite. Vertrauensvolle Gespräche mit einem fachkompetenten Partner sind ihnen sehr willkommen und sie wissen davon zu profitieren.
- Menschen mit dieser Stilkombination lieben keine Menschenmassen sondern das Vier-Augen-Gespräch.

Stilmischung 2: Kooperation und Aktivität. Die beiden Schwerpunkte liegen bei dem anpassenden bzw. harmonisierenden sowie dem bestimmenden bzw. übernehmenden Verhaltensstil.

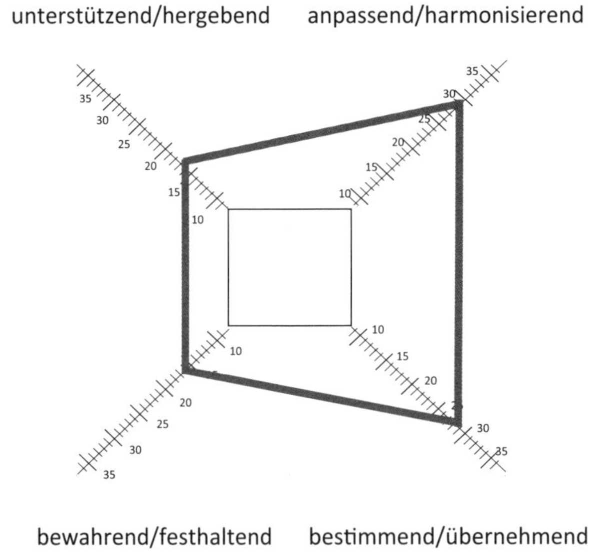

Abb. 6: Stilmischung 2: Kooperation und Aktivität

Beide Verhaltensstile liegen auf der kurzfristigen Seite, d. h. Menschen mit dieser Stilkombination bevorzugen Abwechslung, probieren neue Dinge und gehen gerne neue Wege.

Diese Menschen achten darauf, gemeinsam mit anderen Menschen viele Dinge nach vorn zu bewegen. Alle sollen am Zielpunkt ankommen, aber das Ziel darf nicht aus den Augen verloren werden. Es ist ihnen wichtig, dass die Arbeit gemacht und von allen, die davon betroffen sind, akzeptiert wird. Experimentierfreudig und unkonventionell, wenn es der Sache dient, versucht ein Mensch mit dieser Stilkombination erfolgreich zu sein.

- Starre Regelwerke, Einengung und Verzögerungen stören.
- Die Regel lautet erfolgreich sein und sich die Erfolge auch zuschreiben.
- Menschen mit diesem Verhaltensstil lassen sich leicht beobachten, da sie nicht still und zurückgezogen agieren. Sie bauen schnell Kontakt zu anderen auf und sie motivieren andere, ihnen beim Erreichen ihrer Ziele zu folgen.

Stilmischung 3: Vernunft und Aktivität. Die beiden Schwerpunkte liegen bei dem bewahrenden bzw. festhaltenden sowie dem bestimmenden bzw. übernehmenden Verhaltensstil.

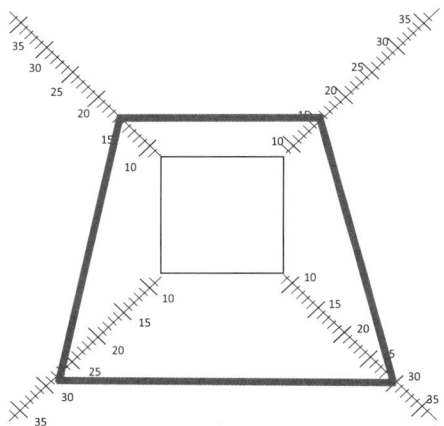

unterstützend/hergebend   anpassend/harmonisierend

bewahrend/festhaltend   bestimmend/übernehmend

Abb. 7: Stilmischung 3: Vernunft und Aktivität

Beide Stile liegen auf der sachorientierten Seite, d. h. Träger dieser Stilkombination wollen mit klaren Fakten und Tatsachen die Zielgerade einschlagen.

Alles, was getan werden muss, wird erst einmal analysiert, auf Vor- und Nachteile überprüft und geplant. Ist dieser Prozess abgeschlossen wird der geplante Weg zielstrebig und konsequent verfolgt. Nichts kann Menschen mit dieser Stilkombination so einfach vom Weg abbringen. Erst fundierte Argumente, die klar aufzeigen, dass der geplante Weg nicht zum Ziel führt, lassen diese Menschen innehalten.

- Wo gute und relevante Erfahrungen vorliegen, wird der Planungsanteil niedrig ausfallen, so dass zügig gehandelt werden kann.
- Menschen mit dieser Stilkombination sind für Veränderungen und neue Methoden empfänglich, wenn frühere Vorgehensweisen überholt sind und diese nicht mehr die gewünschten Ergebnisse zeitigen.
- Zwischenmenschliche Bedürfnisse stehen bei Trägern dieser Stilkombination nicht an erster Stelle. Aus diesem Grund kann es passieren, dass Signale auf der zwischenmenschlichen Ebene auch erst sehr spät wahrgenommen bzw. berücksichtigt werden.

Stilmischung 4: Werteorientierung und Kooperation. Die beiden Schwerpunkte liegen bei dem unterstützenden bzw. hergebenden sowie dem anpassenden bzw. harmonisierenden Verhaltensstil.

unterstützend/hergebend   anpassend/harmonisierend

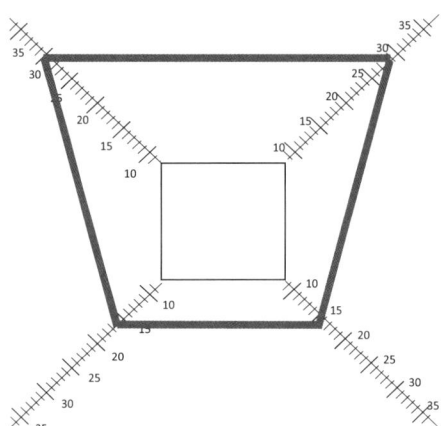

bewahrend/festhaltend   bestimmend/übernehmend

Abb. 8: Stilmischung 4: Werteorientierung und Kooperation

Beide Stile liegen auf der beziehungsorientierten Seite, d. h. Menschen mit dieser Stilkombination sind der Kontakt zu Menschen, der faire Umgang miteinander und gemeinsames Agieren sehr wichtig.

Werte kommen vor Kooperation: D. h. wenn der unterstützende bzw. hergebende Anteil von etwas überzeugt ist, wird ein Mensch mit dieser Stilkombination diesem Verhalten den Vorrang geben und versuchen die anderen mitzureißen, zu begeistern für die eigene Sache ohne jemandem im Team zu verprellen.

Träger dieser Stilkombination zeigen ein freundliches, kooperatives Verhalten, sie kümmern sich um das, was andere brauchen könnten. Sie zeigen ein hohes Maß an Sensibilität für die Gefühle anderer, was sich in Empathie und Betroffenheit ausdrückt. Hilfsbereitschaft gegenüber dem Einzelnen und Integration im Team sind sehr wichtig.

- Menschen mit dieser Stilkombination haben einen hohen Anspruch bezüglich der Bedeutung der sozialen Werte, der Qualität ihrer Arbeit sowie der Ressourcen, die sie nutzen.
- Will die Gruppe aber einen anderen Weg gehen, als es die eigenen Überzeugungen zulassen, wird sich dieser Mensch von der Gruppe zurückziehen. Für andere die eigenen Werte aufzugeben ist nicht möglich.

Stilmischung 5: Werteorientierung und Aktivität. Die beiden Schwerpunkte liegen bei dem unterstützenden bzw. hergebenden sowie bei dem bestimmenden bzw. übernehmenden Verhaltensstil.

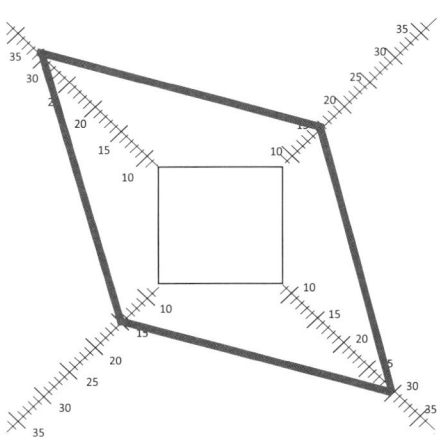

Abb. 9: Stilmischung 5: Werteorientierung und Aktivität

Schritt 1: Anforderungsprofil erstellen

Menschen mit einer Kombination dieser zwei Verhaltensstile verbinden Langfristig-keit und Kurzfristigkeit sowie Menschen- und Sachorientierung. Bei ihnen ist ein hoher Werte- und Qualitätsanspruch gepaart mit ausgeprägter Handlungsorientie-rung und einem hohen Aktivitätsniveau.

Werte kommen vor Aktivität: d. h. wenn Träger dieser Stilkombination von etwas überzeugt sind, werden sie zum „Kämpfer" für ihre Sache. Dies wirkt oft auf an-dere Menschen sehr überzeugend. Ein Mensch mit dieser Stilkombination will die Arbeit erledigt haben, setzt sich selbst für die Arbeit hohe Maßstäbe, dabei müs-sen die Gründe für die Arbeit wichtig sein. Ebenso werden an alle anderen hohe Maßstäbe angelegt.

- Wenn Menschen dieser Stilkombination gegen etwas sind, werden sie ihre gesamte Energie aufwenden, um Andere zu überzeugen den falschen Weg nicht zu gehen.
- Im Mittelstand findet man oft Firmeninhaber die sich gemäß dieser Stilkombi-nation verhalten, die sich in einer hohen Werthaltung zum eigenen Unterneh-men, in tiefer Loyalität gegenüber den Mitarbeitern und einem ausgeprägten Engagement, die Firma weiter zu bringen und größer zu machen, ausdrückt.

Stilmischung 6: Vernunft und Kooperation. Die beiden Schwerpunkte liegen bei dem bewahrenden bzw. festhaltenden sowie dem anpassenden bzw. harmonisie-renden Verhaltensstil.

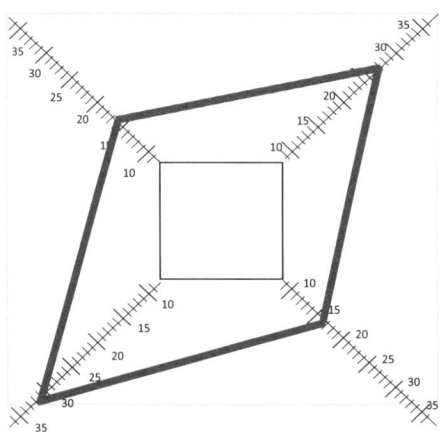

unterstützend/hergebend   anpassend/harmonisierend

bewahrend/festhaltend   bestimmend/übernehmend

Abb. 10: Stilmischung 6: Vernunft und Kooperation

Diese Kombination verbindet — wie auch Stilmischung 5 — Langfristigkeit und Kurzfristigkeit sowie Menschen- und Sachorientierung.

Die Kombination bewahrend/festhaltend und anpassend/harmonisierend ist sich sehr widersprüchlich. Das lässt sich an den Stilbeschreibungen gut nachvollziehen. Daher setzen Menschen mit dieser Verhaltensweise — im Gegensatz zu anderen — die zwei unterschiedlichen Verhaltensweisen nicht parallel, sondern eher nacheinander ein. Sie sind gründlich und genau, aber zugleich bemüht, den Bedürfnissen anderer zu entsprechen, um somit zugänglich zu sein und geschätzt zu werden. Genau hierin liegt aber die Widersprüchlichkeit.

- Menschen mit dieser Stilkombination durchdenken und analysieren Dinge sachlich und fachlich. Wenn sie Klarheit gewonnen haben, wird das Team unterstützt und mit Argumenten für das angestrebte Ziel ausgestattet, so dass alle folgen können.
- Wenn sich im Team Widerstand regt, wird eine Person mit dieser Stilkombination aus dem Team austreten, alleine über die offenen Fragen nachdenken und nach Alternativen suchen.
- Für Außenstehende erscheint dieses Verhalten als ein „Hin und Her" und wirkt oft verwirrend.
- Menschen mit dieser Stilkombination sind zum Beispiel in Entwicklungsabteilungen zu finden, wo sich kreative Prozesse im Team und sehr strukturierte Arbeit abwechseln.

1.6.2 Anwendung im Recruiting

Bei der Nutzung dieses Know-how für das Recruiting stellt sich zunächst die Fragen, wie sich das Mitarbeiterprofil aus dem Anforderungsprofil der zu besetzenden Position ableiten lässt?

Das Teamprofil ermitteln

Das Teamprofil können Sie mithilfe der zuvor dargestellten Methode auf unterschiedliche Art und Weise ermitteln.
Vorgehensweise 1: Sie können die Teammitglieder anhand Ihrer Verhaltensweise einem (oder zwei) der Quadranten zuordnen.
Vorgehensweise 2: Sie können anhand der Aufgaben die das Team zu erledigen hat, das Team mittels der Verhaltensstile beschreiben. Zur besseren Erläuterung stellen wir die Vorgehensweisen an Beispielen im Folgenden dar.

Vorgehensweise 1: Verhalten der Teammitglieder. In dem folgenden Beispiel geht es darum, dass eine Führungskraft aus dem Team einen Stellvertreter wählt. In einer Beratungssituation stand eine Führungskraft vor der Entscheidung, welchen Mitarbeiter sie zum Stellvertreter auswählen soll. Soll sie eher einen analytischen Mitarbeiter mit bewahrendem-festhaltendem Verhaltensstil oder eher einen Mitarbeiter mit Stärken in der Kontaktaufnahme und Kooperation mit anpassendem-harmonisierendem Verhaltensstil auswählen? Wir analysierten das gesamte Team mit dem Ergebnis, dass von 16 Mitarbeitern zzgl. Führungskraft 3 bis 4 Mitarbeiter einen unterstützenden-hergebenden, ca. 6 bis 7 Mitarbeiter inkl. Führungskraft einen bewahrenden-festhaltenden, 2 Mitarbeiter einen bestimmenden-übernehmenden und 5 Mitarbeiter einen anpassenden-harmonisierenden Verhaltensstil zeigten (manche Zuordnung konnte nicht präzise vorgenommen werden).

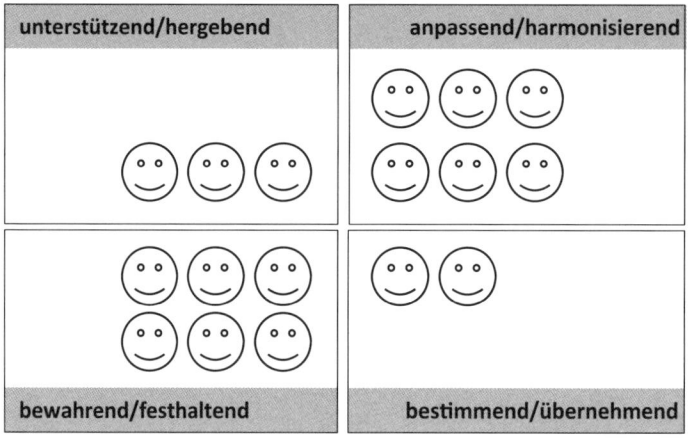

Abb. 11: Mitarbeiter und Führungskraft den vier Verhaltenstypen zugeordnet.

Im anschließenden Gespräch wurde verschiedenes deutlich: Die Führungskraft entdeckte für sich selbst, dass sie mit den anpassenden-harmonisierenden Mitarbeitern „Schwierigkeiten" hatte. Die gefühlsmäßige Nähe zu den bewahrenden-festhaltenden Mitarbeitern schien für einen von diesen als Stellvertreter zu sprechen. Die Führungskraft verstand sich mit diesen gut, nutzen sie doch ähnliche Denkmuster und Vorgehensweisen wie die Führungskraft. Jedoch wurde ebenso deutlich, dass der Mitarbeiter, der als Stellvertreter infrage kam, sich mit den 5 Mitarbeitern des anpassenden-harmonisierenden Verhaltensstils ähnlich schwer tat wie er selbst. Zudem würde die Führungskraft mit der Wahl dieses anpassenden-harmonisierenden Mitarbeiters ein gewisses Spannungsfeld ins Führungsteam bringen würde, da aufgrund der Teamgröße beide in der Führungsrolle gefordert sein würden. Andererseits wusste er, dass dieser Mitarbeiter einen guten Zugang zu genau der Gruppe hatte, mit der er sich schwer tat.

Durch diese Art der Analyse erhielt die Führungskraft ein tieferes Verständnis des Teams, konnte die Entscheidung auf einer deutlich weiteren Basis treffen — für den anpassend-harmonisierenden Mitarbeiter als Stellvertreter — und zudem noch Ideen gewinnen, wie er die Zusammenarbeit im Führungsteam gestalten könne.

Vorgehensweise 2: Verhaltensstil und Aufgaben. Anhand zwei weiterer Beispiel beschreiben wir nun, wie die Aufgaben, die ein Team zu erfüllen hat, mit den Verhaltensstilen in Zusammenhang stehen, und wie Sie auf diese Weise ein Team besser verstehen können.

Variante 1: Das Team arbeitet in der Regel parallel, d. h. jeder macht im Grunde genommen das Gleiche nur für einen anderen Zuständigkeitsbereich. Mitarbeiter 1 arbeitet im Postleitzahlenbereich 6, Mitarbeiter 2 im Postleitzahlenbereich 7 usw. Die Mitarbeiter vertreten sich gegenseitig im Urlaub und sie helfen einander bei schwierigen fachlichen Fragen. In diesem Team kann durchaus für einen Ausbau der **Ähnlichkeit der Verhaltensstile** entschieden werden. Wobei Mitarbeiter, die die Verhaltensstile anpassend-harmonisierend oder unterstützend-hergebend pflegen, aufgrund der Menschenorientierung jedem Teamklima gut tun.

Variante 2: Das Team arbeitet sehr viel in Projektstrukturen. Das bedeutet, dass die Mitarbeiter eng zusammenarbeiten und auf die gegenseitigen Arbeitsergebnisse angewiesen sind. Für dieses Team ist eine **Mischung der Verhaltensstile** sinnvoll. Die spannende Frage ist, inwieweit im Team die Erkenntnis gereift ist, dass die Unterschiedlichkeit der Verhaltensstile zumeist eine Bereicherung darstellt, auch wenn der Kollege mit einer anderen Mischung von Verhaltensstilen erst einmal „nervt" mit seinen Denkweisen, Bedürfnissen und Arbeitsweisen.

Das Soll-Verhaltensprofil des Bewerbers beschreiben

Das Soll-Verhaltensprofil aus dem Anforderungsprofil ableiten: Dazu können Sie die gewonnenen Erkenntnisse aus dem Anforderungsprofil und den eventuell eingesetzten Methoden (z. B. Fragebogenmethode) auf die vier Quadranten übertragen. Die Frage lautet dabei: In welchem bzw. in welchen Quadranten liegen die Schwerpunkte der Tätigkeit? Sind es eher kooperativ/kommunikative, analytische, werte- oder aktivitätsorientierte Aufgaben? Oder anders gefragt: Welche Aufgaben und welche Anforderungen kann welcher Verhaltensstil-Typ leicht meistern?

Das Ist-Verhaltensprofil des Bewerbers ermitteln

Das Verhaltensprofil eines Bewerbers können Sie im Anschluss an ein Interview beschreiben. Die Frage lautet: Welche der Quadranten sind stärker und welche Quadranten sind schwächer ausgeprägt?

Ein erster Ansatzpunkt zur Beantwortung der Frage liegt im Interview. Im Interview haben Sie viele Hinweise und Informationen erhalten, um über das Verhaltensprofil eine gut begründete Vermutungen anzustellen. Schilderungen in den Antworten auf Ihre Fragen im Interview geben dazu Material. Das können Sätze und Formulierungen des Bewerbers sein wie die folgenden:

- Zuerst einmal habe ich geprüft, was Sinn und Zweck ist.
- Mir ist es wichtig schnell Ergebnisse zu erreichen und mich nicht ewig mit Planungen aufzuhalten.
- Bevor ich losgelegt habe, habe ich erst einmal gründlich analysiert, worum es eigentlich geht.
- Ich habe schon einen hohen Anspruch an meine Arbeit, daher …
- Mir ist es dabei wichtig gewesen, die anderen mit zu integrieren.

Fragen Sie sich: Spricht der Bewerber hauptsächlich über Aufgaben, Ziele oder mehr über Menschen, spricht er sehr detailorientiert, vieles berücksichtigend oder eher global und umsetzungsorientiert.

Ein zweiter Ansatzpunkt zur Beschreibung des Ist-Verhaltensprofils liegt in den Bewerbungsunterlagen: Die bisherigen Tätigkeiten, die Ausbildung und das Studium sind Hinweise auf den Verhaltensstil des Bewerbers. Ein Studium der Mathematik, Informatik, Naturwissenschaften oder Technik (MINT) deutet zum Beispiel häufig auf einen stärker ausgeprägten bewahrenden-festhaltenden Verhaltensstil hin.

2 Schritt 2: Bewerbungsunterlagen analysieren

In diesem Kapitel geben wir Ihnen eine praxiserprobte Anleitung zur Analyse und Beurteilung der Bewerbungsunterlagen. In Unterkapitel 2.3 bieten wir Ihnen eine Checkliste, die Sie zusammen mit dem Anforderungsprofil, das Sie in Schritt 1 entwickelt haben, zur Analyse der Bewerbung nutzen können. (Die Vorlage finden Sie bei den Arbeitshilfen online zum Ausdrucken.) Mit der Analyse der Bewerbungsunterlagen verfolgen Sie zwei Hauptziele:

- Die Analyse der Bewerbungsunterlagen dient einerseits dazu, die Fakten zu sammeln und so zu bewerten, dass Sie anschließend entscheiden können, welche Bewerber Sie zu einem Interview einladen.
- Andererseits dient die Analyse der Unterlagen dazu, das Interview vorzubereiten, insbesondere durch Hypothesen zum Bewerber, die Sie anhand der Unterlagen bilden, daraus Fragen entwickeln, die Sie dem Bewerber im Interview stellen.

2.1 Leitfaden zur Analyse der Bewerbungsunterlagen

2.1.1 Mindestinhalt

Mindestinhalte einer Bewerbung sind ein Bewerbungsschreiben, der Lebenslauf sowie sämtliche relevanten Zeugnisse. Bei Nichtberufseinsteigern kommen Fortbildungszertifikate und gegebenenfalls Arbeitsproben hinzu.

2.1.2 Äußere Form und Vollständigkeit

Lassen Sie sich nicht von aufwendiger Computertechnik wie etwa einem eingescannten Lichtbild oder bunten Grafiken beeindrucken. Achten Sie vielmehr auf die Qualität der Bewerbung insgesamt. Ein Anhaltspunkt ist z. B. der Zustand des zur Bewerbung verwendeten Ordners; ist er neu oder weist er nach mehrmaligem Transport durch die Post sichtbare Gebrauchsspuren auf? Welche Qualität weisen die beigefügten Kopien auf? Gibt sich der Bewerber mit schlechten Kopien zufrieden oder ist bereits das Original in desolatem Zustand? Beides deutet auf jemanden hin, dem ordentliche Unterlagen weniger wichtig sind.

Überschätzen Sie dennoch nicht die Aussagekraft formaler Aspekte. Kleine Unzulänglichkeiten werden im Auswahlprozess gerne als Gelegenheit genutzt, zu viele Bewerbungen mit geringem Aufwand zu reduzieren. Doch Bewerber nehmen teilweise die Dienste professioneller Bewerbungsbüros in Anspruch. Diese dann in der Regel auch professionell gestaltet. Daher müssen Bewerbungsunterlagen noch nichts über den Stil des Bewerbers selbst aussagen.

2.1.3   Analyse des Lebenslaufs

Beginnen Sie mit einer **formalen Analyse** nach folgenden Aspekten: Struktur und Übersichtlichkeit, monatsgenaue Datumsangabe, Lückenlosigkeit, praktisches Profil auf einer dritten Seite (Projekte/Fähigkeiten/Selbstdarstellung), sonstige Fähigkeiten, Datum und Unterschrift.

Die **inhaltliche Analyse** ist der zweite Schritt. Inhaltliche Fragen ergeben sich, wenn der Lebenslauf Lücken oder Brüche aufweist, die nicht hinreichend nachvollziehbar sind. Es ist entscheidend für eine erfolgreiche Bewerberauswahl, die Gründe für solche Brüche und Lücken zu kennen. Das Gleiche gilt, wenn aus dem Lebenslauf keine aufsteigende Entwicklung in Richtung der angestrebten Position ersichtlich ist.

Achten Sie darauf, ob die Angaben im Lebenslauf durch die Anlagen, z. B. durch Zeugnisse, belegt sind. Auch Dauer und Anzahl der vorherigen Beschäftigungsverhältnisse können aufschlussreich sein. Aus dem Lebenslauf können Sie Informationen zu folgenden Kriterien ableiten.

- Form: lückenlos, vollständig, übersichtlich, zeigt sorgfältiges Arbeiten, berücksichtigt Leserinteressen, hat den „Kunden" im Blick
- Schule/Ausbildung/Universität: fachliche Qualifikation (anforderungsgemäß, spezialisiert, breit).
- Berufserfahrung: fachliche Qualifikation (anforderungsgemäß, zukunftsorientiert, spezialisiert, breit), bisherige Entwicklung.
- Stellenwechsel: Zielorientierung, Karriereorientierung, Beständigkeit, Verantwortungsbereitschaft.
- Weiterbildung: Häufigkeit, Breite/Spezialisierung, Lernbereitschaft

Brüche im Lebenslauf können interessante Hinweise auf die Persönlichkeit des Bewerbers enthalten. Diese werden Sie allerdings erst im Interview zur Sprache bringen können. Notieren Sie sich, was Ihnen auffällt und entwickeln Sie daraus Hypothesen und Fragen für das Interview, falls Sie den Bewerber einladen wollen (siehe Kapitel 10.7).

CHECKLISTE: Analyse des Lebenslaufs

Ist der Lebenslauf übersichtlich aufgebaut? Können Sie sich schnell einen Überblick verschaffen?

- Ist die Darstellung transparent und strukturiert?

- Ist die Gliederung klar?

- Ist die Platzaufteilung gut?

- Ist Schrift und Struktur einheitlich?

Gibt es Lücken im Lebenslauf? Gibt es zeitliche Sprünge?

- Gibt es nur Jahresangaben aber keine Monatsangaben?

- Gibt es Angaben im Lebenslauf, die von denen im Zeugnis abweichen?

Kann der Bewerber seine Qualifikation und Erfahrung belegen?

- Beschreibt er konkrete Tätigkeitsinhalte

- Beschreibt er Erfolge?

- Werden z. B. Fremdsprachen und PC-Kenntnisse bewertet und gibt es dafür Nachweise?

Ist eine klare Entwicklung des Bewerbers oder Zielorientierung bei den Wechseln erkennbar?

- Zunahme der Kompetenz und Verantwortung,

- Positionen bauen aufeinander auf

Gibt es Brüche in der Entwicklung, plötzliche Änderungen oder Abstürze? Wie ist die Entwicklung weitergegangen?

Hat der Bewerber sich im Rahmen seiner Berufstätigkeit auch weiterqualifiziert?

- Kurse zur Aktualisierung des Wissensstandes

- berufsbegleitende Maßnahmen zur Weiterqualifizierung

Was fällt Ihnen beim Lesen noch auf? Welche Hypothesen können Sie aus diesen Informationen bilden?

- z. B. Herkunftsort

- gibt Noten an oder Zusatz „bei den besten 5 des Jahrgangs"

- besondere Hobbys etc.

Ist das Verhältnis der Berufstätigkeit zur Anzahl der Arbeitgeber angemessen?

- zu Beginn der Berufstätigkeit eher kürzere Wechsel

- später auch längere Verweildauer

Wie lange ist die Verweildauer bei den jeweiligen Arbeitgebern?

Sind die Arbeitgeberwechsel nachvollziehbar?

2.1.4 Analyse des Anschreibens

Das Anschreiben können Sie auf äußere Form, Stil und Inhalt hin untersuchen.

Form, Stil und Gestaltung: Ist im Anschreiben Sorgfalt, Arbeitsorganisation, Realitätssinn erkennbar? Zeigt der Bewerber die Fähigkeit, sich auf den Leser einzustellen (hastige, fehlerhafte versus ordentliche und fehlerfreie Niederschrift, formale Geschicklichkeit)? Ist die schriftliche Ausdrucksfähigkeit gut, sind die Wörter passgenau und stilistische Originalität oder Eigenständigkeit erkennbar? Lässt das Anschreiben auf die Fähigkeit zu klarer Strukturierung, formale Geschicklichkeit und Fähigkeit im Umgang mit PC-Office-Anwenderprogrammen schließen?

Inhalt: Sind Informationen zu stellenbezogener Motivation, fachlicher Qualifikation und Überzeugungskraft enthalten? Zeugt der Inhalt von Selbstbewusstsein, Zielorientierung und Offenheit? Sind Initiative und Verlässlichkeit (z. B. Selbstfinanzierung des Studiums, Bewältigung schwieriger Aufgaben, Zugehörigkeitsdauer zu Unternehmen) erkennbar? Sind Aussagen über Selbstreflexion und Kundenorientierung enthalten (nennt der Bewerber die relevanten Fähigkeiten — z. B. Flexibilität, Organisationstalent usw. — und belegt sie mit kurzen Beispielen? Dann hat er sich in die Bedürfnisse und Fragen des Entscheiders hineingedacht). Wird der ggf. der Kündigungsgrund (Ausführlichkeit der Begründung, persönliche, sachliche Gründe) genannt? Gibt es Hinweise auf bestimmte Einstellungen (z. B. „mein Vorgesetzter erwartet Unmögliches" entweder Projektion des eigenen Versagens auf andere oder der Bewerber zieht über Dritte her.)

☰ CHECKLISTE: Analyse des Anschreibens

Handelt es sich um ein individuelles Anschreiben?
- u. a. Bezug auf die vakante Stelle
- geht auf die geforderten Kriterien ein

Macht das Anschreiben einen in sich stimmigen Eindruck?
- Ist die Sprache einheitlich?
- Ist der Gedankengang logisch?
- Ist die Argumentation klar?

Ist der Bewerber auch der Verfasser des Anschreibens?
- Passen Ausbildung und Formulierung überein?
- Passen die Sprachnoten zu den Formulierungen?

Kommt der Bewerber schnell auf den Punkt?
- Ist das Anschreiben nicht über eine Seite lang?
- Ist die Sprache klar?
- Finden sich keine gestelzten Formulierungen?

Vermittelt der Bewerber den Eindruck, dass er weiß, worauf es bei der Stelle ankommt, und dass er die entsprechenden Qualifikationen auch besitzt?
- Erkennt er die zentralen Anforderungskriterien?
- Kann er anhand von Beispielen seine Qualifikation belegen?

Wird die Motivation, sich auf diese Stelle zu bewerben, deutlich?

Wird das Interesse an unserer Firma deutlich?

Liefert der Bewerber nicht nur Informationen über seine fachliche Qualifikation, sondern auch über seine Persönlichkeit und seinen Arbeitsstil?
- Sagt er etwas über seine Person und seine Werte aus?
- Beschreibt er Leistungen und Erfolge, die er basierend auf dieser Grundlage erzielt hat?

Wie legt der Bewerber dar, welche der geforderten Qualifikationen bzw. Spezialkenntnisse er aufweist?

Gelingt es ihm, seinen Nutzen für das Unternehmen herauszustellen?

Was fällt Ihnen beim Lesen noch auf? Welche Hypothesen können Sie sich bilden? Was fällt Ihnen beim Lesen spontan ein?

Alles, was ungewöhnlich ist, sollte registriert werden, es könnte diese Person gut charakterisieren:
- z. B. Besonderheiten in den Inhalten,
- besonderer Sprachstil,
- auffälliger Schrifttyp etc.

Lichtbild

Verzichten Sie darauf, um ein Bewerbungsfoto zu bitten. Es ist zwar nach dem AGG (Allgemeines Gleichbehandlungsgesetz) nicht verboten, kann aber im Einzelfall Probleme bereiten. Lässt das Bild auf ein geschütztes Merkmal schließen (z. B., wenn eine Bewerberin ein Kopftuch trägt oder ein Bewerber eine sichtbare Behinderung hat), könnte dies bei einer Ablehnung zur Vermutung einer Diskriminierung führen, mit der Folge der Beweislastumkehr zulasten des Arbeitgebers. Fotos können auch sehr leicht zu Verzerrungen im Urteil führen. Lassen Sie Fotos zur Beurteilung ganz weg oder versuchen Sie, sie so wenig wie möglich zu nutzen.

2.1.5 Analyse der Ausbildungszeugnisse

Grundsätzlich sind die Schulnoten gut geeignet, um weitere Ausbildungsleistungen zu prognostizieren, aber weniger zur Prognose des Berufserfolgs.

Schul- und Ausbildungszeugnisse

Achten Sie auf eine lückenlose Darstellung. Bewerten Sie Schulnoten nicht zu stark, insbesondere, wenn der Bewerber inzwischen einige Jahre Berufspraxis hat. Berücksichtigen Sie Notenänderung aufgrund Lehrerwechsel sowie die Unterschiedlichkeit der Leistungsstandards verschiedener Schulen und Ausbildungsstätten. Schlussfolgerungen sind möglich über:

- Begabungsschwerpunkte (sprachliche Fähigkeiten, Fremdsprachenkenntnisse, analytisch-mathematische Kompetenz),
- Allgemeinbildung,
- Kreativität,
- Ausdauer,
- Lernfähigkeit.

Studienleistungen: Wie ist das Notenniveau der Hochschule, des Studienfachs und das Notenniveau anderer Hochschulen (Problem der Vergleichbarkeit von Examensnoten in Abhängigkeit von Hochschule und Studienfach)? Die Qualität der Studienarbeit ist wichtiger als das Thema. Eine inhaltliche Bewertung der teils sehr speziellen Themen ist in der Regel schwierig. Zu beachten sind:

- Strukturierung der Arbeit (roter Faden erkennbar?),
- führt die Arbeit zu einem Ergebnis,
- trägt sie den formalen Ansprüchen Rechnung (Ordentlichkeit, Übersichtlichkeit etc.)?

Referenzen: Bitten Sie den Bewerber darum, Referenzen zu nennen. Wenn Sie dann beim Referenzgeber anrufen, machen Sie sich bewusst, dass Ihnen i. d. R. kein Bewerber eine Referenz nennen wird, die negativ über ihn berichten wird. Mündliche Referenzen sind schriftlichen vorzuziehen, da sie oft offener und informativer sind. Referenzen sollten am ehesten von Personalabteilungen eingeholt werden. Personaler sprechen untereinander mit wenigen Worten Klartext. Referenzen können Sie natürlich nicht beim aktuellen Arbeitgeber einholen.

2.1.6 Analyse der Arbeitszeugnisse

Jeder Arbeitgeber ist verpflichtet, auf Wunsch des Mitarbeiters ein qualifiziertes Arbeitszeugnis zu verfassen, das grundsätzlich folgende Bestandteile aufweisen sollte:

- Eingangssatz: Name des Mitarbeiters, Dauer der Betriebszugehörigkeit, Art der Tätigkeit,
- Position und Aufgabenbeschreibung
- Beurteilung der erbrachten Leistung
- Beurteilung des Sozial- und gegebenenfalls Führungsverhaltens
- Schlusssatz, der sich aus verschiedenen Komponenten zusammensetzen kann: Beendigungsgrund, Bedauern, Dankesformel, Zukunftswünsche.

Beachten Sie, dass eine Arbeitsbescheinigung — im Unterschied zum qualifizierten Arbeitszeugnis — nur Aussagen zu Zeitraum der Beschäftigung und Tätigkeitsbezeichnung enthält, nicht jedoch zu Leistung und Verhalten.

Beachten Sie, dass der Aussagegehalt von Arbeitszeugnissen gering ist: Der Gesetzgeber hat verschiedene Ansprüche an die Formulierung von Arbeitszeugnissen gestellt, die in sich widersprüchlich sind. Sie haben dazu geführt, dass viele Zeugnisse geschönt sind und damit keine gültigen Aussagen über die Qualifikation und Persönlichkeit des Mitarbeiters mehr enthalten. Der Aussagegehalt von Arbeitszeugnissen ist deshalb als niedrig zu bewerten und mit Vorsicht zu genießen. Aus rechtlicher Sicht müssen folgende Kriterien bei der Zeugnisformulierung berücksichtigt werden:

- Arbeitszeugnisse müssen der Wahrheit entsprechen.
- Arbeitszeugnisse müssen vollständig sein.
- Das Zeugnis muss wohlwollend formuliert sein; die berufliche Entwicklung des Mitarbeiters darf durch die Bewertung nicht behindert werden.
- Das Arbeitszeugnis muss offen und verständlich formuliert sein; sogenannte Geheimcodes sind nicht zulässig.

Sprache der Arbeitszeugnisse: Obwohl es keinen Geheimcode geben darf, hat sich in der Praxis seit Jahren eine gemeinsame Zeugnissprache herauskristallisiert, die eine Interpretation der Zeugnisse erleichtern soll. Beachten Sie aber, dass nicht jeder Zeugnisschreiber die gängigen Formulierungen der Zeugnissprache kennt. Auch aus diesem Grund ist der Aussagegehalt eines Zeugnisses als gering einzuschätzen. Zeugnisse können bestenfalls ein Baustein bei der Entwicklung des Gesamteindrucks eines Bewerbers sein.

Gängige Formulierungen zur Beurteilung der Leistung	
Sehr gute Beurteilungen (Note 1)	<ul><li>Er hat die ihm übertragenen Arbeiten stets zu unserer vollsten Zufriedenheit erledigt.</li><li>Seine Leistungen fanden stets und in jeder Hinsicht unsere vollste Anerkennung.</li><li>Seine Leistungen haben unsere Erwartungen bei Weitem übertroffen.</li></ul>
Gute Beurteilungen (Note 2)	<ul><li>Er hat die ihm übertragenen Arbeiten stets zu unserer vollen Zufriedenheit erledigt.</li><li>Wir waren mit seinem Fleiß, seinen Leistungen und seiner Führung sehr zufrieden.</li><li>Er hat unseren Erwartungen in jeder Hinsicht entsprochen.</li></ul>
Befriedigende Beurteilungen (Note 3)	<ul><li>Er hat die ihm übertragenen Arbeiten zu unserer vollen Zufriedenheit erledigt.</li><li>Wir waren mit seinem Fleiß, seinen Leistungen und seiner Führung zufrieden.</li><li>Er hat unseren Erwartungen voll entsprochen.</li></ul>
Ausreichende Beurteilungen (Note 4)	<ul><li>Er hat die ihm übertragenen Arbeiten zu unserer Zufriedenheit erledigt.</li><li>Mit seinen Leistungen und seiner Führung waren wir zufrieden.</li><li>Er hat unseren Erwartungen entsprochen.</li></ul>
Mangelhafte Beurteilungen (Note 5)	<ul><li>Er hat die ihm übertragenen Arbeiten im Großen und Ganzen zu unserer Zufriedenheit erledigt.</li><li>Mit seinen Leistungen und seiner Führung waren wir im Allgemeinen zufrieden.</li><li>Er hat unseren Erwartungen weitgehend entsprochen.</li></ul>
Ungenügende Beurteilung (Note 6)	<ul><li>Er war stets bemüht, die ihm übertragenen Aufgaben zu unserer Zufriedenheit zu erledigen.</li></ul>

☰ CHECKLISTE: Analyse der Arbeitszeugnisse
Sind alle Zeugnisse lückenlos vorhanden?
Stimmen die Angaben in der Bewerbung mit den Zeugnissen überein?
Gibt es vergleichbare Funktionen mit der vakanten Position?
Welche Abgangsgründe werden genannt?
Wie häufig wurde die Arbeitsstelle gewechselt?
Ist eine Kontinuität innerhalb der Karriere erkennbar?
Bei Führungspositionen: Hat Bewerber Führungserfahrung? Wie wurde diese beurteilt?
Welche Nuancierungen bei der Beurteilung der Leistung sind vorhanden? (sehr, voll, zufriedenstellend etc.).
Welcher Art und Größe ist das ausstellende Unternehmen? Welchen Ruf hat es?
Wie ist die Abschiedsformulierung verfasst? („Wir wünschen ihm beruflich und privat alles Gute")
An welchem Tag wurde das Zeugnis ausgestellt? (Sollte möglichst der letzte Arbeitstag sein)
Habe ich die eingeschränkte Aussagekraft von Arbeitszeugnissen berücksichtigt? (Gemäß Arbeitsrecht darf nichts ausdrücklich Negatives ausgesagt werden, dies führt teils zur Verwendung der „Zeugnissprache".
Interpretationshilfe durch die „Zeugnissprache", kann allerdings fehlen, wenn das Zeugnis nicht von Fachleuten ausgestellt wurde.
Arbeitszeugnisse sind bei gehobenen Positionen von größerer Bedeutung.

Wie kommen Sie Schummlern auf die Schliche?

Beim Check der Bewerbungsunterlagen empfiehlt es sich, einige Punkte genau zu prüfen. Sie liefern Ihnen Indizien, an welchen Stellen sich Nachfragen oder genauere Recherchen lohnen. Sie sind jedoch noch kein Beleg für Schummeleien. Was sind die häufigsten Schummeleien[3]?

- Arbeitslosigkeit und Lücken im Lebenslauf werden kaschiert.
- Gründe für Entlassung werden getarnt.

---

[3] Anja Dilk: Lügen im Lebenslauf. Bewerbungsbetrug. In: managerSeminare, Heft 108, März 2007, S. 20–29.

Schritt 2: Bewerbungsunterlagen analysieren

- Bisherige Aufgabenfelder werden aufgebauscht.
- Sprachkenntnisse werden übertrieben.

☰ **CHECKLISTE: Schummlern auf die Schliche kommen**

Lügen im Lebenslauf entdecken

- Sind alle beruflichen Stationen detailliert aufgeführt mit (Tag) Monat und Jahr?
- Sind die Zeitangaben der einzelnen Stationen mal genauer, mal gröber angegeben?
- Sind alle Stationen mit stichhaltigen Unterlagen belegt?
- Werden fehlende Unterlagen mit Insolvenz oder Konkurs eines früheren Arbeitgebers entschuldigt?
- Weist der Lebenslauf zeitliche Lücken auf, die wiederholt mit selbstständiger Tätigkeit gefüllt werden?

Zeugnisfälschungen entdecken

- Gleichen sich die Formulierungen in den Zeugnissen?
- Sind alle oder mehrere Zeugnisse auf Papier mit dem gleichen Wasserzeichen gedruckt?
- Weist die Adresse auf dem Kopf eine fünfstellige Postleitzahl aus, obwohl das Zeugnis für einen Zeitraum vor deren Einführung (Juli 1993) ausgestellt wurde?
- Wurde das Zeugnis an einem Samstag oder Sonntag ausgestellt?
- Entspricht das Logo dem damaligen oder dem derzeitigen Firmenlogo?

Plausibilität prüfen

- Erscheint die Typografie von Personennamen oder Titeln etwas schöner als der Rest der Schrift? Sind sie genauso gesetzt wie die anderen Bausteine des Zeugnisses?
- Passt die Beugung im Text zum Geschlecht des Zeugnisempfängers?
- Recherchieren Sie im Internet: Stammt das Logo des Uni-Abschlusses tatsächlich aus dieser Zeit oder hat es auffallende Ähnlichkeit mit der aktuellen Version auf der Homepage der Hochschule?
- Steht der Name des Gymnasiasten tatsächlich in der Liste der Abiturienten seines Jahrgangs? (sofern es diese Liste gibt)

Haben Sie nach der eingehenden Analyse der Bewerbungsunterlagen noch Zweifel an der Ehrlichkeit des Kandidaten, helfen folgende Maßnahmen:

☰ **CHECKLISTE: So beseitigen Sie Ihre letzten Zweifel**

Referenzen einholen — zögern Sie nicht, Referenzen einzuholen, wenn die Bewerbung welche nennt.

Im Internet forschen — suchen Sie den Bewerber im Internet, auf Ehemaligen-seiten und Online-Netzwerken (z. B. Xing), gegebenenfalls können Sie hier Dienstleister einschalten.

Originale anfordern — lassen Sie sich zum Vorstellungsgespräch die Originale der Zeugnisse vorlegen.

Vergleiche vornehmen — vergleichen Sie die Bewerbungsunterlage mit denen anderer Bewerber, die eine vergleichbare Ausbildung und einen ähnlichen Wer-degang aufweisen.

Detektei einspannen — kündigen Sie dem Bewerber die Untersuchung an und holen Sie eine Einverständniserklärung ein. Das lohnt sich natürlich nur bei besonders wichtigen Positionen!

2.2 Anleitung: Bewerbung mit dem Anforderungsprofil abgleichen

Um die angesprochenen Fragen systematisch zu beantworten, nutzen Sie die Checkliste „Analyse der Bewerbungsunterlagen" und das Dokument „Anforderungsprofil". Beide Dateien stehen bei den Arbeitshilfen online für Sie bereit. Und so arbeiten Sie damit:

1. Drucken Sie die Checkliste „Analyse der Bewerbungsunterlagen" und das Formular für das „Anforderungsprofil" aus und begutachten Sie die geeigneten Bewerbungen.
2. In dem Dokument „Anforderungsprofil" finden Sie bei den Hard Facts eine Spalte mit „OK". Hier können Sie bei der Sichtung der Unterlagen Häkchen setzen, wenn die geforderten Punkte erfüllt sind.
3. Notieren Sie sich bei der Sichtung der Bewerbungsunterlagen alle Fragen zu offenen oder nicht eindeutig nachvollziehbaren Aussagen.
4. Dokumentieren Sie in der Checklisten „Analyse der Bewerbungsunterlagen"
   - die Erkenntnisse und Ergebnisse Ihrer Unterlagenanalyse,
   - die offenen Fragen zu Lebenslauf und Zeugnissen,
   - die Empfehlung für das weitere Vorgehen.

K.-o.-Kriterien festlegen

Sie müssen nicht alle Unterlagen auf diese Art auswerten. Es ist auch möglich, mithilfe einiger im Anforderungsprofil festgelegten, zentralen K.-o.-Kriterien eine Erstauswahl treffen. Folgende Kriterien können zum sofortigen Ausschluss führen:

- Unregelmäßigkeiten im Lebenslauf: Es gibt größere nicht erklärte Lücken.
- Beschäftigungszeiten fehlen vollständig.
- Wesentliche Unterlagen werden trotz Aufforderung nicht geliefert.
- Überzogene Gehaltsvorstellungen (>20 Prozent). Aber Achtung: Manchmal kann es branchenspezifische Gehaltsunterschiede geben!
- Hinweise, dass zentrale Anforderungen nicht erfüllt werden können (Mobilität).
- Bestimmte fehlende Qualifikationen, Berufserfahrungen, Auslandserfahrungen, Sprachkenntnisse.

Wenn Sie genügend Bewerbungen erhalten haben, können Sie auch stärker formale Kriterien heranziehen. Typisch ist z. B., dass geforderte Gehaltsvorstellungen nicht angegeben werden. Dann wird diese Bewerbung erst einmal nicht berücksichtigt.

Selektieren Sie anhand der K.-o.-Kriterien die eingegangenen Bewerbungen in zwei Stapel: Eignung oder Absagen.

2.3 Checkliste: Analyse der Bewerbungsunterlagen

Analyse der Bewerbungsunterlagen

Bewerbung für _____

Name des Bewerbers _____

Datum _____

Äußere Form	ansprechend	mangelhaft
Bewerbungsmappe	☐	☐
Sonstiges		
_____		
_____		
_____		

Vollständigkeit	vorhanden	fehlt
Bewerbungsschreiben	☐	☐
Lebenslauf	☐	☐
Zeugnisse	☐	☐
Fortbildungszertifikate	☐	☐
Arbeitsproben	☐	☐

Lebenslauf

					Inhaltliche Fragen
übersichtlich	☐	Handschriftlich	☐		_____
Monatsgenaue		Tabellarisch	☐		_____
Datumsangabe	☐				_____
Praktisches Profil/ 3.Seite	☐	lückenlos	☐		

Bewerbungsschreiben

Form		Inhalt		Stil	
ansprechendes Layout	☐	stellenbezogen	☐	kurzer, direkter Satzbau	☐
1 Seite Umfang	☐	klare Argumentation	☐	flüssige Sprache	☐
fehlerfrei	☐	benennt Erfolge	☐	aktive, lebendige Verben/Adjektive	☐
persönliche Anrede	☐	bringt Beispiele	☐	positive Formulierungen	☐

Referenzen

	Ja	Nein
angegeben	☐	☐
einholen	☐	☐
Bewerber einverstanden?	☐	☐
Wen anrufen?	_____	
	_____	
	_____	

Zeugnisse

Beurteilungen

sehr gut	☐	vollständig	☐
gut	☐	lückenhaft	☐
durchschnittlich	☐	Wechselgründe	
schlecht	☐	nachvollziehbar	☐
abwertend	☐		

Inhaltliche Fragen _____

_____

Berufserfahrung

Berufseinsteiger	☐	stellenbezogen	☐
branchenfremd	☐	reichhaltig	☐
ausreichend	☐	zu wenig	☐

Qualifikation

überqualifiziert	☐	durchschnittlich	☐
adäquat	☐	mangelhaft	☐

Gehaltsvorstellungen [_____ € p.a.]

Eintrittstermin [_____]

Kündigungsfrist [_____]

Gesamteindruck

positiv	☐
unentschlossen	☐
eher negativ	☐

Reaktion

einladen	☐
abwarten	☐
absagen	☐

Abb. 12: Checkliste: Analyse der Bewerbungsunterlagen

3 Schritt 3: Telefoninterview vorab

Die Zielsetzung des Telefoninterviews besteht darin, die Zahl der Bewerber, die zum persönlichen Interview eingeladen werden, weiter einzugrenzen.

3.1 Wozu dienen Telefoninterviews?

Mithilfe eines professionell durchgeführten Telefoninterviews können Sie den Auswahlprozess erheblich qualifizieren, da nur diejenigen Bewerber zu einem persönlichen Interview eingeladen werden, die die „must haves" des Anforderungsprofils, z. B. stellenbezogene Motivation und fachliche Kompetenzen einwandfrei vorzuweisen haben.

Sie können also Zeit sparen, indem Sie den Kreis der einzuladenden Personen deutlich verringern. Außerdem können Sie dem Bewerber Informationen zum weiteren Verlauf des Auswahlprozesses geben, sodass für ihn der Auswahlprozess transparenter wird.

Die **Ziele und Inhalte des Telefoninterviews** im Vorauswahlprozess sind:

- Reduzierung der Bewerberanzahl
- Einen ersten Eindruck vom Bewerber und seinem Gesprächsverhalten gewinnen
- Hinterfragen von entscheidungsrelevanten Informationen zu Bewerbungsunterlagen bzw. Lebenslauf
- Überprüfen der Muss-Anforderungen, sowohl fachliche und überfachliche Kompetenzen
- Fachliche Vertiefung, Erfragen der Sprachkenntnisse, Führerschein etc.
- Einholen weiterer Informationen zu klärungsbedürftigen Punkten
- Hinterfragen der stellenbezogenen Motivation (s. Kapitel 1.3.1): Warum bewirbt sich der Bewerber auf diese Stelle? Gibt es Bedingungen des Jobs, die mit den Bedürfnissen des Bewerbers nicht zu vereinbaren sind?
- Informieren über die Erwartungen des Bewerbers an die Bezahlung? Passt das zum vorgesehenen Rahmen?
- Festigen der Entscheidung zur Einladung
- Erläutern des weiteren Vorgehens

Das Telefoninterview liefert Ihnen auch einen Eindruck von der Person des Bewerbers. Dabei stehen insbesondere diese **Fähigkeiten im Fokus**: Reaktionsvermögen, situationsgerechtes Verhalten, Wirkung über das Medium Telefon, sprachliche Ausdrucksfähigkeit, Argumentationsfähigkeit, Fähigkeit zur Selbstpräsentation.

Beachten Sie aber, dass das Telefoninterview nur in Ausnahmen das direkte Gespräch ersetzen kann. In bestimmten Fällen wird es allerdings aus pragmatischen Gründen kaum anders möglich sein: Wenn Sie einen Bewerber für eine Praktikumsstelle, der sich in Spanien oder England aufhält, sprechen wollen. Oder wenn der Besetzungsdruck hoch ist und der Bewerber im Ausland lebt. In diesen Fällen können Sie das komplette Telefoninterview (evt. auch als Videokonferenz) durchführen.

Wann sollten Sie in jedem Fall Telefoninterviews führen? Wenn Sie Mitarbeiter suchen, für die das Telefon das Hauptarbeitsmittel ist, sollten Sie auf jeden Fall ein Telefoninterview durchführen. Das betrifft zum Beispiel Call Center Agents, Mitarbeiter von Kundenhotlines, bei Direkt-Versicherungen. Bei diesen Tätigkeiten kommt es auf die Stimme und die Gesamtwirkung an, gerade hier ist die Wirung der Person am Telefon beziehungsgestaltend bzw. mitunter kaufentscheidend.

Dabei kommt es einerseits auf die Stimmlage, die Modulation und die Betonung an und andererseits auf die Art der Person (eher ruhig, hektisch, aufgeregt). Wenn diese Aspekte zentrale Anforderungskriterien für Sie sind, sollten Sie in jedem Fall ein telefonisches Interview führen. Menschen können im persönlichen Gespräch völlig anders wirken als am Telefon. Aus diesem Grunde ist ja auch oft die Rede davon, dass manche Personen eine Telefonstimme haben.

3.2 Besonderheiten des Telefoninterviews

Ein Telefoninterview hat einige Besonderheiten, die es vom persönlichen Gespräch unterscheidet. Folgende Aspekte sollten Sie bei der Durchführung berücksichtigen:

Telefongespräche sind anonymer: Die Gesprächspartner sehen sich nicht. Insofern erhalten Interviewer und Bewerber keinen äußeren Eindruck voneinander. Es entfallen der Informationswert und die Wirkung der Umgebung, der Räumlichkeit und Einrichtung auf den Bewerber.

Nonverbale Informationen der Körpersprache gehen verloren: Insbesondere Zeichen der Zugewandtheit und Empathie, die sonst durch Körperhaltung, Mimik und Blickkontakt ausgedrückt werden, müssen nun anders, z.B. durch aktives Zuhören signalisiert werden (s. Kapitel 11.16).

Die Bedeutung der Stimme steigt: Die Stimme ist über Stimmhöhe, Sprechgeschwindigkeit und Modulation die einzige persönliche Informationsquelle. Damit kommt ihr eine besondere Bedeutung zu. So kann das Interesse des Gesprächspartners nur aus seiner Stimme und seinen Redebeiträgen geschlossen werden.

Schweigephasen führen leichter zu Irritationen: Im persönlichen Gespräch kann Schweigen als Aufmerksamkeit und Zuwendung verstanden werden. Am Telefon jedoch irritiert es die meisten Menschen, da sie nicht erkennen können, ob der andere überlegt, sich konzentriert oder mit etwas anderem beschäftigt ist. Daher sind Signale des aufmerksamen Zuhörens sowie motivierende Impulse von großer Bedeutung.

Übliche Formen der Klimagestaltung entfallen: Beim Telefoninterview ist es z. B. nicht möglich, die üblichen Höflichkeitsformen, etwa Händedruck, Anlächeln, Platz und Getränk anbieten zur Beziehungsgestaltung einzusetzen. Menschen, die die Beziehungsseite in Telefongesprächen außer Acht lassen, wirken oft hart und überlegen. Die Beziehungsseite sollte daher beim Telefoninterview besonders berücksichtigt werden: z. B. durch verbale Feedbackschleifen „Mir kommt es vor, Sie sind erstaunt, dass ich an dieser Stelle so nachfrage ...“

Es wird weniger hinterfragt: Viele Bewerber trauen sich am Telefon nicht nachzufragen: „Was meinten Sie damit?“ Daher sollten Sie als Interviewer umso mehr Wert auf einfache Formulierungen bei Ihren Fragen legen, um das gegenseitige Verständnis sicherzustellen.

> **!** **WICHTIG: Marketingfunktion des Telefoninterviews**
>
> Im Telefoninterview vertreten Sie Ihre Firma! Wir empfehlen Ihnen daher, wertschätzend mit dem Bewerber umzugehen. Ihr Verhalten am Telefon vermittelt dem Bewerber einen wichtigen ersten Eindruck von Ihnen bzw. Ihrem Unternehmen. Ihr Gesprächspartner ist nicht nur Bewerber, sondern auch Kunde.
> Hat der Bewerber außerdem Fragen zur Stelle und handelt es sich um einen kleinen Bewerberkreis, aus dem Sie auswählen müssen, empfehlen wir Ihnen, die Fragen geduldig beantworten und die Stellen bzw. das Unternehmen reizvoll darzustellen. Dies sollte eigentlich erst beim richtigen Interview passieren, ist aber bei einem speziellen Bewerberkreis u. U. auch schon an dieser Stelle sinnvoll. Das Ziel ist, den Bewerber zu motivieren, auch zum persönlichen Gespräch zu kommen.

3.3 Telefoninterview vorbereiten und durchführen

Anhand der Bewerbungsunterlagen haben Sie bereits die formalen Voraussetzungen für die Stelle geprüft und eine Vorauswahl getroffen. Im Telefoninterview klären Sie nun die offen gebliebenen Fragen bezüglich der zentralen Kriterien, um entscheiden zu können, ob der Bewerber überhaupt zum persönlichen Gespräch eingeladen wird oder nicht.

Wieviel Zeit sollten Sie einplanen? Der Zeitbedarf bei telefonischen Vorabinterviews liegt zwischen zehn Minuten und einer halben Stunde. Sollten Sie deutlich mehr Kompetenzen klären wollen, ist natürlich entsprechend mehr Zeit einzuplanen.

Verabredung für das Telefoninterview? Achten Sie darauf, den Bewerber nicht zu überfallen. Prüfen Sie zunächst, ob der Anrufzeitpunkt passt oder ob Sie sich besser für einen anderen Zeitpunkt zum Telefonieren verabreden. Sie können nicht sehen, in welcher Situation Ihr Gegenüber gerade ist (Kochen, Baby wickeln etc.) und manche Bewerber sind so höflich, dass sie nicht sagen, wenn ihnen der Anruf ungelegen kommt.

Wenn Sie allerdings absichtlich prüfen wollen, wie sich der Bewerber in einer überraschenden Situation zurechtfindet, dann rufen Sie ohne Verabredung an.

☰	CHECKLISTE: Telefoninterview vorbereiten und durchführen	
Vorbereitung		
Das Screening Bewerbungsunterlagen ist durchgeführt.		
Die Hypothesen zum Bewerber sind notiert.		
Offene Fragen zu fachlichen Themen, die geklärt werden müssen, sind notiert.		
Offene Fragen zur Motivation, die geklärt werden müssen, sind notiert.		
Offene Fragen zu überfachlichen Themen, die unbedingt die geklärt werden müssen, sind notiert.		
Offene Fragen zu Gehalt, Eintrittstermin und anderen Rahmenbedingungen, die geklärt werden müssen, sind notiert.		
Durchführung		
Sie haben sich selbst vorgestellt und auf die Bewerbung Bezug genommen.		

Sie haben geklärt, ob der Telefonzeitpunkt passt — oder eine Verabredung getroffen.
Sie haben die vorbereiteten Fragen gestellt.
Sie haben sich schriftliche Notizen gemacht.
Sie haben dem Bewerber Gelegenheit gegeben, seine dringendsten Fragen zu stellen.
Sie haben weitere Schritte des Bewerbungsverfahrens erläutert und verein-bart, wann genau Sie sich wieder melden.

Tipps für's Telefonieren: Setzen Sie sich beim Telefonieren bewusst gerade hin, damit ihre Stimme gut klingt und nicht gequetscht wirkt! Sorgen Sie dafür, dass Sie und auch der Bewerber für die Zeit des Telefonats ungestört sind. Setzen Sie häufiger als sonst verbale Feedbackschleifen ein, um das Verständnis sicherzustellen und die Beziehung positiv zu gestalten. Legen Sie sich alle notwendigen Unterlagen vom Bewerber bzw. Interviewleitfäden griffbereit hin. Führen Sie bei berufstätigen Bewerbern das Gespräch bevorzugt in den (frühen) Abendstunden.

Erstellen Sie einen Interviewleitfaden: Wir empfehlen Ihnen, dass Sie sich auch für das Telefoninterview einen Interviewleitfaden vorab erstellen. So können Sie sicher sein, dass Sie alle offenen Punkte geklärt haben. Die Interviewauswertung erfolgt analog zu dem beschriebenen Vorgehen in Schritt 5 (siehe Kapitel 5).

Fragen für ein Telefoninterview

Grundsätzlich lassen sich fast alle Fragen aus dem Interviewleitfaden auch am Telefon stellen. Allerdings sollten Sie sich im Telefoninterview auf die wirklich zentralen Aspekte konzentrieren, die Sie benötigen, um eine weitere Einladungsentscheidung zu treffen. Die folgenden Fragen empfehlen wir Ihnen für das Telefoninterview:

- Was hat Sie an unserer Stellenausschreibung besonders angesprochen?
- Warum glauben Sie, für die Position gut geeignet zu sein?
- Worin sehen Sie die größte Herausforderung für sich in dieser Position?
- In Ihrer Bewerbung haben Sie Erfahrungen in der Führungskräfteentwicklung angegeben. Haben Sie selbst auch Trainings durchgeführt? Und wenn ja, welche?
- Haben Sie grundsätzliche Fragen zur Position?
- Wo liegen Ihre Gehaltsvorstellungen?
- Wann können Sie die offene Stelle antreten?

4 Schritt 4: Bewerberinterview durchführen

4.1 Die vier Phasen eines Interviews

Sie erhalten hier einen Überblick über die vier Phasen des Interviews: Einführungsphase, Interviewphase, Darstellungsphase, Abschlussphase. Diese Phasen finden sich grundsätzlich in allen Interviews. Abhängig von der zu besetzenden Position, z. B. Ausbildungsplatz, Führungsposition, Spezialisten oder gewerbliche Mitarbeiter, dauern die Phasen bzw. auch das Interview insgesamt unterschiedlich lang.

Dauer der Phasen im Interview

die Interviewphasen und ihren zeitlichen Anteil zeigen wir hier in der einer Übersicht. Zur Konkretisierung haben wir eine Zeitleiste in Minuten für ein Interview eingefügt, das ca. 90 Minuten dauert.

Interviewphasen und Zeithorizont		
Phase	**Anteil**	**Minuten**
Einführungsphase	5 — 10 %	4 — 9
Interviewphase		
▪ Biografie/Unterlagen	10 %	9
▪ Leitfaden	40 — 50 %	36 — 45
Darstellungsphase	20 — 30 %	18 — 27
Abschlussphase	5 — 10 %	4 — 9

4.1.1 Einführungsphase

Ziel der Einführungsphase ist es, den Bewerber mental ankommen zu lassen und ihm Sicherheit zu vermitteln. Die Einführungsphase gliedert sich ebenfalls in vier Teile: Warming-up bzw. Small Talk, Gegenseitige Vorstellung, Informationen über

Schritt 4: Bewerberinterview durchführen

Ziel und Ablauf des Gesprächs, Kurzvorstellung des Unternehmens und des Arbeitsbereichs.

Warm-up und Small Talk: Eine besonders wichtige Funktion hat das Warm-up. Es hilft allen Beteiligten, miteinander etwas vertrauter zu werden. Häufig beginnt dies schon beim Abholen der Bewerber am Empfang mit einem Small Talk.

Gegenseitige Vorstellung: Zu Beginn des Interviews stellen sich zunächst die Interviewer dem Bewerber vor. Für Letzteren ist es wichtig, zu wissen, welcher der Interviewer sein zukünftiger Chef sein könnte. Hier können Sie mit gutem Beispiel vorangehen, in der Art und Weise, wie Sie sich vorstellen: persönlich und offen oder kurz und distanziert.

Information über Ziel und Ablauf des Gesprächs: Informieren Sie den Bewerber über den Ablauf des Gesprächs sowie die Rollenverteilung, soweit Sie zu zweit oder zu mehreren am Interview teilnehmen. Diese Darstellung hilft Ihnen, die Leitung in der Hand zu behalten. So können Sie Bewerber, die in der Interviewphase beginnen, Fragen zu stellen, einfach auf den späteren Teil des Interviews verweisen. An dieser Stelle sollten Sie den Bewerber darauf aufmerksam machen, dass Sie sich während des Interviews Notizen zur besseren Beurteilung machen. Sehr hilfreich ist es ebenfalls, dem Bewerber zu signalisieren, dass er auf Fragen, die er als zu persönlich empfindet, nicht antworten muss.

Kurzvorstellung des Unternehmens und des Arbeitsbereichs: Es ist in Ordnung, wenn Sie kurz etwas zu Ihrem Unternehmen sagen wollen, Sie sollten aber an dieser Stelle eine ausführliche Vorstellung der Position vermeiden. Diese Informationen gehören in die Darstellungsphase. Hierfür gibt es mehrere Argumente:

Je mehr Vorabinformationen der Bewerber von Ihnen erhält, desto besser kann er seine Antworten darauf abstimmen und sich somit optimal darstellen. Sie erhalten auf diese Weise ein verzerrtes Bild vom Bewerber.

Darüber hinaus wird im Interviewteil gern auch nach Kenntnissen über das Unternehmen gefragt, um zu prüfen, inwieweit sich der Bewerber über die Stellenanzeige hinaus noch informiert hat.

Beachten Sie: Sehr leicht kann die Darstellung übermäßig lang dauern und somit wertvolle Interviewzeit kosten. Doch die Einführungsphase sollte nicht mehr als fünf bis zehn Prozent Ihrer Interviewzeit beanspruchen.

≡ **CHECKLISTE: Einführungsphase**

Die Struktur des Vorgehens erläutert?

Den Bewerber darauf hingewiesen, dass konkrete Beispiele besonders hilfreich sind (für VeSiEr)?

Die Rollenverteilung vorgestellt?

Hinweis gegeben, dass und warum Protokollnotizen gemacht werden?

Die Möglichkeit des Bewerbers erläutert, auf Fragen, die aus seiner sich zu persönlich sind, „Nein" sagen zu dürfen?

Getränk anbieten?

4.1.2 Interviewphase

Die Interviewphase stellt den Kern des Bewerberinterviews dar, in dem Sie den Bewerber intensiv befragen, um sich ein Bild von ihm zu machen und seine Person insgesamt kennenzulernen. Achten Sie in dieser Phase darauf, dass Ihr Redeanteil bei etwa 20 Prozent liegt und der des Bewerbers bei 80 Prozent. Hier gilt der Satz: Wer fragt, der führt!

Erstellen Sie einen Interviewleitfaden! Für Ihr Interview finden Sie in Kapitel 7 dieses Buches über 700 Fragen zu allen wichtigen Themen, die Sie im Interview behandeln können. Diese Fragen sind auch in dem Interview-Generator hinterlegt, den wir Ihnen bei den Arbeitshilfen online zur Verfügung stellen. Nutzen Sie den Interview-Generator, um sich im Handumdrehen einen individuellen Interviewleitfaden für das Bewerbergespräch zusammenzustellen.

Im Folgenden finden Sie alle praktischen Fragethemen mit Erklärung und der Auflistung der Fragen. Diese Fragen sind im Interview-Generator hinterlegt, mit dem Sie einen individuellen Interviewleitfaden zusammenstellen können.

4.1.2.1 Fragen zur Biografie

Dieser Part ist in jedem Interview sehr individuell, da die persönlichen Hintergründe der Bewerber sehr verschieden sind. Dieser Abschnitt dauert ca. zehn Prozent der Interviewzeit und umfasst folgende Themengebiete:

Fragen zum Berufsweg bzw. Werdegang: Zu Beginn des Interviews ist es sinnvoll, den Bewerber zu bitten, sich mit eigenen Worten vorzustellen. So kann er sich auch ein wenig „warm" reden. Im Anschluss an die Kurzvorstellung können Sie gezielte Fragen zum Werdegang und zur Motivation für bestimmte Ausbildungen fragen. Übergänge im Lebenslauf sind dafür interessante und oft ergiebige Punkte, an denen sich gut nachfragen lässt.

Fragen zu Erfolgen und Misserfolgen: Bei den Fragen zu Erfolgen und Misserfolgen sollten Sie vor allem darauf achten, ob es in den Situationen, die der Bewerber berichtet, Parallelen zu Ihrer offenen Position gibt. Achten Sie dabei auf mögliche Aspekte, die zu zukünftiger Unzufriedenheit beim Bewerber führen könnten.

Falls Sie solche Aspekte entdecken, sollten Sie sich fragen, was dies aus Ihrer Sicht für die Passung des Bewerbers bedeutet. Gleichzeitig sollten Sie dies dem Bewerber gegenüber ebenfalls ansprechen. Der Bewerber muss dann auch selbst darüber nachdenken und gegebenenfalls begründet erklären, wieso er doch an der Position interessiert ist. Ziel ist es, die Hintergründe für den Wechsel zu verstehen. Es gibt viele gute Gründe für einen Wechsel, Sie sollten die konkreten Gründe jedes Bewerbers kennen.

Fragen zu Unterlagen, etwa dem Lebenslauf oder den Zeugnissen: Am Ende dieses Frageblocks sollten alle Fragen, die aus der Analyse der Bewerbungsunterlagen noch offen waren, zu Ihrer Zufriedenheit beantwortet sein.

4.1.2.2 Fragen zu fachlichen und überfachlichen Anforderungskriterien sowie zur Motivation

Diese Fragen bilden den Kern Ihres Interviews. Berücksichtigen Sie bitte, dass Sie sich zur Überprüfung der fachlichen Anforderungen gegebenenfalls noch ein paar zusätzliche Fragen überlegen. Mithilfe dieses Buchs erhalten Sie hierzu ein paar Ideen. Sie sollten aber nicht zu viele fachliche Fragen in den Vordergrund stellen, da für den späteren Berufserfolg die überfachlichen Kompetenzen und die Motivation wesentlich wichtiger sind. Bei den Fragen nach den überfachlichen Anforderungen gewinnen Sie nebenbei viele Erkenntnisse über die fachliche Kompetenz.

TIPP: Ca. 5 Minuten pro Anforderungskriterium

Die Arbeit mit dem Interviewleitfaden sollte ca. 40 bis 50 Prozent Ihrer Interviewzeit beanspruchen.

Das vertiefende Erfragen zu einem Anforderungskriterium dauert erfahrungsgemäß mindestens fünf Minuten.

☰	**CHECKLISTE: Interviewphase**

Den Bewerber gebeten, mit einem „Kurzfilm" seines Lebenslaufs einzusteigen

Fragen zum Berufsweg bzw. Werdegang gestellt?

Fragen zu Erfolgen und Misserfolgen gestellt?

Fragen zu Unterlagen, z. B. zum Lebenslauf und zu den Zeugnissen gestellt?

Fragen zu den fachlichen Anforderungen gestellt?

Fragen zu den überfachlichen Anforderungskriterien gestellt?

Fragen zur Motivation des Bewerbers gestellt?

4.1.3 Darstellungsphase

In der Darstellungsphase präsentieren Sie dem Bewerber vor allem die Stelle. Hier ist auch Raum für die Fragen des Bewerbers, auf die Sie in jedem Fall eingehen sollten. Die Redeverteilung ist nun umgekehrt: Etwa 80 Prozent der Zeit sprechen Sie und nur 20 Prozent der Bewerber. Diese Phase sollte etwa 20 bis 30 Prozent Ihrer Interviewzeit beanspruchen.

4.1.3.1 Darstellung der Firma, der Aufgabe, der Position und des Arbeitsumfelds

In der Darstellungsphase gilt es auch, den Bewerber für die Position und das Unternehmen zu gewinnen. Hier können Sie die besonderen Leistungen Ihres Unternehmens darstellen oder auf besonders gute Rahmenbedingungen der Stelle hinweisen, z. B. die neuesten Labortechnik, mit der eine Forschungsstelle ausgestattet ist. Für engagierte Menschen ist dies manchmal ein wichtigeres Argument als das Gehalt.

Diese Phase kann daher bei Positionen, für die Sie nur wenige Bewerber haben, die zudem am Markt sehr begehrt sind, durchaus etwas länger dauern. Hier ist es wichtig, dass Sie wissen, was Ihr Unternehmen oder Position am Arbeitsmarkt attraktiv macht.

Wenn Sie während der Interviewphase gemerkt haben, dass der Bewerber nicht passt, Sie aber nicht das Gespräch abbrechen wollen, können Sie die Darstellungsphase sehr knapp halten. So sparen Sie Zeit und beenden das Gespräch früher. Dem Bewerber fällt das oft nicht auf, da er annehmen kann, dass erst im zweiten Gespräch detaillierter Informationen gegeben werden.

Schritt 4: Bewerberinterview durchführen

Sie finden im Folgenden Hinweise darauf, was Sie alles inhaltlich darstellen können und auf welche Fragen von Bewerbern Sie sich möglicherweise einstellen müssen.

CHECKLISTE: Bewerber informieren
Darstellung des Unternehmens
Mission, Vision, Zielsetzung des Unternehmens vermittelt?
Historie erläutert?
Unternehmenskultur geschildert?
Standorte aufgeführt?
Organisationsform erklärt?
Aufbauorganisation dem Bewerber erläutert?
Umsatz, Gewinn, Ertragslage erwähnt?
Anzahl der Mitarbeiter dem Bewerber vermittelt?
Besitzverhältnisse dargestellt?
Darstellung der Produkte & Leistungen
Produktpalette dem Bewerber dargestellt?
Marktanteile erörtert?
Hauptkunden genannt?
Neue Entwicklungen dargestellt?
Darstellung der Stelle
Hauptaufgaben: kurz-, mittel- und langfristig dem Bewerber beschrieben?
Fachliche Anforderungen erläutert?
Persönliche Anforderungen erläutert?
Faktoren für den Stellenerfolg dargelegt?
Dem Bewerber besonders motivierende bzw. demotivierende Aspekte beschrieben?
Schwierigkeiten: auf Quellen der Frustration hingewiesen?
Organisationseinheit beschrieben?
Zusammenarbeit innerhalb und außerhalb der Organisationseinheit sowie mit Externen erläutert?
Befugnisse, Kompetenzen dem Bewerber erklärt?
Vorgesetzte, Kollegen, Mitarbeiter dargestellt?
Auf die Art der Einarbeitung hingewiesen?

Darstellung der Arbeitszeiten und Arbeitsbedingungen
Flexible Arbeitszeiten beschrieben?
Jahresarbeitszeiten, Arbeitszeitkonten erläutert?
Auf den Umfang der erwarteten Überstunden hingewiesen?
Wochenendeinsatz beschrieben?
Schichtarbeit erklärt?
Zeiten für Arbeitsbeginn und -ende erläutert?
Arbeitstage pro Woche erwähnt?
Auf notwendige Dienstreisen mit längerer Abwesenheit hingewiesen?
Nebenbeschäftigungserlaubnis erörtert?
Auf eine mögliche Springertätigkeit hingewiesen?
Einsatz an anderen Standorten erwähnt?
Umfang von Bürotätigkeit und Außendienst erklärt?
Heimarbeitsplatz erwähnt?

4.1.3.2 Fragen des Bewerbers beantworten

Analog zu den Themen, über die Sie selbst in der Darstellungsphase sprechen können, finden Sie nun eine Liste möglicher Fragen vonseiten des Bewerbers, auf die Sie sich einstellen sollten.

Vorstellungsgespräche sind immer auch eine beidseitige Vorstellung, schließlich müssen beide „Ja" zueinander sagen. Insofern sollten Sie es begrüßen und positiv bewerten, wenn ein Bewerber Fragen stellt. Sie können daran erkennen,

- wie er sich auf das Gespräch vorbereitet hat (das Interview als potenzielle Arbeitsprobe: Bereitet er sich auch so auf Kundentermine und Besprechungen vor?),
- welches Interesse er an der Position hat (wer wenig Fragen stellt, hat eventuell auch wenig Interesse),
- welche Themen ihn interessieren und welche auch nicht (wenn Sie z. B. auch bestimmte Themenfelder noch nicht vorgestellt haben).

Wichtig ist, dass der Bewerber Raum bekommt, seine Fragen zu stellen und sich Ihre Antworten zu notieren. Aus unserer Sicht spricht das für ein professionelles Vorgehen vom Bewerber.

Liste: Mögliche Fragen des Bewerbers

Fragen zur aktuellen Unternehmenssituation

Wie ist Ihre derzeitige wirtschaftliche Situation?

Wie sieht die Unternehmensstrategie aus?

Welche Unternehmens-, Bereichsziele gibt es?

Wie sieht Ihre zukünftige Ausrichtung aus?

Fragen zur Unternehmenskultur

Welche Unternehmensgrundsätze gibt es?

Gibt es Führungsleitsätze?

Welche Beurteilungssysteme gibt es?

Welche Aufstiegsmöglichkeiten bieten Sie?

Fragen zum Vorgänger

Warum ist die Stelle zu besetzen?

Werde ich meinen Vorgänger kennenlernen?

Wird er mich einarbeiten?

Aus welchen Gründen verlässt er die Position?

Wieso wird diese Stelle eingerichtet?

Fragen zu Verantwortungsbereich, Kompetenzen und Tätigkeit

Welche Befugnisse, Rechte, Vollmachten habe ich?

Welche Ressourcen stehen mir zur Verfügung?

Wofür bin ich zuständig? Was werde ich konkret tun?

Wofür bin ich nicht zuständig? Was darf ich nicht?

Wem bin ich unterstellt?

Wem werde ich noch berichten?

Mit wem werde ich enger zusammenarbeiten?

Wie sehen meine Einarbeitung und Probezeit aus?

Gibt es eine Stellenbeschreibung oder ein Anforderungsprofil?

Woran werde ich gemessen?

4.1.4 Abschlussphase

In der Abschlussphase des Gesprächs prüfen Sie das weitere Interesse des Bewerbers und klären die Fragen nach seinem Gehaltswunsch und den Kündigungsfristen. Die eigentlichen Gehaltsverhandlungen finden in der Regel erst im Zweitinterview statt.

Wichtig ist, die weitere Vorgehensweise vorzustellen und eine Vereinbarung zu treffen, wann eine Rückmeldung erfolgt. Diese Absprache sollten Sie einhalten, wenn Sie den Bewerber nicht verärgern wollen.

Prüfen Sie hier unbedingt, welche anderen Angebote dem Bewerber eventuell schon vorliegen und ob er unter Entscheidungsdruck steht. In der Praxis kommt es immer wieder vor, dass sich Bewerber schon für eine andere Stelle entschieden haben, weil die Rückmeldung zu spät kam und andere Arbeitgeber eine schnelle Entscheidung benötigten. Die Abschlussphase endet mit der Verabschiedung. Sie sollte etwa fünf bis zehn Prozent Ihrer Interviewzeit beanspruchen.

CHECKLISTE: Abschlussphase

Hat der Bewerber weiterhin Interesse an der Position?

Fragen zu Gehaltswunsch und Kündigungsfristen beantwortet?

Weiteren Ablauf nach dem Bewerbungsgespräch erläutern und konkrete Vereinbarung zur Rückmeldung getroffen?

Fahrtkostenerstattung angesprochen?

Positive Verabschiedung hat stattgefunden?

4.1.4.1 Vertragsbedingungen und sonstige Leistungen

Wenn Sie mit den Bewerbern jeweils nur ein Interview zur Einstellung führen, ist es notwendig, auch die wesentlichen Vertragsbedingungen und sonstige Leistungen zu erläutern. Daraus kann sich durchaus eine Art Verhandlungssituation ergeben. Hier können Sie auch feststellen, wie sehr der Bewerber an der Position interessiert ist. In der Regel sind diese Punkte jedoch Bestandteil des Zweitinterviews. Folgende Punkte können zur Sprache kommen:

- Vergütung und Einstiegsgehalt
- Urlaubstage
- Kündigungsfristen
- Vertragsdauer
- Wettbewerbsverbot
- Betriebsvereinbarungen
- Betriebliche Altersvorsorge
- Dienstwagen
- Beteiligung am Unternehmensergebnis
- Aufstiegsmöglichkeiten

- Arbeitsantritt
- Probezeit
- Vollmachtenregelung
- Geheimhaltung
- Tarifverträge
- Werksverpflegung, Kantine
- Fahrkostenzuschüsse
- Urlaubsgeld
- Weiterbildungs- und Förderungsmöglichkeiten
- Vertragsmodalitäten

4.1.4.2 Arbeitsplatzbesichtigung

Immer wieder scheitert die Integration neuer Mitarbeiter in den ersten Arbeitstagen, weil die Bewerber vor Tätigkeitsbeginn keine Gelegenheit hatten, ihren Arbeitsplatz kennenzulernen. Die räumliche Umgebung hat einen hohen Einfluss auf das persönliche Wohlbefinden. Den Bewerber beschäftigen folgende Fragen:

- An welchem Schreibtisch sitze ich?
- An welcher Werkbank arbeite ich?
- In welchem Raum (Werkhalle, Großraumbüro, Einzelbüro oder gemeinsamer Raum mit mehreren Kollegen) arbeite ich?
- In welcher Umgebung arbeite ich?
- Mit welchen Kollegen arbeite ich zusammen?

Hierzu gibt es individuell viele verschiedene Vorurteile und Einstellungen, die eine mögliche Entfaltung am Arbeitsplatz einschränken können. Sie werden einiges dazu schon in den Fragen zu Job Fit herausgefunden haben. Eine Arbeitsplatzbesichtigung ist eine sehr empfehlenswerte Ergänzung dazu, um herauszufinden, was den Bewerber anspricht oder was ihn stören könnte.

Zeigen Sie dem Bewerber seinen zukünftigen Arbeitsplatz und erläutern Sie ihm eventuell bestimmte Tätigkeiten. Überlegen Sie, wann ein guter Zeitpunkt hierfür ist. Häufig bietet es sich an, dies am Ende des Interviews zu machen.

Manchmal kann es wichtig sein, dem Bewerber am Arbeitsplatz zu demonstrieren, welche Arbeitsergebnisse (als Konkretisierung der verbalen Beschreibung oder der Stellenbeschreibung) von ihm erwartet werden. So gewinnt der Bewerber einen Eindruck davon, inwieweit er sich das zutraut und ob es ihm Freude macht.

Stellen Sie den Bewerber den zukünftigen Kollegen vor oder arrangieren Sie ein gemeinsames Kennenlernen in der Mittagspause beim Kantinenbesuch.

4.2 Rollenverteilung im Interview

Unsere Grundempfehlung lautet: Führen Sie das Interview, wenn es sich irgendwie einzurichten lässt, zu zweit. Nutzen Sie also das Mehraugenprinzip um Wahrnehmungs- und Beurteilungsfehler (siehe Kapitel 12) zu reduzieren.

Klären Sie die Rollen vor dem Interview ab: Wer führt das Gesamtgespräch, wer führt Protokoll und stellt Ergänzungsfragen, wer stellt weitere Anschlussfragen bei Bedarf?

Nutzen Sie alternativ für die Rollenaufteilung das Anforderungsprofil und legen Sie vorab fest, wer zu welchen Anforderungskriterien die Fragen stellt. Bereits bei der Auswahl der Fragen für den Interviewleitfaden kann die Rollenaufteilung erfolgen.

Zur Rollenaufteilung gehört auch eine Absprache über die Redezeit und darüber, wer welche Phase des Interviews gestaltet. So können Sie bei Bedarf noch mehr Personen aktiv integrieren. z. B. könnte die Information über die Stelle und das Unternehmen gezielt von einer Person vorgenommen werden, die aber ansonsten keine Fragen gestellt hat.

In der Regel sollte die Fachführungskraft ein paar fachliche Fragen zum Interviewleitfaden beisteuern.

Variante 1: Freie Absprache

Das Interview wird von zwei Interviewern geführt, die sich die Interviewführung und die Protokollführung aufgeteilt haben. Wir empfehlen trotzdem jedem Interviewer, sich eigene Notizen zu machen. Das kann anhand der Interviewphasen und mithilfe des Anforderungsprofils geschehen. Hilfreich ist es, nach zwei Anforderungskompetenzen die Aufgaben zu wechseln. Das wirkt gegenüber dem Bewerber ausgewogener und ermöglicht beiden Interviewern Phasen des Zuhörens, die zum Nachdenken besonders gut geeignet sind. Damit ist auch gewährleistet, dass Themen, die zwischen den Zeilen auftreten, angesprochen werden können.

Variante 2: Thematisch getrennt

Alternativ dazu ist denkbar, dass der Personalreferent die Gesprächsleitung übernimmt und Fragen zu den überfachlichen Kompetenzen sowie der Motivation stellt und der Vertreter der Fachabteilung die Fragen zu den fachlichen Anforderungen und Erfahrungen übernimmt und später die Stelle präzise beschreibt. Diese Variante ist die aus unserer Erfahrung am häufigsten vorkommende Version. Die Aufteilung liegt oft daran, dass Führungskräfte mit den Soft Skills wenig anfangen können und auch nicht wissen, wie sie hier nachfragen können. Aus unserer Sicht sollten aber auch gerade die Führungskräfte Fragen zu überfachlichen Anforderungskriterien stellen. Dies dürfte nach Lektüre dieses Buchs oder der Nutzung der zur Verfügung gestellten Interviewleitfäden auch kein Problem mehr sein.

Achten Sie als junger Personalreferent bzw. junge Führungskraft besonders auf die Rollenaufteilung, wenn Sie das Interview gemeinsam mit einer älteren, gestandenen Führungskraft bzw. einem gestandenen Personaler führen müssen! Sonst besteht das Risiko, dass Sie zu wenig Raum für Ihren Part haben!

Variante 3: Primus inter pares

Ein Interviewer hält den roten Faden in der Hand und stellt die meisten Fragen, leitet also das Gespräch. Der andere Interviewer fertigt analog zum Interviewleitfaden die Protokollnotizen an (soweit das nicht von beiden vorgenommen wird) und stellt bei Bedarf Vertiefungsfragen. Außerdem kann der zweite Interviewer einspringen und mehr Fragen stellen, sollte der erste nachdenken wollen oder einen „Hänger" im Gespräch haben.

Variante 4: Mehrpersonenbeteiligung

In der Praxis kommt es oft vor, dass noch weitere Personen beteiligt werden wollen: z. B. der nächsthöhere Vorgesetzte, der Betriebsrat und andere mehr. Besonders heikel sind diese Situationen im öffentlichen Dienst, in dem durchaus bis zu zehn Personen beim Interview interessiert den Antworten des Bewerbers lauschen und eventuell auch gern Fragen stellen wollen. Folgende Tipps sind aus unserer Erfahrung hilfreich:

Um eine Kreuzverhörsituation für den Bewerber zu verhindern, sollten Sie sich auf maximal drei Personen beschränken, die Fragen stellen dürfen.

Achten Sie bei der Sitzverteilung darauf, dass beim Bewerber nicht der Eindruck entsteht, vor einem Tribunal zu stehen, etwa, indem alle Interviewer und Beobachter in einer Reihe sitzen. Besser ist eine Sitzverteilung im Vorder- und Hintergrund, je nach Beteiligung am Interview.

Für die anschließende systematische Auswertung des Gesprächs sollten Sie die Eindrücke aller Beteiligten nutzen, denn eine anschließende Diskussion führt zu einem breiteren Konsens darüber, warum Sie einen Bewerber ablehnen oder annehmen wollen. Mit einer Matrix lassen sich die Ergebnisse gut darstellen und diskutieren (siehe Kapitel 5.1).

Machen Sie sich Notizen

Sie sollten sich unbedingt Protokollnotizen während des Interviews machen. Das hat folgende Vorteile: Ihnen gehen keine Informationen verloren und die Notizen dienen der Qualitätssicherung. Die Notizen werden für die anschließende Auswertung des Gesprächs herangezogen und dienen der Begründung der Einschätzung. Der Bewerber spürt Ihre Wertschätzung. Sie wirken auf den Bewerber professionell.

Ein vorbereiteter Interviewleitfaden, wie Sie ihn mit diesem Buch und insbesondere dem Interview-Generator (den Sie bei den Arbeitshilfen online finden) erstellen können, unterstützt Sie dabei, zielgerichtete Protokollnotizen anzufertigen.

Weisen Sie den Bewerber zu Beginn des Interviews kurz darauf hin, dass Sie sich Notizen machen werden. Dann ist es für ihn selbstverständlich. Achten Sie aber darauf, dass Ihr Gegenüber mitunter die Möglichkeit hat, Ihre Aufzeichnungen — wenn auch auf dem Kopf — zu sehen. Nehmen Sie deshalb keine Notizen am Rand vor, die ihn irritieren könnten. Verwenden sie kein vieldeutiges Zeichen, wie etwa Blitz, Fragezeichen oder andere, besondere Symbole. Damit lösen Sie beim Bewerber Überlegungen aus, was dieses Zeichen zu bedeuten hat. Wenn Sie Zeichen nutzen wollen, verwenden Sie besser neutrale Formen, die nur Sie verstehen, etwa einen Stern. Grundsätzlich gilt: Jeder hat seinen eigenen Protokollstil, den er auch nutzen sollte. Achten Sie darauf, dass Sie immer wieder auch den Blickkontakt mit dem Bewerber suchen und Sie nicht so wirken, als würden Sie sich ausschließlich auf die Anfertigung von Notizen konzentrieren.

Die Besonderheit des Interview-Generators: Er bietet Ihnen selbstverständlich die Leitfragen zu den überfachlichen Kriterien. Doch darüber hinaus bietet er Ihnen auch gemäß der VeSiEr-Methode (siehe Kapitel 8) die passenden Nachfragen. Und zudem haben Sie, wenn Sie den Interviewleitfaden erstellt und ausgedruckt haben immer ausreichend Platz für Ihre Notizen, so dass Sie diese direkt den Fragen zuordnen können.

5 Schritt 5: Interviews auswerten, Bewerber auswählen

Für eine systematische Auswertung nutzen Sie die letzte Seite des Interviewleitfadens „Systematische Interviewauswertung". Dort finden Sie die folgende Matrix, die automatisch zusammen mit dem Interviewleitfaden ausgedruckt wird.

5.1 Mit der Auswertungsmatrix arbeiten

Jetzt geht es darum, Ihre Erkenntnisse aus dem Interview zu verdichten. Sie erfahren im Folgenden, wie Sie mit der Matrix arbeiten und welche Bedeutung sich hinter den einzelnen Spalten verbirgt.

Die Bewertungsskala, die sich im unteren Bereich der Auswertungsmatrix befindet (siehe Grafik auf der nächsten Seite) ist bewusst nicht numerisch gestaltet. Wir wollen damit verhindern, dass bei der gemeinsamen Auswertung Durchschnittswerte gebildet werden. Für was die Bewertungen jeweils stehen, entnehmen Sie bitte der folgenden Tabelle.

Bewertungsskala

Bewertung	Bedeutung
++	Der Bewerber bringt deutlich mehr Kompetenz in diesem Kriterium mit als notwendig.
+	Der Bewerber bringt mehr Kompetenz in diesem Kriterium mit als notwendig.
O.k.	Der Bewerber entspricht in dieser Kompetenz genau dem, was wir uns für die konkrete Stelle wünschen.
!	Der Bewerber hat in Bezug auf die zu besetzende Stelle noch Entwicklungsbedarf.
-	Der Bewerber liegt deutlich unter den Anforderungen.

Formular: Auswertungsmartix

	Analyse Bewerbungsunterlagen	Interviewer 1	Interviewer 2	Interviewer 3	Gesamtbewertung	Soll-Profil
Soft Skills						
(Anforderungskriterium eintragen)	/					
(Anforderungskriterium eintragen)	/					
(Anforderungskriterium eintragen)	/					
(Anforderungskriterium eintragen)	/					
(Anforderungskriterium eintragen)	/					
(Anforderungskriterium eintragen)	/					
(Anforderungskriterium eintragen)	/					
Hard Facts						
Fachwissen						
Erfahrung						
Stellenbezogene Motivation						
Job-fit	/					
Location fit	/					
Organizational fit	/					
Motivationale Merkmale						
Proaktiv	/					
Auf-etwas-zu	/					
External	/					
Prozedural	/					
Bewertungs-Skala						

++ = Bewerber bringt deutlich mehr Kompetenz mit als notwendig
+ = Bewerber bringt mehr Kompetenz mit als notwendig
ok = Bewerber bringt die gewünschte Kompetenz mit
! = Bewerber hat noch Entwicklungsbedarf
– = Bewerber liegt deutlich unter den Anforderungen

Abb. 13: Formular Auswertungsmatrix

Spalte „Bewerbungsunterlagenanalyse": In der Spalte „Bewerbungsunterlagen-analyse" tragen Sie die Ergebnisse aus dem Unterlagencheck ein. Dies betrifft insbesondere die Kriterien „Fachwissen" und „Erfahrung". Diese könnten Sie in Ihrer eigenen Übersicht natürlich auch nach einzelnen Aspekten aufteilen. Die dunkelgrau hinterlegten Felder werden nicht ausgefüllt, da diese Kriterien nicht über eine Bewerbungsunterlagenanalyse bewertbar sind. Die weißen Felder werden dementsprechend ausgefüllt.

Spalte „Interviewer": Der nächste wichtige Schritt in der Auswertung nach dem Interview ist die individuelle Auswertung. Egal ob Sie das Interview allein oder zu mehreren Personen geführt haben: Sie sollte immer zuerst eine individuelle Auswertung vornehmen. Das bedeutet, dass jeder Interviewer seine Notizen sichtet, sie reflektiert und den Bewerber bezüglich der Kriterien bewertet. Schärfen Sie zu Beginn Ihrer individuellen Auswertung noch einmal kurz Ihre Wahrnehmung. Überlegen Sie, welche Beurteilungsfehler bzw. -verzerrungen im Interviewprozess aufgetreten sein könnten.

Werten Sie jede Kompetenz wie folgt aus. Arbeiten Sie sich dabei Schritt für Schritt durch Ihr Interviewprotokoll.

1. Pro Kriterium prüfen Sie in einem ersten Schritt, wie viele Verhaltensdreiecke (siehe Kapitel 8) Sie gesammelt haben, die zu dem beobachtbaren Anforderungskriterium passen.
2. Anschließend gewichten Sie jedes der Dreiecke nach Aktualität, Nähe zur angestrebten Aufgabe und nach Bedeutung.
   - *Aktualität*: Die erzählten Beispiele liegen entweder zeitlich schon etwas zurück oder sind erst kürzlich passiert. Grundsätzlich gilt, dass das aktuellste Beispiel am ehesten das zurzeit dominierende Verhalten beschreibt. Demzufolge ist es für die Einschätzung und die Ableitung einer Prognose am interessantesten.
   - *Nähe zur angestrebten Aufgabe*: Hier ist etwa zur Konfliktfähigkeit ein Beispiel aus dem Berufsleben höher zu werten als ein Beispiel aus dem privaten Rahmen des Bewerbers, weil Ersteres der Anforderungssituation am nächsten kommt.
   - *Bedeutsamkeit*: Fragen Sie sich, wie wichtig das berichtete Beispiel für die anstehende Aufgabe ist.
3. Als nächstes suchen Sie nun bei den notierten Verhaltensbeschreibungen und den Verhaltensankern des Kriteriums nach Übereinstimmungen. Je mehr Übereinstimmungen Sie finden, desto größer ist die Wahrscheinlichkeit, dass der Bewerber das Kriterium erfüllt.

4. Abschließend bewerten Sie dann das gesamte Kriterium in der Matrix mithilfe der oben angesprochenen Bewertungsskala. Achten Sie stets darauf, dass Ihr Urteil auf den Informationen beruht, die Sie im Prozess gesammelt haben, und nicht auf einem diffusen Bauchgefühl. Lassen Sie keine Bewertungsverzerrungen zu, die Sie nicht durch ausreichende Informationen begründen können.

Die Kriterien „Fachwissen" und „Erfahrung" können Sie in Ihrer eigenen Übersicht natürlich auch nach einzelnen Aspekten aufteilen. Diese Entscheidung treffen Sie am besten bereits, bevor Sie den Interviewleitfaden ausdrucken. Grundsätzlich sollten Sie zu diesen beiden Kriterien auch schon eine erste Beurteilung anhand der Bewerbungsunterlagen durchgeführt haben.

Für die stellenbezogene Motivation oder die motivationalen Merkmale gilt eigentlich nur: entweder sie passen (= „ok") oder sie fehlen (= „-"). Die anderen Bewertungen der Skala sind hier nicht sinnvoll.

Spalte „**Gesamtbewertung**": In der Spalte „Gesamtbewertung" dokumentieren Sie das Ergebnis Ihrer gemeinsamen Auswertung. Sie beginnen die gemeinsame Auswertung, indem Sie Ihre individuellen Auswertungen zusammentragen. Dann beraten Sie Ihre Ergebnisse. Relevant ist bei der Besprechung vor allem der Austausch über die unterschiedlichen Einschätzungen. Das bedeutet, Sie müssen sich letztendlich auf einen Gesamtwert einigen. Diese Einigung findet in einer inhaltlichen Diskussion statt und nicht in einer Summierung oder Durchschnittswertbildung. Um in der inhaltlichen Diskussion Ihre Interviewkollegen von Ihrer Einschätzung zu überzeugen, benötigen Sie Ihre Interviewnotizen. Falls Sie sich nicht einigen können, müssen Sie entscheiden, welche Folgen dies hat. Eventuell bedeutet das das Aus für den Kandidaten, weil ein Interviewer ein Vetorecht besitzt. Vielleicht ist dies auch notwendig, Kriterien, bei denen keine Einigung möglich ist, im Zweitinterview nochmals zu überprüfen.

Spalte „**Sollprofil**": Die Spalte „Sollprofil" bildet quasi die „Messlatte", die der Bewerber schaffen muss. Das Sollprofil ergibt sich aus dem Anforderungsprofil. Grundsätzlich genügt in dieser Spalte ein „Ok", um das Maß erfüllt zu haben. Wenn der Bewerber in der Spalte „Gesamtbewertung" ebenfalls ein „Ok" erhält, entspricht er an dieser Stelle den Anforderungen.

Sie wissen schon zu Beginn der Personalsuche, dass es schwierig wird, einen optimalen Bewerber zu finden? Dann haben Sie mit dem Sollprofil die Möglichkeit, Ihre Messlatte ein wenig anzupassen. Idealerweise machen Sie dies, während Sie das Anforderungsprofil erstellen oder zwischen Unterlagenanalyse und den Erstinterviews.

Eine wichtige Überlegung bei der Festlegung des Sollprofils ist, bei welchen und wie vielen Kriterien der Bewerber ein „!" haben darf. Das betrifft vor allem jene Kenntnisse und Fähigkeiten, die durch Sie, durch das Team oder andere Qualifizierungsmaßnahmen am ehesten entwickelt werden können.

Mithilfe des Sollprofils schaffen Sie sich eine Entscheidungshilfe. In unserem Beispiel sieht sie folgendermaßen aus:

Ok	Muss-Kriterium. Wenn hier ein „!" steht, bedeutet das für den Teilnehmer das Aus.
!	Entwicklungsbedarf. Jeder Bewerber darf insgesamt zweimal ein „!" haben und zwar bei der Präsentationskompetenz und der Projektplanungskompetenz. Bei mehr als zwei „!" bzw. bei „!" in anderen Kriterien bedeutet das, dass der Bewerber ausscheidet — zumindest dann, wenn Sie die von Ihnen vorgenommene Setzung konsequent handhaben.

Vorteile der systematischen Interviewauswertung

Sie sehen im Gesamtprofil, ob der Bewerber genau passt oder ob er gegebenenfalls in einzelnen Kompetenzen eher unter- oder überfordert ist. Wenn es sich dabei nur einen einzelnen Punkt handelt, ist dies nicht entscheidend. Wenn aber mehrere Punkte nicht passen, sollten Sie das Risiko mit dem Bewerber besprechen: Sowohl Unter- als auch Überforderung stellen ein Fluktuationsrisiko dar.

Sie sehen auf einer Matrix sowohl Ihre Einschätzung als auch die Ihrer Kollegen und können sie direkt miteinander vergleichen.

Durch die Sollskala ist festgelegt, welche Kriterien für die Stelle wichtig sind und welche bei Bedarf noch entwickelt werden können („!").

Sie erhalten am Ende des Auswertungsprozesses für jedes Kriterium einen Wert und können so verschiedene Bewerber für eine Stelle miteinander vergleichen.

5.2 Intuitive Entscheidungen erkennen, Intuition einsetzen

Mit dieser Auswertung haben Sie nun Ihre Einschätzungen übersichtlich vorliegen und sauber begründet. Als nächstes wenden Sie sich Ihrer Intuition bzw. Ihrem

„Bauchgefühl" zu. Wie Sie die Intuition professionell einsetzen, lesen Sie im folgenden Abschnitt, hier geht es um ihre Bedeutung im Zusammenhang mit der Gesamtbetrachtung.

Es kann sein, dass der Bewerber alle Anforderungskriterien erfüllt, Sie aber bei der Gesamtbetrachtung der Person gute Gründe haben sich gegen ihn zu entscheiden, etwa weil Sie sich persönlich nicht vorstellen können, mit dieser Person im Team zusammenzuarbeiten, oder weil Sie den Eindruck haben, der Bewerber passe nicht in Ihre Unternehmenskultur.

Folgende Fragen im Interviewleitfaden helfen Ihnen, Ihre intuitiven Eindrücke zu berücksichtigen:

- Was fällt mir bei der Gesamtperson des Bewerbers auf?
- Inwieweit gibt es Dinge, die sehr stimmig oder sehr unstimmig erscheinen?
- Welchen allgemeinen subjektiven Eindruck habe ich (z. B. persönliches Auftreten, Nervosität, Freundlichkeit, äußeres Erscheinungsbild, Notizen des Bewerbers, Fragen des Bewerbers)?

Tauschen Sie sich als nächstes mit den anderen Interviewern über Ihre Intuition aus und überlegen Sie gemeinsam, was das für die Entscheidung „Geeignet, geeignet mit Einschränkungen, ungeeignet" bedeutet.

In der Praxis kann es vorkommen, dass Sie schon während des Interviews oder direkt im Anschluss merken, dass Sie mit diesem Bewerber nicht zusammenarbeiten wollen. In diesem Fall können Sie sich natürlich die oben beschriebene Systematik ersparen.

☰ CHECKLISTE: Vorgehensweise bei der Auswertung

Gesammelte Verhaltensdreiecke den beobachtbaren Anforderungskriterien zugeordnet?

Verhaltensdreiecke gewichtet nach:

- Aktualität?

- Nähe zur angestrebten Aufgabe?

- Bedeutsamkeit?

Verhaltensbeschreibungen mit Verhaltensankern des Kriteriums nach Übereinstimmungen verglichen?

Alle Kriterien in der Matrix mithilfe der angesprochenen Bewertungsskala bewertet?

Individuelle Bewertungsergebnisse zusammengetragen?
Unterschiede in der Bewertung diskutiert und Entscheidung bezüglich der Gesamtbewertung getroffen?
Fragen zum intuitiven Eindruck beantwortet und Konsequenzen daraus diskutiert?
Entscheidung „Geeignet, geeignet mit Einschränkungen, ungeeignet" getroffen?

Professionelle Intuition

Intuition spielt in Entscheidungsprozessen eine große Rolle. Wir wollen hier für Sie beleuchten, an welchen Stellen das im Auswahlprozess zu berücksichtigen ist. Zunächst einmal ist zu klären, was unter „Intuition" überhaupt zu verstehen ist. Für unsere Situation ist die Definition des US-amerikanischen Psychiaters Eric Berne (1910-1970) sehr interessant, der sich eingehend mit dem Thema Intuition beschäftigt hatte. Er schreibt:

„Intuition ist Wissen, das auf Erfahrung beruht und durch direkten Kontakt mit dem Wahrgenommenen erworben wird, ohne dass der intuitiv Wahrnehmende sich oder anderen genau erklären kann, wie er zu der Schlussfolgerung gekommen ist."[4]

Die Intuition führt zu einem Urteil. Und es kann wie andere Urteile auch falsch oder richtig, qualifiziert oder unqualifiziert, befangen oder unbefangen sein. Genau das ist das Problem im Personalauswahlprozess: Eine rein intuitive Entscheidung ist eben kein Gütesiegel, sie kann zu Fehlentscheidungen führen. Deshalb fühlen sich viele Entscheider mitunter mit sogenannten „Bauchentscheidungen" unwohl, weil sie merken, dass das u. U. keine gut fundierte Entscheidung ist.

Im Personalauswahlprozess, wie wir ihn hier beschreiben, kommt die Intuition an zwei Stellen zum Tragen: Erstens merken Sie als Interviewer u. U. während des Interviews, dass etwas nicht stimmt, oder Ihnen fällt etwas auf, was Sie aber nicht direkt benennen können. Die Intuition nennen wir hier „erster Eindruck". Zweitens spielt die Intuition beim Entscheidungsprozess, der im Anschluss an das Interview stattfindet, eine Rolle.

---

[4] Eric Berne: Transaktionsanalyse der Intuition. Ein Beitrag zur Ich-Psychologie. Paderborn 2005, S. 36.

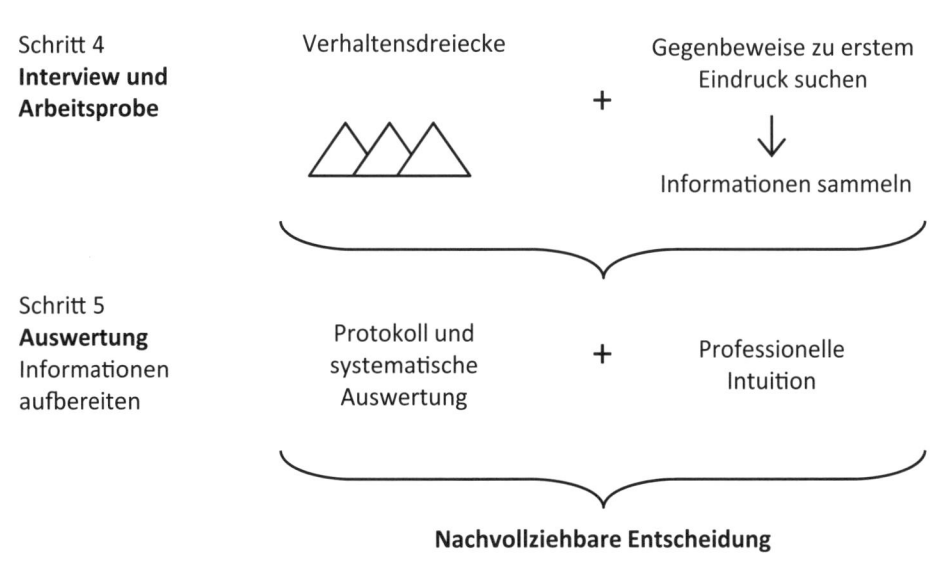

Abb. 14: Eine nachvollziehbare Entscheidung treffen

Der Umgang mit der Intuition während des Interviews

Zunächst einmal ist es wichtig, die eigenen Wahrnehmungsschwerpunkte im Auswahlprozess zu kennen: Worauf achten Sie, was ist bei Ihnen im Fokus und was eher nicht? Diese Reflexion hilft Ihnen, Ihre Wahrnehmung zu reflektieren und das Interview bewusster zu steuern. Wenn Sie z. B. wissen, dass Sie sich primär an fachlichen Kompetenzen orientiert haben, können Sie in Zukunft bewusst auf überfachliche Kompetenzen achten.

Auch der Einsatz eines halbstandardisierten Interviewleitfadens sorgt für eine Professionalisierung. Durch ihn werden Sie daran erinnert, alle relevanten Kriterien zielgerichtet zu erfragen. Sie finden zudem im Interviewleitfaden eine Seite, auf der Sie Ihre Hypothesen festhalten können.

Mit den ergänzenden Fragen hierzu schaffen Sie es, die Hypothesen, Stereotypen oder Vorurteile Ihres Bauchgefühls professionell zu hinterfragen. Entsteht bei Ihnen zum Beispiel der Eindruck, der Bewerber berichte nicht die Wahrheit und wirke deshalb auf Sie unglaubwürdig, dann gehen Sie dieser Intuition nach. Prüfen Sie die Hypothese „unglaubwürdig" und suchen Sie Informationen, die diese Hypothese widerlegen.

Professionelle Intuition bedeutet also, dem „Bauchgefühl" während des Gesprächs nachzugehen und systematisch Informationen zu suchen, um dieses zu verifizieren oder aber zu falsifizieren. Dies ist dem Bewerber gegenüber fair, denn sonst würden sich diese Eindrücke in der Bewertung ungefiltert niederschlagen. Machen Sie sich bereits während des Interviews Notizen zu Ihrer Intuition, sodass Sie noch während des Interviews überlegen können, wie Sie damit weitermachen wollen, und dann auch während der Auswertungsphase darauf zurückgreifen können.

Der Umgang mit der Intuition im Auswertungs- und Entscheidungsprozess

Als wesentlichen Bestandteil der systematischen Interviewauswertung beachten Sie Ihre Intuition und diskutieren diese mit Ihrem Interviewpartner.

Eine rein intuitive Entscheidung, häufig direkt im Anschluss an das Interview oder schon währenddessen getroffen, ist nicht professionell. Professionell ist es vielmehr, wenn Sie begründen können, warum Sie so und nicht anders entschieden haben. Hier kommt es darauf an, den intuitiven Zugang mit dem rationalen Zugang zu koppeln. Sie sollten eine nachvollziehbare Entscheidung liefern können, die kriterienorientiert ist oder sich auf Kriterien bezieht, die Ihnen zusätzlich noch bedeutsam erscheinen. So kann es z. B. sein, dass jemand aufgrund seiner Verhaltensbeispiele absolut teamfähig erscheint, er aber aufgrund bestimmter anderer beobachteter Verhaltensausprägungen (stellt komplizierte Fragen, insistiert sehr auf bestimmten Themen etc.) nicht zum Team passt.

Ihre nachvollziehbare Entscheidung sollte also zunächst immer von Kriterien geleitet sein, so wie Sie es mit der Erstellung des Anforderungsprofils und der Anwendung der VeSiEr-Methode (siehe Kapitel 8) kennengelernt haben.

5.3 Körpersprache wahrnehmen und deuten

Nutzen Sie das Vorstellungsgespräch, um hin und wieder auf die Körpersprache des Bewerbers zu achten. Zentrale Bestandteile sind Körperhaltung, Gestik, Mimik und Blickkontakt. Die Körpersprache bietet Ihnen zudem wichtige Zusatzinformationen auf bewusster und unbewusster Ebene, die der intuitiven Meinungsbildung dienen.

Eine Besonderheit der Körpersprache ist, dass sie in der Regel unbewusst wahrgenommen wird. Ihnen wird sie erst dann klar, wenn es zu Abweichungen von der erwarteten Norm kommt. Beispiele hierfür sind der zu weiche, schlaffe Händedruck, der ausweichende, vermeidende Blickkontakt oder eine zu laute, zu leise oder zu schnelle Sprechweise.

Was sagt die Körperhaltung aus?

Gleichzeitig haben diese Signale häufig ein sehr starkes Gewicht bzw. eine hohe Bedeutung. Ob dies immer gerechtfertigt ist, ist eine andere Frage. Stellen Sie sich vor, Sie haben einen Kandidaten aufgrund seiner Unterlagen eingeladen und dann begrüßt er Sie mit einem schlaffen Händedruck. Was denken Sie jetzt über ihn und um wie viel Prozent sind seine Chancen gerade gesunken? Was sagt sein Händedruck über ihn aus? Vielleicht hatte er auch eine Handverletzung, auf die er Sie nicht hinweist … Andererseits: Gilt jemand, der Sie mit einem fast schmerzhaften Händedruck begrüßt, noch als durchsetzungsstark oder ist er nicht doch eher unsensibel und sich seiner Wirkung nicht bewusst? Lesen Sie hierzu auch im Kapitel 12 zu den Wahrnehmungsfehlern nach.

Sie finden hier eine Übersicht über beobachtbare körpersprachliche oder äußerlich beobachtbare Kriterien mit möglichen Interpretationen und Hypothesen.

HYPOTHESEN zur Wahrnehmung von Köpersprache		
Situation/ Kriterium	Wahrnehmung	Interpretation/Hypothese
Handschlag zur Begrüßung	▪ in Verbindung mit starkem Kopfbeugen	▪ angepasst, unterwürfig
	▪ sehr weich (eventuell ohne Blickkontakt)	▪ zurückhaltend, unsicher
	▪ Handrücken oben	▪ dominant
	▪ zu kräftig	▪ unsensibel
	▪ fest, nicht zu kräftig	▪ selbstsicher
Abstand bei Begrüßung	▪ kulturell üblich	▪ einfühlsam, angemessen
	▪ zu weit	▪ distanziert, kühl
	▪ zu nah	▪ aufdringlich

Situation/ Kriterium	Wahrnehmung	Interpretation/Hypothese
Körperhaltung/ Sitzhaltung	• steht oder sitzt steif, unbeweglich, zeigt wenig Interesse • wendet sich mit dem Körper zu, neigt beim Zuhören Körper nach vorn	• formell kontrolliert, unsicher abweisend • unbefangen, locker, zugewandt, interessiert
Kleidung		• detailgenau • kreativ • kultiviert • angemessen

Die körpersprachliche Interaktion der Anwesenden

Eine andere Herangehensweise, um die Körpersprache zu beachten, ist die Beobachtung des gesamten Systems der am Interview Beteiligten. Während Sie das Interview führen, findet auch gleichzeitig eine Kommunikation der Körper statt. Vielleicht kennen Sie folgenden Fall aus dem privaten Kontext: Sie sitzen mit einem guten Freund zusammen und unterhalten sich. Nebenbei greifen Sie zum Glas Wein und trinken. Häufig können Sie feststellen, dass Ihr Freund ebenfalls zum Glas greift und trinkt. Ist dies Zufall oder haben Sie beide zur gleichen Zeit Durst? Beides ist eher nicht der Fall, da Sie den Wein ohnehin nicht gegen den Durst trinken und es eine bessere Erklärung als Zufall gibt. Es lässt sich nämlich beobachten, dass Ihre Körperhaltungen symmetrisch (spiegelbildlich) sind. Daraus können Sie erkennen, dass Sie und Ihr Freund sich in diesem Moment auf einer Wellenlänge befinden, sich also sympathisch sind.

Auf das Interview übertragen, bedeutet dies, dass Sie einmal auf die Symmetrie bzw. Asymmetrie der Körperhaltungen der Beteiligten achten sollten. Sind mehrere Interviewer beteiligt, dann berücksichtigen Sie auch teilweise Symmetrien. So können Sie dies überprüfen:

Angenommen Sie stellen Asymmetrien fest. Dann passen Sie Ihre Körperhaltung an die des Bewerbers an und achten Sie darauf, wie sich das für Sie anfühlt (angenehm oder nicht?) und was im Folgenden passiert (bleibt der Bewerber so sitzen oder verändert er seine Haltung?). Verändert der Bewerber seine Position oder wollen Sie Ihre Position gern wieder verändern, kann dies ein Zeichen dafür sein, dass Sie beide nicht auf einer Wellenlänge liegen. Dies werden Sie mit Sicherheit auch spüren.

Angenommen Sie stellen Symmetrien fest, dann verändern Sie doch mal Ihre Körperhaltung ein wenig und achten darauf, was passiert (passt der Bewerber seine Haltung Ihrer Haltung an?). Gleicht der Bewerber seine Position nach kurzer Zeit der Ihren an, ist dies ein Zeichen für Gleichklang. Sie scheinen sich zu verstehen.

Falls Sie der direkte zukünftige Vorgesetzte des Bewerbers sein werden, hat die Beobachtung, ob der Bewerber und Sie sich symmetrisch oder asymmetrisch verhalten, sicherlich eine größere Bedeutung. Falls Sie in Zukunft wenig mit dem Bewerber zu tun haben werden, (weil Sie am Einstellungsprozess als Personaler oder nächsthöhere Führungskraft teilnehmen) sollten Sie diese Information nicht überbewerten.

≡ **CHECKLISTE: Körpersprache**

Inwieweit stimmen die verbale und nonverbale Kommunikation des Bewerbers überein?

Hat der Bewerber eine sympathische Ausstrahlung? (zugewandte Gestik, Lächeln in den Augen und im Mund)

Passt der Bewerber aufgrund seiner Gesamterscheinung zu der Funktion bzw. dem Stil Ihres Hauses? (Erscheinungsbild, Umgangsformen)

Hält der Bewerber angemessen Blickkontakt?

Wirkt der Bewerber gefestigt? (keine hektischen Bewegungen, sitzt ruhig und fest auf dem Stuhl, nicht auf der Kante)

Welche Gemeinsamkeiten in der Körpersprache entdecke ich zwischen dem Bewerber und mir bzw. meinem Interviewkollegen?

5.4 Zweites Interview führen?

Ein zweites Interview müssen Sie nicht zwingend durchführen, jedoch kann es sinnvoll und lohnend sein. In manchen Unternehmen wird ein zweites Interview mit den Kandidaten geführt, die in die engere Wahl gekommen sind. Die Statistik sagt, dass qualifizierte Bewerber bis zum Vertragsabschluss im Durchschnitt 2,78 Interviews in einem Unternehmen führen.

Vorteile des Zweitinterviews: Für ein Zweitinterview kann es verschiedene Anlässe geben. Hierzu einige Beispiele:

- Sollten nach dem Erstinterview Fragen zu bestimmten Kriterien oder der Motivation offen geblieben sein oder Zweifel an den Aussagen des Bewerbers bestehen, die ausgeräumt werden sollen, können diese Punkte im Zweitinterview geklärt werden.
- Der Entscheider auf einer höheren Hierarchieebene will den vorausgewählten Kandidaten in jedem Fall auch noch selbst kennenlernen.
- Sie haben definitiv mehrere Kandidaten in der engeren Wahl, können sich aber noch nicht entscheiden. Ein zweites Gespräch soll Ihnen Klärung bringen.
- Der Bewerber ist von der deutschen Unternehmenszentrale bereits ausgewählt worden, soll aber im Ausland eingesetzt werden. Dann ist ein Zweitgespräch mit dem dortigen Vorgesetzten angebracht.
- Der Bewerber soll bei der deutschen Tochtergesellschaft eingestellt werden, zuvor will jemand von der ausländischen Muttergesellschaft ebenfalls den Bewerber kennenlernen. Dies geschieht dann häufig in einem Telefoninterview oder einer Videokonferenz.

Es ist sinnvoll die zukünftigen Kollegen in die Auswahl zu integrieren, etwa wenn innerhalb eines Teams sehr eng zusammengearbeitet wird (z. B. Projektteams, Personal- und Organisationsentwicklung). Solch ein Gespräch kann mit oder ohne Beteiligung der Führungskraft ablaufen.

Zweitinterviews bei Besetzung von Führungspositionen

Insbesondere bei der Besetzung von Führungspositionen oder Spezialistenstellen empfehlen wir die Durchführung eines Zweitinterviews, um die Entscheidung wirklich gut fundiert zu treffen. Das betrifft natürlich auch den Bewerber, der ja selbst ebenfalls in einem Entscheidungsprozess steckt.

Die Inhalte des Zweitinterviews

Klären Sie alle offenen Fragen zur Biografie des Bewerbers sowie zu den überfachlichen Kriterien und der Motivation, bei denen Sie bei der Auswertung gemerkt haben, dass Ihr Bild noch unklar ist. Sie können dafür einen kürzeren Interviewleitfaden erstellen.

In manchen Organisationen werden die Zweitinterviews zur vertiefenden Analyse bestimmter Anforderungskriterien genutzt. Hierfür werden gern andere Methoden wie Fallstudien, Präsentationen eingesetzt. Der Vorteil ist, dass der doch erheblich größere Aufwand für solche Methoden nur für einen kleineren Bewerberkreis anfällt.

Gehaltsverhandlungen finden meist im Zweitgespräch statt.

TIPP: Was tun bei unterschiedlicher Bewerberbeurteilung?

Nicht immer sind sich Personal- und Fachbereich einig in der Beurteilung eines Bewerbers. Was können Sie bei Meinungsverschiedenheiten tun?

Sie können sicherstellen, dass Einigkeit bezüglich des Anforderungsprofils zwischen Fachbereich und Personalbereich herrscht, dass geklärt ist, wer im Interview wozu Stellung beziehen darf (so liegen Themen wie Gehalt oder Zusatzvereinbarungen eindeutig im Aufgabenbereich der Personalabteilung), und dass die Vorgehensweisen für diesen Fall vorab vereinbart sind bzw. allen Beteiligten bekannt sind: In manchen Organisationen ist es eine Frage der Macht und der Mächtigere entscheidet.

Oftmals erhalten aber auch beide Seiten ein begründetes Vetorecht. Strittige Punkte können Sie auch im Zweitinterview eventuell auch durch den Einsatz weitere Methoden (Rollenspiele, Fallstudien, Arbeitsproben) klären. Eventuell bietet auch ein Drittinterview unter Einbeziehung der nächsthöheren Ebene eine Entscheidung. Oder Sie vereinbaren mit dem Bewerber einen Probearbeitstag.

5.5 High Potentials erkennen

Der Begriff „High Potential" ist ebenso populär wie vage. Einigkeit besteht nur darüber, dass sich ein High Potential von anderen Bewerbern durch weit überdurchschnittliche Fähigkeiten unterscheidet, die ihn als Führungsnachwuchskraft qualifizieren. Dieser Bewerber sollte demnach bestimmte Kriterien erfüllen, die ihn in die Lage versetzen, z. B. nach Durchlaufen eines Trainee-Programms die Zukunft des Unternehmens in verantwortlicher Position erfolgreich zu gestalten.

Im Zeitalter der Globalisierung und angesichts rückläufiger Absolventenzahlen wächst die Herausforderung für die Personal- und Fachabteilungen, geeignete Absolventen frühzeitig zu erkennen, für das Unternehmen zu gewinnen und dauerhaft zu halten.

Was High Potentials ausmacht

Die Anforderungen an einen High Potential dürften sich insbesondere im Bereich der überfachlichen Kriterien ähneln. Gerade multinationale Großunternehmen legen weltweit die gleichen Maßstäbe an diese Zielgruppe an, weil sie u. U. in unterschiedlichen Ländern eingesetzt werden und natürlich überall erfolgreich sein sollen. Und das bedeutet, mindestens dieser Personenkreis muss über Ländergrenzen hinweg vergleichbar sein.

In Deutschland gibt es, anders als z. B. in Frankreich und Großbritannien, keine klassischen Eliteuniversitäten wie die École Polytechnique oder „Oxbridge", deren Absolventen sich qua Hochschule als High Potentials ausweisen. Gerade deshalb sind überfachliche Kriterien und Motivation wichtige Auswahlaspekte.

Typische Merkmale von High Potentials

Folgende Merkmale sind nach heutigem Wissensstand erfolgsrelevante Kriterien für High Potentials, die Sie — zumindest ansatzweise — bereits bei der Lektüre des Lebenslaufs erkennen können:

Durchgehend weit **überdurchschnittliche Noten** (Abitur, Vordiplom und Diplom bzw. Bachelor und Masterabschlüsse). Beachten Sie, dass die Noten der Top-Kandidaten je nach Studiengang sehr unterschiedlich ausfallen können.

Anzahl der Praktika als Nachweis für Praxiserfahrung (Berufsausbildung bzw. Praktika) sind eine weitere zwingende Voraussetzung. High Potentials haben in der Regel mehr Praktika absolviert als die übrigen Studenten. Aufgrund des Bologna-Reformprozesses an Universitäten könnte das jedoch die Studiendauer etwas verlängern.

Tätigkeitsbeschreibungen, aus denen hervorgeht, dass der Praktikant eventuell mit besonders komplexen oder verantwortungsvollen Tätigkeiten betraut wurde. Der Bekanntheitsgrad des Unternehmens ist ebenso wie die Leistungsbeurteilung im Praktikumsnachweis von eher geringerer Bedeutung.

Sehr gute Sprachkenntnisse in mindestens zwei Fremdsprachen, darunter Englisch.

Umfangreiche Auslandserfahrung über einen mehrwöchigen Zeitraum, z. B. im Rahmen eines Praktikums oder auch zwei Studienaufenthalte im Ausland. Ein durch die europäische Union gefördertes Semester etwa in Spanien ist heutzutage nichts Besonderes mehr! Hier heben sich Bewerber durch zwei Auslandsaktivitäten ab!

Nachweisbares soziales Engagement im weitesten Sinne, z. B. in einem Verein, einer Partei, einer kirchlichen Organisation, kulturelle Aktivitäten (Orchester, Theatertätigkeit) oder einer studentischen Organisation, oft in verantwortungsvoller Position.

Welche Soft Skills erforderlich sind

Wichtiger noch als durchweg herausragende Leistungen in diesen Hard Skills sind jedoch bestimmte überfachliche Anforderungskriterien, sogenannte Soft Skills. Sie sind jedoch bei der Durchsicht der Bewerbungsunterlagen nur schwer zu erkennen und sollten daher im Interview überprüft werden. Zu diesen Soft Skills gehören:

- ein hohes Maß an Initiative
- eine überdurchschnittliche Belastbarkeit
- ein hohes Durchsetzungsvermögen
- eine ausgeprägte Entscheidungsfähigkeit und -freude
- eine hohe Veränderungskompetenz bzw. Flexibilität
- eine ausgeprägte Führungskompetenz
- nachweisbares ausgeprägtes strategisches Geschick und unternehmerisches Denken
- eine hohe Komplexitätsverarbeitungskompetenz
- eine hohe Kommunikationskompetenz (Umgang mit Menschen)
- eine ausgeprägte Fähigkeit zur Selbstreflexion und -kritik
- ein überzeugendes und selbstsicheres Auftreten
- ein hohes Maß an Eigenmotivation

Bei der Sichtung der Bewerbungsunterlagen sollten Sie grundsätzlich bedenken, dass es „den" High Potential nicht gibt. Die Menge der High Potentials setzt sich vielmehr aus unterschiedlichen Persönlichkeitstypen mit unterschiedlichen Persönlichkeitsmerkmalen zusammen. Überlegen Sie, für welche Funktion Sie eine Führungsnachwuchskraft suchen, damit Sie das Anforderungsprofil entsprechend modifizieren können.

Kritische Punkte bei High Potentials

Potenzialträger gelten in Unternehmen mitunter als arrogant und überheblich. Dieses Phänomen beobachten wir immer wieder bei Personenkreisen in Traineeprogrammen oder in High-Potential-Förderprogrammen. Dabei spielt sicherlich auch Neid eine Rolle. Trotzdem bedeutet das für Ihren Auswahlprozess, dass Sie u. U. schon einige kritische Faktoren im Bewerbungsgespräch feststellen können. Die wichtigsten Gründe für das Scheitern von High Potentials in Unternehmen sind:

- Überhöhte Anspruchshaltung
- Selbstüberschätzung
- Kritisches Sozialverhalten
- Unzufriedenheit
- Zu wenig Führungspotenzial

Sollten Sie einen oder einige dieser Aspekte feststellen, ist die Person nicht mehr unbedingt die beste Wahl. Dabei spielt natürlich auch der Gesamteindruck, den Sie über den Bewerber gewonnen haben, eine Rolle. Aber auch diesen persönlichen Eindruck sollten Sie an konkreten Beispielen aus dem Interview festmachen können. Gerade bei der Auswahl von Nachwuchsführungskräften spielt das eigene Potenzial des Beurteilenden eine Rolle: Die Interviewer vergleichen sich und sind bewusst oder unbewusst neidisch auf den vorliegenden herausragenden Lebenslauf!

Erkennen von hoher Eigenmotivation bei Potenzialträgern

Ein generelles Kennzeichen von Potenzialträgern ist ihr Maß an Eigenmotivation. Hinzu kommen natürlich noch eine Reihe weiterer Soft Skills. Menschen unterscheiden sich in ihren motivationalen Anlagen und das ist ein grundlegender erfolgsbestimmender Aspekt. Spitzenleistungen entstehen bekanntermaßen durch ein hohes Maß an Eigenmotivation. Erfolgreiche Menschen zeichnen sich in jedem Fall durch einen hohen Antrieb aus. Dieses Thema sollten Sie bereits bei der Durchsicht der Bewerbungsunterlagen im Blick behalten, insbesondere, wenn Sie Potenzialträger erkennen wollen. Woran können Sie in Auswahlsituationen diese Eigenmotivation erkennen?

Körpersprache: Die Sitzhaltung im Bewerbungsgespräch zeigt ihnen, ob jemand angespannt oder entspannt ist. Menschen mit einer hohen Eigenmotivation haben in der Regel einen gewissen Grad an Anspannung, der in der Körpersprache seinen Ausdruck findet. Präsent sein, aufgerichtetes Sitzen, Einflussnahme auf den Gesprächsverlauf sind mögliche Anzeichen. Seien Sie allerdings vorsichtig, diesen Aspekt als alleinigen Anhaltspunkt zu wählen, auch hoch eigenmotivierte Menschen sitzen mitunter sehr entspannt im Stuhl.

Handlungs- und Lageorientierung: Handlungsorientierte Menschen richten ihre Aufmerksamkeit auf die Verwirklichung ihrer Ziele. Ihre Glaubenssätze sind „Ich kann, ich will und ich tue es". Sie zeichnen sich durch ein hohes Maß an Selbststeuerungsfähigkeit aus. Lageorientierte Menschen hingegen haben die Tendenz sich häufig zu rechtfertigen, warum sie etwas nicht tun konnten, lassen sich leichter vom Umfeld ablenken und schieben auch eher etwas auf. Friedemann Stracke beschreibt dies so: „Wenn man etwas will, findet man Wege, wenn man etwas nicht will, findet man Gründe".

Optimismus versus Pessimismus: Neben der Begabung von Menschen ist der Optimismus ein wichtiger Aspekt für die Leistungsfähigkeit und Eigenmotivation. Optimisten gehen mit Missgeschicken anders um als Pessimisten: Sie haben den unbezwingbaren Glauben, dass Dinge zu ändern sind und es immer weiter gehen wird. Niederlagen werden eher als Ansporn verstanden und wirken nicht demotivierend. Optimisten haben ein gesundes Selbstwertgefühl und lernen aus ihren Fehlern. Pessimisten verstehen sich als Opfer und sehen Niederlagen vorwiegend als ihr eigenes Verschulden an. Wenn Pessimisten etwas gelingt, haben sie in ihrem Selbstverständnis Glück gehabt, wenn Optimisten hingegen etwas gelingt, waren sie gut! Achten Sie in Ihren Gesprächen bei den Fragen zum Thema „Misserfolge" auch darauf, was Ihnen der Interviewte zwischen den Zeilen vermittelt.

Reflexion über eigenen Lebenslauf bzw. Handlungsimpulse: Menschen mit einer hohen Eigenmotivation reflektieren ihre beruflichen und persönlichen Lernerfahrungen und leiten entsprechende Maßnahmen für die weitere berufliche, aber auch private Entwicklung ab. Gern nutzen sie hierfür auch kritische berufliche Situationen. Die Ableitung von Handlungsimpulsen und deren Umsetzung sind ein wichtiger Indikator für Eigenmotivation. Im Bereich der Führungskräfte bedeutet das, dass diese zu ihren Fehlern stehen und selbstbewusst mit Veränderungen in der Organisation umgehen können.

Freizeitgestaltung: Auch dieser Aspekt sagt Ihnen etwas über die Eigenmotivation. Wer neben einem vollen Terminkalender noch Zeit hat, im Chor zu singen, sich im Elternrat der Schule zu engagieren oder Fachartikel zu schreiben und zu veröffentlichen, macht deutlich mehr, als To-do-Listen abzuarbeiten oder die Abende vor dem Fernseher zu verbringen. Mitunter fällt Ihnen dieser Aspekt schon im Lebenslauf des Bewerbers auf.

Wettbewerbsorientierung: Manche Menschen betreiben Leistungssport oder gehen auch im Job gern in Konkurrenz zu anderen Kollegen. Das kennzeichnet in der Regel hoch eigenmotivierte Menschen. Wem es gelingt, beachtliche Erfolge zu erreichen, der ist motiviert und der wird durch diesen Erfolg noch mehr angespornt.

5.6 Angaben von Bewerbern aus anderen Ländern korrekt einordnen

Angesichts der demografischen Entwicklung und auch der Internationalisierung kommt es immer häufiger vor, dass sich Menschen aus anderen Ländern in Deutschland bewerben. Oder aber, Sie als Personaler oder Führungskraft sind selbst ins Ausland entsendet worden und sollen dort eine Abteilung aufbauen: also Personal einstellen. Auch dabei können Sie natürlich grundsätzlich die Methoden, die wir in diesem Buch beschreiben, einsetzen, allerdings mit Einschränkungen.

Landestypische Besonderheiten beachten

Zunächst einmal: Kennen Sie das Schul- und Bildungssystem des betreffenden Landes? Wenn nicht, können Sie die Bewerbungsunterlagen vermutlich nicht richtig interpretieren. Zudem fehlt Ihnen möglicherweise ein landestypischer Vergleichsmaßstab. Wissen Sie, was die Noten aus der Schule oder der Universität bedeuten? Und können Sie das Niveau der Universitäten einschätzen? Im Bewerbungsgespräch dann müssen Sie sich mit interkulturellen Themen auseinandersetzen. Dann sollten Sie wissen, in welcher Hinsicht sich die Menschen des Landes von Ihnen unterscheiden. Um das herauszufinden hilft ein interkulturelles Training oder eine entsprechende Lektüre. Sie müssen prüfen, was anders ist, was Sie erwarten können und was nicht. Hilfreich kann es in diesem Fall auch sein, die ersten Bewerbungsgespräche in anderen Ländern gemeinsam mit einem landeskundlichen Personaler zu führen.

Ausländische Bewerber in Deutschland

Und wie gehen Sie vor, wenn Sie ausländische Bewerber in Deutschland beurteilen sollen? In diesem Fall gilt im Prinzip das oben Gesagte, u. U. ist es aber einfacher, sich im Gespräch einige Dinge erklären zu lassen. Wer in Deutschland arbeiten will und hier schon länger lebt, dem könnten die Unterschiede bekannt sein.

☰	CHECKLISTE: Bewerber in bzw. aus anderen Ländern	
	Habe ich mich über das Bildungssystem informiert?	
	Habe ich Informationen über die Notensysteme sowie die unterschiedlichen Bildungsabschlüsse?	
	Kann ich die Qualität der Universitäten einschätzen?	
	Kenne ich den landesüblichen Standard bei den Bewerbungsunterlagen?	
	Habe ich mich über das typische Verhalten in Bewerbungssituationen erkundigt?	
	Kenne ich die Vorurteile, die mir möglicherweise im Gespräch entgegengebracht werden?	
	Kenne ich die Fragen, die ich in diesem Land auf keinen Fall fragen darf?	
	Kenne ich die Fragen, die ich in diesem Land stellen darf, in Deutschland aber nicht?	

5.7   Grenzen des Interviews

Das Auswahlinterview ist immer noch die erste Methode bei der Bewerberauswahl. Trotzdem hat auch diese Methode Grenzen. Daher ist es sinnvoll, entsprechende Ergänzungen zu nutzen, um die Eindrücke aus dem Interview zu festigen oder brauchbare Eindrücke zu gewinnen. Im Folgenden lernen Sie einige der Grenzen des Interviews kennen, derer Sie sich bewusst sein sollten.

Philosophie des Interviews

Grundsätzlich gilt im Interview die Maxime des „Darüber Sprechens". Mithilfe der VeSiEr-Methode (siehe Kapitel 8) und den dazu erforderlichen Beispielsituationen des Bewerbers funktioniert dies gut, aber Sie erleben den Bewerber nicht in konkreten Situationen. Genau dies ist eine Grenze des Interviews. Hier hilft nur die Ergänzung durch Rollenspiele, Fallstudien oder Übungen aus dem Assessment-Center-Bereich, in denen die Kompetenzen konkreter erlebbar werden.

Situation des Interviews

Das Interview selbst ist für alle Beteiligten immer eine künstliche Situation, in der es zudem zu Manipulationen kommen kann. Die Bewerber auf der einen Seite sind nervös oder wollen sich besonders gut darstellen. Die Interviewer andererseits haben den Anspruch, in eineinhalb Stunden die „Persönlichkeit" des Bewerbers kennenzulernen oder zu durchschauen. Manche Interviewer haben wenig Erfahrung und Kenntnisse in der Durchführung von Bewerbungsgesprächen. Es kommt zu Wahrnehmungs- und Beurteilungsfehlern oder das Interview wird verkürzt geführt, weil ein extremer Zeitdruck besteht. Alle diese Punkte schränken zumindest die Entscheidungsqualität ein. Bewährte Maßnahmen sind in diesen Fällen

- ein klares Anforderungsprofil,
- ein brauchbarer Interviewleitfaden,
- ein gutes Protokoll,
- die Anwesenheit zumindest eines erfahrenen Interviewers, dem es gelingt, zu nervösen Bewerbern eine gute Beziehung aufzubauen, und
- eine systematische Auswertung im Anschluss.

Schwer erkennbare Kompetenzen

Einige Anforderungskriterien sind in einem Interview nur schwer erkennbar, dazu gehören:

- Analytisches bzw. vernetztes Denken
- Schriftlicher Ausdruck
- Lese- und Rechtschreibkompetenz
- Fremdsprachenkenntnisse
- PC-Anwenderkenntnisse
- Technische Kenntnisse (z. B. Zeichnung lesen können)

Zur Lösung dieses Dilemmas bieten sich konkrete Arbeitsproben an, mit denen dann die jeweilige Kompetenz sehr konkret eingeschätzt werden und auch mit der anderer Bewerber verglichen werden kann.

Bei **Fremdsprachenkenntnissen** besteht das Problem darin, dass die Einschätzungen der Qualität, die der Bewerber selbst im Lebenslauf vorgenommen hat, nichts mit der Realität zu tun haben muss. Wir empfehlen daher die reale Prüfung. Führen Sie einen Teil des Bewerberinterviews in der Fremdsprache, die für die Stelle relevant ist. Kündigen Sie dies im Gespräch an: „Wir möchten jetzt die nächsten 15 Minuten das Interview in englischer Sprache fortsetzen, weil Sie diese häufig auf der Position benötigen. Sind Sie einverstanden?"

Im Produktionsbereich empfiehlt es sich durchaus, **Lese- und Rechtschreibtests** durchzuführen. So müssen die Mitarbeiter zumindest die Arbeits- und Sicherheitsbestimmungen lesen können oder einfache Eingaben in den PC vornehmen können.

Wenn Sie die Möglichkeit haben, ergänzen Sie das Interview um Übungen aus dem Assessment-Center-Kontext wie z. B. Postkorbtests. Mithilfe solcher Aufgaben können Sie sehr gut Entscheidungsfähigkeit, analytisches und vernetztes Denken sowie Organisationsfähigkeit erkennen.

Bei den **fachlichen Themen** ist ebenfalls eine konkrete Arbeitsprobe sinnvoll. Legen Sie Ihrem Bewerber z. B. eine technische Zeichnung vor und lassen Sie sich den Inhalt erläutern.

Um die **PC-Anwenderkenntnisse** zu testen, bitten Sie den Bewerber, eine entsprechende Aufgabe zu bearbeiten. Lassen Sie ihn z. B. eine Powerpoint Präsentation erstellen, in der auch die Formatvorlage genutzt werden muss. Sehr schnell werden Sie sehen, ob der Bewerber dazu in der Lage ist.

Wichtig ist, dass die jeweilige Aufgabe allen Bewerbern zumutbar ist. Sehr spezielle Kenntnisse zu prüfen, wäre an dieser Stelle unfair und würde zu einem verzerrten Bild führen. Nur wenn alle Bewerber diese sehr speziellen Kenntnisse unbedingt mitbringen müssen, sollten Sie sie auch testen. Viele fachliche Themen sind lernbar, einige überfachliche Kompetenzen jedoch nur begrenzt.

Fehlender Erfahrungshintergrund des Bewerbers

Mit dem Interview und somit auch mit der VeSiEr-Methode stoßen Sie dann an Grenzen, wenn ein Bewerber bestimmte Erfahrungen einfach noch nicht gemacht hat. Das kann etwa bei Interviews für Ausbildungsplätze der Fall sein, wenn es darum geht, konkrete Beispiele für Belastungssituationen zu erhalten. Die meisten Bewerber kannten solche Situationen nicht und hatten demzufolge kein konkretes Beispiel zu erzählen.

Jüngeren Bewerbern fehlt oft Projekterfahrung oder Erfahrung mit Führungs- oder Managementsituationen. Einem Mitarbeiter, der sich auf seine erste Führungsposition bewirbt, fehlt ebenfalls Führungserfahrung. An dieser Stelle helfen Ihnen einfache Rollenspiele zur Potenzialermittlung oder anspruchsvolle Simulationssituationen (z. B. Planspiele am PC).

Erkennen von Persönlichkeit und Intelligenz des Bewerbers

Hinweisen möchten wir auch auf die Möglichkeit, Intelligenztests als Ergänzung zu den Interviews einzusetzen. Das machen einige Unternehmen grundsätzlich, wenn sie Auszubildende auswählen. Diese Tests eignen sich aber auch als zusätzliche Information, um die Eindrücke im Interview zu ergänzen. Mögliche Tests sind der BOMAT (Bochumer Matrizentest) oder der Intelligenzstrukturtest IST 70.

Viele Personalbereiche wünschen sich auch eine systematische Betrachtung der Persönlichkeit in Bezug auf das neue Aufgabengebiet. Für solche Fragestellungen eignen sich insbesondere verhaltensbezogene Testverfahren, die in Auswahlsituationen verfälschungssicher sind. Gehen Sie immer davon aus, dass sich ein Bewerber im Rahmen eines Auswahlprozesses eher sozial erwünscht verhält. Deshalb sind nicht alle Tests einsetzbar, sondern nur solche, die sicherstellen, dass diese Antworttendenz keinen Einfluss auf das Gesamtergebnis hat.

Geeignet sind insbesondere die Testverfahren, die auf Verhaltensebene die Eigenschaften des Bewerbers abbilden. Dazu gehören z. B.:

- BIP Bochumer Inventar zur berufsbezogenen Persönlichkeitsbeschreibung
- HOGAN Potenzialreport speziell für den Führungsbereich
- CAPTain Test advanced für Mitarbeiter, Führung und auch speziell für Vertrieb.

Es gibt für den Einsatz solcher Tests eine wichtige Voraussetzung: Sie sollten sich mit deren Durchführung und Interpretation auskennen oder Experten (Psychologen) damit beauftragen, diese für Sie durchzuführen und auszuwerten. Für die Nutzung von HOGAN oder CAPTain Tests ist in der Regel eine Lizenz erforderlich.

Da der Einsatz von Testverfahren in Deutschland in den letzten Jahren immer beliebter wird, aber im Gegensatz zu den angelsächsischen Ländern immer noch wenig genutzt wird, empfehlen wir Ihnen dieses Instrument als Ergänzung zum Interview. Wenn Sie z. B. interne Potenzialinterviews zur Kandidatenauswahl durchführen, kann ein solcher Test eine hervorragende Ergänzung sein. Sie können so Ihren subjektiven Eindruck vom Kandidaten um ein objektiveres Bild ergänzen.

5.8 Typische Fallen im Interview – und wie Sie sie vermeiden

Im folgenden Abschnitt beschreiben wir typische Fallen, die in Bewerberinterviews immer wieder vorkommen, und zeigen auf, wie Sie diese Fallen umgehen können.

Falle 1: Hypothetische Fragen

Hypothetische Fragen sind in der Regel offene Fragen, die im Konjunktiv gestellt werden und sich auf eine zukünftige Situation beziehen — nach dem Motto „Stellen Sie sich vor, Sie wären verantwortlich für ..., wie würden Sie sich verhalten?" Aus unserer Sicht sind hypothetische Fragen im Interview jedoch nicht hilfreich: Der Erkenntnisgewinn ist in der Regel gering. denn Rückschlüsse aufgrund der Antworten auf das Verhalten des Bewerbers sind kaum möglich.

Irrtümlicherweise halten Interviewer hypothetische Fragen für aufschlussreich. Eventuell mangelt es aber auch an alternativen Ideen, um in bestimmten Interviewsituationen weiterzukommen, etwa

- wenn der Bewerber sich auf eine Position bewirbt, für die er teilweise noch keine Erfahrung sammeln konnte. (z. B. Bewerber, die sich für eine Führungsposition bewerben, aber noch keine Führungserfahrung haben),
- wenn der Bewerber bestimmte erfolgskritische Situationen, die Sie im Interview erfragen wollen, noch nicht erlebt hat oder
- wenn dem Bewerber auf eine Frage kein Beispiel einfällt.

▶ **BEISPIEL: Hypothetische Fragen, die Sie vermeiden sollten**

- Interviewer: „Wann hatten Sie mal den Eindruck, Sie könnten die Vielzahl der Aufgaben kaum noch bewältigen?" Bewerber: „Das war, Gott sei Dank, noch nie der Fall."
- Interviewer: „Was, glauben Sie, würden Sie tun, wenn dies der Fall wäre?"
- Interviewer: „Was würden Sie tun, wenn die Umsätze um 20 Prozent einbrächen?"
- Interviewer: „Was würden Sie als Führungskraft tun, wenn einer ihrer Mitarbeiter ...?"
- Interviewer: „Was würden Sie tun, wenn ..."
- Interviewer: „Was machen Sie ..."

Warum hypothetische Fragen im Interview nicht funktionieren

Die Konsequenzen von hypothetischen Fragen für das Interview können fatal sein. Denn meist werden Sie auf diese Fragen vom Bewerber eine sozial erwünschte oder auswendig gelernte Antwort erhalten, mit der Folge, dass Sie von dem geschilderten Verhalten nicht auf das tatsächliche Verhalten schließen können. Sie gewinnen Erkenntnisse über ein vermutetes Verhalten, aber nicht über das wahrscheinliche Verhalten. Damit steigt das Risiko einer Fehldiagnose deutlich.

Was können Sie stattdessen tun?

Wenn dem Bewerber kein Beispiel einfällt oder er dies zumindest behauptet:

- Arbeiten Sie mit der Ja-Straßen-Technik (Kapitel 11.19).
- Arbeiten Sie mit provokanten Fragen (Kapitel 11.17).

Wenn der Bewerber noch keine Erfahrung in solch einer Funktion sammeln konnte: Setzen Sie Rollenspiele ein. Dabei erleben Sie, wie sich der Bewerber mit großer Wahrscheinlichkeit in einer entsprechenden Situation verhalten wird. Setzen Sie Fallstudien ein, wenn Sie bestimmte Fähigkeiten messen wollen.

Falle 2: Schweigen oder Pausen nicht aushalten können

Es ist völlig normal, dass der Interviewer eine Frage stellt und der Bewerber nicht sofort antwortet. Entweder überlegt er noch oder ihm fällt tatsächlich im Moment nichts zu der Frage ein. Leider kommt es immer wieder vor, dass Interviewer dieses Schweigen oder diese Pause nicht gut aushalten können und jetzt den Fehler machen, ihre Frage noch einmal zu erklären und zu erläutern: „Ich meine damit Folgendes …"; „Wir wollen mit dieser Frage auf … hinaus …". Damit zerreden sie die Frage. Halten Sie das Schweigen einfach ein klein wenig länger aus. Und im Zweifel fragen Sie den Bewerber, ob er gerade noch überlegt oder eventuell die Frage nicht verstanden hat.

Falle 3: Im Allgemeinen bleiben oder nicht genügend Beispiele erfragen

In Interviews kommt es häufig vor, dass Interviewer sich von Bewerber keine Beispiele aufführen lassen, die sie dann nach der VeSiEr-Methode hinterfragen können. Das bedeutet, dass das Gespräch auf einer sehr oberflächlichen Ebene dahinplätschert. In der Regel fühlen sich die Bewerber dabei recht wohl, da sie auf alle Fragen antworten können, ohne allzu sehr in die Tiefe gehen zu müssen. Dies bedeutet nicht, dass dies alle Bewerber tun, aber wollen Sie es dem Zufall überlassen, bei welchem Bewerber Sie mehr Einblicke erhalten und bei welchem nicht? Nur wenn Sie sich bildlich auch gut vorstellen können, was der Bewerber erzählt, dann haben Sie die Chance sich ein Bild vom Bewerber zu machen!

- Nutzen Sie den Fragetrichter (Kapitel 10.3) als Prinzip.
- Nutzen Sie die Konkretisierungsfrage und die Aufzählungsfrage „Was noch …?", um mehrere Beispiele zu erhalten.
- Schreiben Sie sich diese Beispiele unbedingt auf, eventuell wollen Sie im Interview noch ein anderes Beispiel vertiefen.

Falle 4: Inhaltlich zu enge Fragestellung

Ein gut vorbereiteter Interviewer weiß, an welchen Stellen des Lebenslaufs er gezielt nach bestimmten Anforderungskriterien fragt. Es kann aber sein, dass z. B. die Frage nach Konflikten aus dem Praktikum des Bewerbers nicht zu beantworten ist, weil es dort keine Konflikte gab. Nun besteht die Gefahr, dass der Interviewer von diesem Beispiel nicht wegkommt, weil er unbedingt über dieses Praktikum sprechen wollte oder weil dort schon etwas anderes beschrieben worden ist.

Besser ist es, den Bewerber offen mit der Aufzählfrage nach Beispielen zu fragen und dann zu entscheiden, welches am interessantesten sein könnte. Daraufhin stellen Sie entsprechende Konkretisierungsfragen.

Falle 5: Das Ergebnis zu früh antizipieren und nicht hinterfragen

Dieser Fehler ist ein Klassiker: Der Interviewer ist davon überzeugt, dass er weiß, wie die beschriebene Situation ausgegangen ist. Aus diesem Grunde fragt er nicht mehr richtig weiter. Häufig endet dieser Abschnitt dann mit: „Und das ist dann gut ausgegangen!" oder „Ihr Chef war zufrieden".

Achten Sie unbedingt darauf, dass Sie die Ergebnisfrage offen stellen, so als ob Sie nicht wüssten, wie das berichtete Beispiel ausgegangen ist. Sie werden über eine Reihe von Antworten überrascht sein, weil sie nicht Ihren Erwartungen entsprechen.

Falle 6: Zu früh VeSiEr-Fragen stellen

Manche Interviewer neigen dazu, sich zu schnell vom Bewerber berichten zu lassen, was er getan hat oder wie er vorgegangen ist. Sie vergessen dabei, dass der Bewerber nicht über ein Beispiel aus seiner Vergangenheit spricht, sondern zu diesem Zeitpunkt noch recht allgemein und theoretisch antwortet.

Achten Sie darauf, dass der Bewerber über ein konkretes Beispiel spricht und stellen Sie vorab Konkretisierungs- und Aufzählungsfragen.

Falle 7: Den Überblick während des Interviews verlieren

In Interviews kommt es häufig vor, dass Interviewer sich von den Erzählungen der Bewerber stark beeindrucken lassen und dann gern verschiedene Details nachfragen, die wenig bis gar nichts mit den relevanten Anforderungskriterien zu tun haben. Dabei aber geht wertvolle Interviewzeit verloren. Die Folge: Sie erfahren zu wenig über die relevanten Anforderungskriterien. In diesem Fall helfen folgende Tipps: Machen Sie sich Notizen. Fragen Sie sich während des Interviews immer wieder: „Wieso gehe ich diesem Aspekt auf den Grund?" Vereinbaren Sie mit Ihrem Interviewpartner Signale für Abschweifungen.

Falle 8: Stressinterview durchführen, obwohl keines erforderlich ist

Wir hören immer wieder von Personalverantwortlichen, die den Bewerber gern unter Druck setzen und sogenannte Stressinterviews durchführen. Ziel ist es, die Belastbarkeit des Bewerbers zu prüfen, oder es ist der Versuch, zu testen, wie schlau ein Bewerber auf entsprechende Fragen reagiert.

Grundsätzlich gilt es bei der Kompetenz Belastbarkeit, entsprechende konkrete Situationen zu hinterfragen, also mithilfe des Interviewleitfadens und den VeSiEr-Fragen (siehe Kapitel 8) zu arbeiten. Das ist aus unserer Erfahrung deutlich ergiebiger, als eine Belastungssituation im Gespräch zu simulieren. Außerdem unterscheidet man zwischen körperlicher und psychischer Belastbarkeit. Letztere wird im Gespräch induziert. Aus unserer Sicht ist dies meist nicht erforderlich (Ausnahmen sind unter anderem Gespräche für die Positionen Leiter Öffentlichkeitsarbeit bzw. Pressesprecher).

Dieses Vorgehen birgt einige Risiken: Grundsätzlich stellt ein Interview für die meisten Bewerber ohnehin schon eine Stresssituation dar. Es besteht das Risiko, dass der Bewerber sich verschließt aus Vorsicht vor anderen merkwürdigen Fragen bzw. Vorgehensweisen im Interview. Bewerber prüfen ihrerseits, ob sie zum Unternehmen oder zum Chef passen. Eine solche Vorgehensweise kann daher je nach Marktsituation insbesondere im „War-for-talents" zum Nachteil für Ihr Unternehmen werden: Sie machen dem Bewerber ein Angebot, aber er zieht es vor, zu einem Mitbewerber von Ihnen zu gehen.

Was tun Sie stattdessen? Sie sollen natürlich hartnäckig nachfragen und dürfen auch provokante Fragen stellen. Wenden Sie einfach unsere Techniken des beständigen Nachfragens an, dies reicht in fast allen Fällen vollkommen aus, um valide Antworten vom Bewerber zu erhalten.

Bleiben Sie bei den Werten oder Leitlinien Ihres Unternehmens oder Ihrer Person. Orientieren Sie daran auch die Art, wie Sie das Interview führen.

Setzen Sie Fallstudien oder Rollenspiele ein, wenn Sie so eine bessere Einschätzung des Bewerbers erreichen. Allerdings bedeutet auch dies Stress für den Bewerber.

Vergessen Sie niemals: Ihr Interview mit einem Bewerber ist immer auch die Visitenkarte Ihres Unternehmens. Selbst abgelehnte Bewerber sprechen positiv darüber, wenn sie ein sehr professionelles Gespräch erlebt haben!

5.9 Jugendliche und junge Erwachsene im Interview

Wenn Ihnen sehr junge Bewerber gegenübersitzen, müssen Sie bedenken, dass diese Bewerber nur einen begrenzten Schatz an beruflichen Erfahrungen oder schlicht noch gar keine Erfahrungen im Arbeitsleben haben. Außerdem fehlt noch die Lebenserfahrung, die Sie sonst durch konkrete Fragen zur Beurteilung heranziehen können.

- Führen Sie die Bewerber erst durch das Haus und stellen im Anschluss daran Fragen.
- Steigen Sie mit Fragen nach den Hobbys des Bewerbers in das Gespräch ein. Davon berichten junge Erwachsene gern und können sich somit „warm" reden.
- Erzählen Sie ausnahmsweise auch mal etwas von Ihnen selbst (wenn Sie z. B. dasselbe Hobby haben).
- Überprüfen Sie die überfachlichen Kriterien gezielt auch durch Fragen nach Privatkontexten oder Hobbysituationen.

- Stellen Sie sich darauf ein, dass Jugendliche (Bewerber um Ausbildungsplätze) zu bestimmten Kriterien keine Antworten einfallen. Das kann z. B. für das Kriterium Belastbarkeit gelten.
- Lassen Sie die Bewerber sich selbst präsentieren, indem sie mit Material eine kleine Präsentation vorbereiten dürfen (spielerischer Ansatz).
- Nutzen Sie Tests: z. B. verbal-logische, mathematisch-logische, Allgemeinwissen.

6 Überblick: Ablauf des Auswahl-prozesses

6.1 Dauer des gesamten Recruitingprozesses

Die Gesamtabwicklung einer Stellenbesetzung von der Anzeigenschaltung bis zur Zusage an den ausgewählten Kandidaten sollte innerhalb von sechs bis acht Wochen stattfinden.

Für einige Großunternehmen ist dieser Zeitraum eher recht sportlich. Aber die Notwendigkeit einer zügigen Abwicklung hängt auch damit zusammen, welche Mitarbeiter Sie bekommen wollen. Vor allem bei gesuchten Berufsgruppen empfiehlt es sich, den Prozess zügig durchzuführen. So kann das Risiko verringert werden, dass der favorisierte Bewerber sich für ein anderes Angebot entscheidet, weil der Wettbewerb schneller war.

Die Kündigungstermine Ihrer Bewerber sollten Sie als weitere wichtige Variable im Zeitplan des Auswahlverfahrens berücksichtigen. Bei einer Kündigungsfrist von sechs Wochen zum Quartal benötigt der Bewerber den unterschriftsreifen Vertrag bis Mitte Februar, um bei Ihnen am 1. April beginnen zu können. Wenn Sie nun Anfang Januar den Recruitingprozess starten, haben Sie knapp sechs Wochen Zeit, um Anzeigen zu schalten, eine Vorauswahl zu treffen, Erst- und Zweitinterviews zu führen und den Vertrag zuzusenden.

Dauer der internen Prozesse

Klären Sie vorab, wer bei den Bewerbungsgesprächen unbedingt beteiligt und wer die dort getroffene Entscheidung endgültig absegnen muss. Stimme Sie mit diesem Entscheidungsträger rechtzeitig ab, ob er bei den Interviews dabei sein will, oder ob er bei der zweiten Interviewrunde die ausgewählten Kandidaten kennenlernen möchte (siehe Kapitel 5.4).

Auch die Frage, ob der Betriebs- bzw. Personalrat zustimmen muss und wie dieser in den gesamten Prozess eingebunden wird, sollten Sie vorab klären! Berücksichtigen Sie bei der Planung unbedingt Urlaube und Feiertage aller beteiligten Personen! Sonst kann der Zeitplan eng werden.

6.2 Anzahl der Interviews pro Tag

Abschließend sollten Sie sich darüber Gedanken machen, wie viele Auswahlgespräche Sie an einem Tag führen möchten und können. Diese Entscheidung wird von mehreren Faktoren maßgeblich beeinflusst:

Wenn Sie viele Bewerber kurz hintereinander interviewen, hat das den Vorteil, dass Sie aktuelle Eindrücke aller Kandidaten haben. Somit ist ein besserer Vergleich möglich. Vergessen Sie aber nicht, dass Sie zuerst die Kandidaten mit dem Anforderungsprofil vergleichen und nicht untereinander.

Fragen Sie sich, wie hoch Ihre (und der anderen Interviewer) Aufnahmefähigkeit ist. Interviews zu führen kann eine psychisch sehr anstrengende Tätigkeit sein, Sie sollten sie nicht unterschätzen. Wenn die Bewerberauswahl nicht Ihr Alltagsgeschäft ist, dann sollten Sie nicht mehr als zwei Gespräche führen.

Wichtig ist natürlich die Dauer der einzelnen Interviews. Wenn Sie 30-minütige Kurzinterviews führen, sind sicherlich mehr Interviews pro Tag möglich als bei 120-minütigen. Letztere sind sowohl von der Konzentrationsdauer als auch Tiefe anspruchsvoller.

Die Zeitbudgets der zu beteiligenden Personen sind zu beachten. Die Vertreter der Fachabteilung können u. U. nicht ohne Weiteres einen ganzen Tag für die Personalauswahl reservieren.

Planen Sie ausreichend Zeit zur Auswertung nach dem Interview ein. Sorgen Sie zudem auch dafür, dass zwischen zwei Interviews kurze Pausen und Erholungszeiten zur Verfügung stehen.

Berücksichtigen Sie bitte bei Ihrer Zeitplanung auch, dass sich die verschiedenen Bewerber nicht auf dem Weg vom und zum Vorstellungsgespräch begegnen. Manchmal ist es wichtig, die Anonymität zu gewährleisten.

☰ CHECKLISTE: Prozess und Organisation

Kündigungsfristen der Bewerber beachtet?

Interviewteam zusammengestellt?

Alle Entscheider informiert und Zeiten abgestimmt?

Betriebsrat bzw. Personalrat einbezogen?

Gegebenenfalls sonstige Beauftragte einbezogen (z. B. Frauenbeauftragte?)

Alle vorausgewählten Bewerber eingeladen?

Geklärt und entschieden, ob mehrere Interviews an einem Tag geführt werden?

Dem ausgewählten Bewerber rechtzeitig Rückmeldung gegeben und Vertrag zugeschickt?

Teil 2: Über 700 Fragen für Ihren Interviewleitfaden

Wir stellen Ihnen mit diesem Fragenpool unsere praxiserprobten Interviewfragen zur Verfügung. Nutzen Sie diese Fragen (die auch im Interview-Generator hinterlegt sind, den Sie bei den Arbeitshilfen online finden) und stellen Sie mit diesen Fragen — entlang des Anforderungsprofils — Ihren Interview-Leitfaden zusammen.

Der Interview-Generator auf Arbeitshilfen online

Je nach Themengebiet wählen Sie die für Sie wichtigen Interviewfragen aus dem Interview-Generator aus und ergänzen diese eventuell noch mit eigenen Fragen. Als Ergebnis werden alle Fragen in Ihrem positionsspezifischen Interviewleitfaden integriert ausgedruckt. Als zusätzliche Hilfestellung finden Sie die wichtigsten Nachfragetechniken der VeSiEr-Methode sowie viel Platz für Ihre Notizen. Am Ende des Interviewleitfadens finden Sie dann noch zusätzlich eine Seite für die Fakten der Abschlussphase sowie eine weitere Seite zur Auswertung des Interviews. Die Mehrzahl der Interviewer druckt für jedes Interview und jeden Interviewer einen Interviewleitfaden aus.

7 Der Fragenkatalog

Der Fragenkatalog bietet Ihnen ausformulierte Fragen zu diesen Themen:

- Fragen zur Biografie und zur Erfahrung des Bewerbers
- Fragen zu fachlichen Kompetenzen
- Fragen zu überfachlichen Kompetenzen
  - Kompetenzfeld 1: Umgang mit Menschen
  - Kompetenzfeld 2: Umgang mit Inhalten
  - Kompetenzfeld 3: Potenzialindikatoren
  - Kompetenzfeld 4: Mitarbeiterführung
  - Kompetenzfeld 5: Unternehmerische Führung
- Fragen zur Motivation des Bewerbers
- Fragen in der Abschlussphase

7.1 Fragen zu den Hypothesen über den Bewerber

Der erste Punkt im Fragenkatalog kann nur ein Platzhalter sein: Denn es geht bei diesen Fragen, die Sie an den Bewerber richten, darum, die Themen, die Ihnen bei der Durchsicht der Bewerberunterlagen unklar geblieben sind und zu denen Sie Hypothesen gebildet haben, anzusprechen und diese zu klären. Da sich diese Fragen direkt auf die Bewerbungsunterlagen beziehen, können wir hier keine Fragen anbieten, die Sie einsetzen könnten. Schließlich müssen diese Fragen exakt und individuell aus den Unterlagen hervorgehen.

Eine Hilfestellung zur Entwicklung der Hypothesen und Fragen, bieten wir Ihnen jedoch mit dem Arbeitsmittel, das wir Ihnen im Kapitel über die Fragestrategien vorgestellt haben (siehe Kapitel 10.7).

7.2 Fragen zur Biografie und zur Erfahrung des Bewerbers

7.2.1 Fragen zum Berufsweg bzw. Werdegang

1. Bitte stellen Sie sich uns doch mit eigenen Worten vor. Wer Sie sind? Was haben Sie bislang gemacht? Konzentrieren Sie sich dabei bitte auf die Punkte, die aus Ihrer Sicht für uns am interessantesten sind.

2. Angenommen, wir würden Ihren Lebenslauf nicht kennen, hätten also noch gar kein Bild von Ihnen: Schildern Sie uns doch bitte die wesentlichen Stationen Ihrer Karriere, sodass wir den „roten Faden" kennenlernen. Dabei ist für uns auch das „Wieso und Warum" der einzelnen Schritte interessant.

3. Vor dem Hintergrund Ihrer Bewerbung für die vakante Position, was sollten wir über Sie wissen?

4. Was können Sie uns über Ihre Person berichten, was nicht in Ihrem Lebenslauf steht?

5. Wodurch zeichnet sich Ihr Berufsweg bzw. Karriere aus?

6. Welche Menschen waren für Sie ein Vorbild? Worin und aus welchen Gründen?

7. Welche Menschen haben Sie beeindruckt oder beeinflusst? Worin? Wodurch? Aus welchen Gründen?

8. Von welcher Position in Ihrer bisherigen Karriere sagen Sie im Nachhinein, das war die beste? Weshalb?

9. Wieso haben Sie diese Position trotz dieser Vorteile beendet?

10. Aus welchen Gründen haben Sie Ihren Lehrberuf bzw. Ihr Studium ergriffen?

11. Aus welchen Gründen haben Sie jeweils Ihre Stellen gewechselt?

12. Was sind die Aufgabenbereiche Ihrer derzeitigen Stelle? Was verantworten Sie dort?

13. Wenn Sie sich die bislang interessanteste Position Ihrer Karriere vor Augen führen: Welche Elemente dieser Position möchten Sie in der neuen Tätigkeit unbedingt wieder vorfinden? Worauf können Sie gut verzichten?

14. Welche Gründe waren wesentlich dafür, dass Sie sich für Ihren Karriereweg entschieden haben?

15. Inwieweit haben sich Ihre Erwartungen an Ihre Karriere erfüllt bzw. auch nicht erfüllt?

16. An welchen Stellen hat sich die ursprüngliche Ausrichtung Ihrer Karriere im Verlauf geändert? Wie kam es dazu?

17. Welche besonderen Probleme oder Herausforderungen gibt es in Ihrer jetzigen bzw. Ihrer vorhergehenden Position?

18. Was sind charakteristische Schwierigkeiten in Ihrem Job? Was war Ihr größtes Frustrationserlebnis? Hatten Sie Gelegenheit, später unter solchen Bedingungen erfolgreicher zu sein? Woran hat das Ihrer Meinung nach gelegen?
19. Auf einer Skala von 1 bis 10 (1 = schlecht und 10 = sehr gut): Wie zufrieden sind Sie mit Ihrer Karriere? Wie kommen Sie zu dieser Bewertung?
20. Anhand welcher Faktoren bewerten Sie Ihren Karriereerfolg in dieser Form?
21. Welche Schwierigkeiten haben Sie in Ihrer Karriere gemeistert, um dahin zu kommen, wo Sie jetzt stehen?
22. Welches Feedback bekommen Sie von anderen zu Ihrer Karriere?
23. Welche Stationen im Berufsweg sind Ihnen weniger leicht gefallen? Was haben Sie daraus gelernt?
24. Welche Arbeiten aus Ihrem Aufgabengebiet machen Sie am liebsten? Warum?
25. Welche Arbeiten aus Ihrem Aufgabengebiet machen Sie nicht gern? Warum nicht?
26. Was würden Sie heute vielleicht anders machen, wenn Sie noch einmal wählen könnten?
27. In Ihrer aktuellen Position, was hätten Sie sich von Ihrem Chef mehr, weniger oder anders gewünscht?
28. Welchen Stellenwert nimmt Ihr Beruf in Ihrem Leben ein? Wann musste Ihr Privatleben zum letzten Mal zugunsten Ihres Berufs zurückstecken? Welche anderen Bereiche Ihres Lebens sind für Sie wichtig?
29. Welches zeitliche Engagement sehen Sie als angemessen für den Beruf an?

7.2.2   Fragen zu Erfolgen und Misserfolgen

30. Wenn Sie Ihr Verständnis von Erfolg zugrunde legen, wie erfolgreich sind Sie auf einer Skala von 1 bis 10 (1 = gar nicht und 10 = sehr)?
31. Welche drei Eigenschaften, Kenntnisse oder Fähigkeiten haben Ihnen aus Ihrer Sicht bisher am meisten dabei geholfen, erfolgreich zu sein?
32. Wenn Sie einmal auf die letzten ein bis zwei Jahre zurückschauen, auf welche Erfolge sind Sie stolz?
33. Was waren denn die besonderen Höhepunkte Ihrer bisherigen Entwicklung? Warum gerade diese?
34. Über welche Anerkennung haben Sie sich in letzter Zeit besonders gefreut?
35. Für welche Ergebnisse bei Ihrem aktuellen Arbeitgeber zeichnen Sie verantwortlich?
36. Welche Misserfolge waren für Sie von entscheidender Bedeutung? Was haben Sie daraus gelernt?

7.2.3 Fragen zu Unterlagen (Lebenslauf/Zeugnisse)

Hier stellen Sie die Fragen zu Lebenslauf und Zeugnissen, die Sie aus der Analyse der Bewerbungsunterlagen gewonnen haben. (z. B. Lücken, Wechsel in den Bewerbungsunterlagen)

7.3 Fragen zu fachlichen Kompetenzen

37. Welches ist Ihr Fachgebiet? In welchem Fachgebiet sind Sie besonders qualifiziert?
38. Welche fachlichen Aufgaben wollen Sie dann bearbeiten? Welche Schwerpunkte streben Sie an?
39. Welche Entwicklungen haben Sie in letzter Zeit als entscheidend in Ihrem Fachbereich erlebt?
40. Welches sind die wesentlichen Erfolgsindikatoren für eine hohe Arbeitsqualität in Ihrem Bereich?
41. Welche fachlichen Entwicklungen in Ihrem Unternehmen haben Sie initiiert?
42. In welchem Bereich Ihres Fachgebiets schätzen Sie sich als Experten ein? Und worin noch nicht?
43. Wie beurteilen Sie die aktuelle Entwicklung von …?

7.4 Fragen zu überfachlichen Kompetenzen/ Soft Skills

7.4.1 Kompetenzfeld 1: Umgang mit Menschen

7.4.1.1 Selbstsicheres Auftreten

Denken Sie daran, dass Sie dieses Kriterium im Interview auch direkt erleben und beobachten können.

44. Wann waren Sie zuletzt in einer Situation, in der von Ihnen Selbstsicherheit und Souveränität gefordert war? Erzählen Sie mir von der Situation und Ihrem Verhalten.

45. Bitte erzählen Sie mir von einer Situation, in der Ihre Ruhe und Selbstsicherheit auf eine Probe gestellt wurden. Welche Art Situation war das?

46. Bitte schildern Sie mir eine schwierige Situation, in der Sie sich voll und ganz auf Ihre eigenen Fähigkeiten verlassen mussten. Worum ging es?

47. Was macht Ihnen am meisten zu schaffen, wenn Sie einen öffentlichen Auftritt haben? Nennen Sie ein konkretes Beispiel. Wie sind Sie in der Situation damit umgegangen? Welches Feedback haben Sie für Ihr Auftreten bekommen?

48. Erzählen Sie von einem Beispiel, in dem Sie ein negatives Feedback bezüglich einer Aufgabe oder eines Vortrags erhalten haben. Wie haben Sie es aufgenommen? Welche Schlüsse haben Sie daraus gezogen?

49. Bitte erzählen Sie mir von einer Situation, in der Sie trotz undurchschaubarer Verhältnisse den Überblick behalten konnten. Welche Rückmeldung haben Sie zu Ihrem Verhalten bekommen?

50. Auf einer Skala von 1 bis 10 (1 = eher schlecht und 10 = sehr stark): Wie schätzen Sie Ihre Fähigkeit ein, selbstsicher aufzutreten?

51. Was war die bisher größte Herausforderung an Ihre Selbstsicherheit?

52. Erzählen Sie von einer Situation, in der Sie einen Fehler einräumen mussten.

53. In welchen Situationen mussten Sie nach außen sehr sicher auftreten und fühlten sich innerlich sehr unsicher?

7.4.1.2 Kommunikationsfähigkeit

Denken Sie daran, dass Sie dieses Kriterium im Interview auch direkt erleben und beobachten können.

54. Wenn ich Ihren Kollegen, Vorgesetzten oder Mitarbeiter fragen würde, was er an Ihrem Kommunikationsfähigkeiten schätzt bzw. vermisst, was würde er mir sagen?

55. Auf einer Skala von 1 bis 10 (1 = schlecht und 10 = sehr gut): Wie schätzen Sie Ihre Kommunikationsfähigkeit ein?

56. Welche Herausforderungen stellten sich Ihnen in der Kommunikation mit Kunden, Mitarbeitern, Kollegen oder Vorgesetzten?

57. Welche Kommunikationssituation war für Sie bisher die anspruchsvollste?

58. Sind Sie eher der Schweiger oder der Vielredner?

59. Wie stellen Sie sicher, dass sich Ihr Gesprächspartner von Ihnen verstanden fühlt?

60. Erzählen Sie von einem Beispiel, in denen Ihnen ein negatives Feedback bezüglich Ihrer Kommunikation gegeben wurde.

61. Wann ist aus Ihrer Sicht eine wichtige Kommunikation schief gelaufen? Woran hat es Ihrer Meinung nach gelegen?

62. Wann mussten Sie zuletzt einem Gesprächspartner einen komplexen Sachverhalt darstellen?

63. Sind Sie eher jemand, der sehr kurz und sehr knapp formuliert, spricht und antwortet oder jemand, der breit und ausführlich kommuniziert?

64. In welchen Situationen sind Sie eher der Schweiger und in welchen Situationen eher der Vielredner?

65. Wann fiel es Ihnen einmal schwer, Ihrem Gesprächspartner aufmerksam zuzuhören oder die Ausführungen Ihres Gesprächspartners zu verstehen? Was haben Sie in dieser Situation getan?

7.4.1.3 Überzeugungsfähigkeit und Verkaufsgeschick

66. Wie bereiten Sie sich auf ein Kundengespräch vor?

67. Erinnern Sie sich bitte an ein aktuelles Verkaufsgespräch. Wie haben Sie das Kundenproblem ermittelt und gelöst? Wie gehen Sie mit Kundeneinwänden um?

68. Denken Sie mal an ein erfolgloses Verkaufsgespräch und schlüpfen Sie in die Rolle Ihres Kunden. Wieso hat der Kauf aus seiner Sicht nicht stattgefunden? Wie würde er Ihr Verhalten beschreiben?

69. Nennen Sie mir einige der besten Ideen, für die Sie je einen gleichrangigen Mitarbeiter, Untergebenen oder Vorgesetzten gewinnen konnten. Wie sind Sie dabei vorgegangen?

70. Nennen Sie mir einige der besten Ideen, für die Sie einen Vorgesetzten, einen gleichrangigen Mitarbeiter oder einen Untergebenen erfolglos zu gewinnen versuchten. Wie sind Sie dabei vorgegangen? Warum hatten Sie keinen Erfolg?

71. Wenn Sie sich Ihre Versuche vergegenwärtigen, die Unternehmensleitung für einen Einfall oder einen Vorschlag zu gewinnen — wie sah Ihre befriedigendste bzw. erfolgreichste Erfahrung aus? Und wie die enttäuschendste?

72. In welcher beruflichen Situation war es besonders wichtig, dass Sie auf eine wirkungsvolle Argumentation zurückgreifen konnten? Wie haben Sie Ihre Argumentation aufgebaut? Wie war die Rückmeldung bzw. das Ergebnis?

73. Wann sind Sie im beruflichen Kontext schon mal an die Grenzen Ihrer Überzeugungsfähigkeit gestoßen? Worum ging es dabei? Was haben Sie getan? Welche Schlüsse haben Sie für sich daraus gezogen?

74. Wann mussten Sie das letzte Mal Ihre Mitarbeiter oder Kollegen von einer Idee oder Maßnahme überzeugen? Welche Idee war das? Wie sah Ihr Vorgehen aus? Wie wurde die Idee aufgenommen?

75. Nennen Sie ein Beispiel, bei dem es Ihnen gelang, andere von einer Sache oder Idee zu überzeugen. Worauf führen Sie das zurück?

76. Wann hat es einmal nicht geklappt, andere von Ihren Ideen zu überzeugen? Woran lag es?

77. Erzählen Sie mir von einer Situation, in der Sie anderen eine Idee „verkaufen" mussten. Wie haben Sie sich vorbereitet? Wie lief das Gespräch?

78. Können Sie uns eine Situation schildern, in der es Ihnen gelungen ist, mehrere Kollegen mit unterschiedlicher Meinung für ein wichtiges Projekt unter einen Hut zu bekommen?

79. Gibt es für Sie ein Erfolgsrezept, das Ihnen schon oft dabei geholfen hat, andere bei einer Sache mit ins Boot zu holen?

80. Auf einer Skala von 1 bis 10 (1 = schlecht und 10 = sehr gut): Wie schätzen Sie Ihre Überzeugungsfähigkeit ein?

81. Welche Herausforderungen stellten sich Ihnen, wenn Sie andere Menschen überzeugen oder gewinnen wollten?

82. Wie lancieren Sie Vorschläge oder Ideen, bei denen Sie auf die Unterstützung oder Zustimmung anderer angewiesen sind?

83. Gelegentlich müssen wir alle mit jemandem zurechtkommen, der uns unsere Zeit stiehlt. Beschreiben Sie einige Situationen dieser Art. Was haben Sie unternommen?

84. Welchen Stellenwert nimmt Produktwissen in Ihren Verkaufsgesprächen ein?

7.4.1.4 Kontaktfähigkeit und Einfühlungsvermögen

85. Auf einer Skala von 1 bis 10 (1 = schlecht und 10 = sehr gut): Wie gut können Sie mit anderen Menschen Kontakt aufnehmen?

86. Welche Situationen stellten in der Vergangenheit eine besondere Herausforderung an Ihr Einfühlungsvermögen?

87. Wie gewinnen Sie Kontakt zu Kunden, Mitarbeitern und Personen aus anderen Abteilungen des Unternehmens?

88. Wir alle mussten schon einmal mit schwierigen Menschen zusammenarbeiten. Beschreiben Sie einige Fälle, in denen Ihnen das passiert ist.

89. Erinnern Sie sich an Fälle, in denen Sie anderen Personen Schwierigkeiten gemacht haben? Wie würde diese die Schwierigkeiten mit Ihnen beschreiben?

90. Können Sie einige Situationen beschreiben, in denen Sie mit besonders empfindlichen Menschen zurechtkommen mussten?

91. Beschreiben Sie einige Situationen, in denen Sie es bereuten, mit jemandem am Arbeitsplatz nicht anders umgegangen zu sein.

92. Mussten Sie in letzter Zeit ungeliebte Entscheidungen fällen? Können Sie Beispiele nennen? Wie haben die Betroffenen reagiert?

93. Bitte schildern Sie ein Beispiel, in dem es für den Erfolg Ihrer Arbeit bzw. Ihres Projekts besonders wichtig war, sich in die Lage eines Partners oder Kunden hineinzuversetzen.

94. Bitte schildern Sie mir eine (Führungs-)Situation, die Sie nur mit großem Einfühlungsvermögen meistern konnten. Was war die Situation und wie gingen Sie mit ihr um?
95. Beschreiben Sie mir bitte eine Situation, in der Sie mit ganz anderen Einstellungen und Werten als den Ihren konfrontiert wurden. Was war unterschiedlich? Wie haben Sie reagiert?
96. Erzählen Sie mir von einer Situation, in der Sie mit unterschiedlichen Personen zusammengearbeitet haben. Was war schwierig bzw. einfach?
97. Bitte schildern Sie mir eine Situation, in der es Ihnen besonders gut bzw. schlecht gelang, sich in eine andere Person hineinzuversetzen. Wie haben Sie bzw. der andere reagiert? Was war das Ergebnis?
98. Bitte schildern Sie mir ein Beispiel, in dem Sie auf die Situation anderer keine Rücksicht nehmen konnten. Was waren die Reaktionen dieser Personen? Was würden Sie heute anders machen?
99. Auf einer Skala von 1 bis 10 (1 = schlecht und 10 = sehr gut): Wie gut können Sie zuhören?
100. Sind Sie eher jemand, der sich leicht in andere hineinversetzen kann oder dem das schwerfällt?

7.4.1.5 Teamfähigkeit

101. Bei welchen Aufgaben schätzen Sie Teamarbeit und bei welchen Aufgaben arbeiten Sie lieber allein?
102. Auf einer Skala von 1 bis 10 (1 = wenig und 10 = sehr stark ausgeprägt): Wie teamfähig sind Sie?
103. Welche Herausforderungen in der Zusammenarbeit im Team mussten Sie schon bewältigen?
104. Würden Sie sich eher als Teamplayer oder als Einzelspieler bezeichnen? Wieso?
105. Wenn Sie die Wahl haben, gehen Sie Aufgaben zunächst lieber allein an oder bevorzugen erst einmal den Gedankenaustausch im Team?
106. Geben Sie uns bitte ein Beispiel für eine Konfliktsituation in Ihrem letzten Team. Was haben Sie dazu getan, dass der Konflikt entsteht? Wie haben Sie sich im Konflikt verhalten?
107. Welche Herausforderungen stellten sich Ihnen im Team?
108. Schildern Sie uns bitte anhand von Beispielen, wie Sie im Team zusammenarbeiten?
109. In welchen Teams haben Sie besonders erfolgreich gearbeitet? In welchen weniger erfolgreich? Was waren die Ursachen?
110. In welchen Situationen ist es Ihnen schwergefallen, mit anderen zusammenzuarbeiten?

111. Beschreiben Sie eine Situation, in der Sie eine Teamarbeit entscheidend voranbringen konnten.

112. Beschreiben Sie eine Situation, in der Sie eine Teamarbeit entscheidend voranbringen konnten.

113. Schildern Sie mir bitte eine Situation, in der die Beteiligten unterschiedliche Meinungen hatten, wie das gemeinsame Ziel zu erreichen sei. Was haben Sie getan?

114. In welcher Situation haben Sie schon einmal einen „schwierigen" Kollegen ins Team integriert?

115. Wann mussten Sie schon mit einer schwierigen oder unbeliebten Person im Team zusammenarbeiten?

116. Beschreiben Sie mir eine Situation, in der ein Kollege oder ein Teammitglied auf Unterstützung angewiesen war.

117. Beschreiben Sie eine Situation, in der es Ihnen schwerfiel, die Meinung anderer Teammitglieder zu respektieren. Wie sind Sie mit der Situation umgegangen?

118. Wann standen Ihre persönlichen Ziele im Konflikt mit den Zielen Ihres Teams bzw. Ihrer Kollegen?

7.4.1.6 **Networking**

119. Beschreiben Sie eine Situation, in der Sie bereichsübergreifend an einer Problemlösung arbeiten mussten. Wie sah die Kooperation mit den anderen Bereichen konkret aus?

120. Können Sie von einer Situation erzählen, in der es wichtig war, Ihr Wissen und Ihre Informationen mit anderen zu teilen? Welche Informationen haben Sie weitergegeben — und an wen? Welche Informationen haben Sie von anderen erhalten? Wozu hat dieses Vorgehen letztendlich geführt?

121. Wann haben Sie in Ihrer beruflichen Vergangenheit zuletzt ohne den gewünschten Erfolg versucht (z. B. im Rahmen eines Projekts), intern oder extern ein tragfähiges Beziehungsnetz aufzubauen?

122. Wann konnten Sie einmal Kenntnisse, Ergebnisse oder Arbeitsweisen anderer Bereiche für Ihre Arbeit nutzen? Wofür waren diese Kenntnisse etc. notwendig? Wie haben Sie sie beschafft? Wie haben Sie sie dann in Ihrem Bereich eingesetzt? Zu welchem Ergebnis hat das geführt?

123. Welche Kontakte in andere Bereiche, bzw. Unternehmen oder Abteilungen waren für Sie bisher besonders nützlich? Wählen Sie ein Beispiel aus: Wie ist es zu dem Kontakt gekommen?

124. Beschreiben Sie einen beruflichen Erfolg, den Sie vor allem Ihrem persönlichen Netzwerk außerhalb Ihres Unternehmens zuschreiben. Was haben Sie konkret dazu beigetragen, um diese Kontakte zu pflegen, bzw. auszubauen?

125. Wie sieht Ihr professionelles Netzwerk aus?

126. Wie viel Zeit verwenden Sie darauf, Ihre beruflichen Kontakte gezielt zu pflegen?
127. Wann haben Sie zuletzt einen (erheblichen) Vorteil durch Ihr Netzwerk erlangt?
128. Auf einer Skala von 1 bis 10 (1 = schlecht und 10 = sehr gut): Wie schätzen Sie Ihre Networking-Kompetenz ein?
129. Sind Sie jemand, dem Networking in der Organisation eher leicht fällt und der das häufig nutzt, oder jemand, der das gelegentlich nutzt, aber dem das nicht wirklich liegt?

7.4.1.7 Konfliktfähigkeit

130. Was war Ihr bislang größter Konflikt mit einem Kunden? Wie haben Sie ihn gelöst?
131. Konflikte gehören zum Leben. Nicht mit allen Menschen kommen wir immer gut aus. Was sind typische Konflikte in Ihrem Team?
132. Welchen Konflikten gehen Sie am liebsten aus dem Weg?
133. Bitte schildern Sie eine Situation, in der Sie sich von einem Kollegen oder einer Kollegin unangemessen oder unfair behandelt fühlten. Wie haben Sie darauf reagiert?
134. Was war eine der schwierigsten Konfliktsituationen, in die Sie jemals im Arbeitsleben involviert waren?
135. Wann haben Sie das letzte Mal einen Kollegen oder eine Kollegin darauf angesprochen, dass Sie eine deutlich abweichende Meinung zu seinem bzw. ihrem Verhalten oder Handeln haben?
136. Sind Sie eher jemand, der einen Konflikt vermeidet, oder jemand, der einen Konflikt anspricht?
137. Kleinere Konflikte gibt es in der Zusammenarbeit mit anderen Menschen immer. Beschreiben Sie mir eine Situation, in der Sie sich mit einer anderen Person auseinandersetzen mussten.
138. Wann haben Sie zuletzt in einer konfliktreichen Situation versucht, einen für alle Beteiligten akzeptablen Kompromiss zu erreichen?
139. Auf einer Skala von 1 bis 10 (1 = schlecht und 10 = sehr gut): Wie schätzen Sie Ihre Konfliktfähigkeit ein?
140. Sind Sie jemand, der wahrgenommene Konflikte bzw. Meinungsunterschiede offensiv anspricht, oder jemand, der zunächst einmal abwartet und prüft, wie sich das Thema weiter entwickelt?
141. Vor welchen Herausforderungen stehen Sie bei Konflikten oder Meinungsunterschieden?
142. Suchen Sie bei der Lösung von Konflikten eher nach den tiefer liegenden Ursachen oder streben Sie lieber eine schnelle und eher pragmatische Lösung an?

143. Haben Sie bevorzugte Methoden, um Spannungen aus konfliktreichen Situationen zu nehmen?
144. Welchen Konflikt konnten Sie durch geschicktes Handeln schon im Vorfeld entschärfen?
145. Gibt es einen Konflikt, auf dessen Lösung Sie besonders stolz sind?

7.4.1.8 Durchsetzungsfähigkeit

146. Beschreiben Sie eine Situation, in der Sie sehr bzw. allzu beharrlich auftraten. Was ist dann geschehen?
147. Können Sie einige Erfahrungen beschreiben, in denen sich Ihre Beharrlichkeit gelohnt hat? Nennen Sie einige Situationen, in denen Sie Ihr Bestes gaben und doch scheiterten.
148. Bitte schildern Sie ein Beispiel, in dem es besonders wichtig war, gegenüber Mitarbeitern bzw. Kollegen Grenzen zu ziehen und sich durchzusetzen.
149. Erzählen Sie doch bitte von einer Situation, in der Sie eine unpopuläre Entscheidung gegen Widerstände umsetzen mussten.
150. Beschreiben Sie eine Situation, in der Sie sich gegen den Widerstand anderer behaupten mussten. Worum ging es?
151. Beschreiben Sie eine Situation, in der Sie konsequent „Nein" zu einer Forderung oder Maßnahme gesagt haben. Wie haben Sie das begründet?
152. Beschreiben Sie mir eine Situation, in der Sie entschieden auf Einwände und Gegenargumente anderer reagierten. Wie konnten Sie sich behaupten?
153. Beschreiben Sie eine Situation, in der es sinnvoller gewesen wäre, nachzugeben, Sie aber hartnäckig geblieben sind. Wie hat sich das geäußert?
154. Auf einer Skala von 1 bis 10 (1 = schlecht und 10 = sehr gut): Wie gut ist Ihre Durchsetzungsfähigkeit?
155. Sich durchzusetzen ist nicht immer einfach. Welche Herausforderungen stellten sich Ihnen diesbezüglich?
156. Wie gehen Sie vor, um ein Projekt, von dessen Richtigkeit Sie überzeugt sind, auch gegen ursprüngliche Ablehnung Ihres Managements weiter zu verfolgen?
157. Ist es Ihnen schon einmal passiert, dass ein wichtiges Anliegen von Ihnen auf dem Weg durch die Hierarchien bzw. bei Ihrem Chef versandet ist?
158. Nennen Sie Beispiele, wie es Ihnen gelungen ist, jemand anderen von seiner Überzeugung bzw. Meinung abzubringen oder der Ihrigen zuzustimmen.
159. Nennen Sie Beispiele, in denen es Ihnen gelungen ist, dass jemand etwas für Sie tut, obwohl er es eingangs nicht wollte.

7.4.1.9   **Verhandlungsgeschick**

160. Wie gehen Sie in Verhandlungen vor, um die Verhandlungspartner in Ihre Richtung zu bewegen?
161. Nennen Sie Beispiele für erfolgreiche Verhandlungen im beruflichen oder privaten Bereich. Was haben Sie getan?
162. Was ist für Sie wichtig, wenn Sie jemanden für sich gewinnen wollen?
163. Nennen Sie bitte eine Situation, in der es Ihnen besonders gut gelungen ist, Ihre Verhandlungsziele umzusetzen?
164. Welche Verhandlung würden Sie im Nachhinein als Ihren größten Flop bezeichnen? Was haben Sie getan, damit sie scheitert? Welche Konsequenzen haben Sie daraus gezogen?
165. Woran erkennen Sie in Verhandlungssituationen, dass noch Spielräume bei der Gegenpartei vorhanden sind?
166. Wann waren Sie in einer Verhandlung mit sehr unterschiedlichen Standpunkten bzw. Erwartungen konfrontiert? Wie sind Sie damit umgegangen? Welches Ergebnis haben Sie erzielt?
167. Bitte erzählen Sie mir von Ihrer schwierigsten Verhandlung. Wie sind Sie vorgegangen?
168. Beschreiben Sie uns bitte eine Verhandlungssituation, bei der Sie unter hohem Druck standen?
169. Wann haben Sie in einer Verhandlung ein für alle Betroffenen zufriedenstellendes Ergebnis erzielt? Wie haben Sie das geschafft?
170. Wann ist es Ihnen in einer Verhandlung nicht gelungen, ein abschließendes Ergebnis herbeizuführen?
171. Wann wussten Sie in einer Verhandlungssituation nicht mehr weiter?
172. Auf einer Skala von 1 bis 10 (1 = schlecht und 10 = sehr gut): Wie schätzen Sie Ihre Verhandlungsfähigkeiten ein?

7.4.1.10   **Kundenorientierung**

173. Erzählen Sie mir bitte von einer Situation, in der Sie ein schwieriges Problem eines Kunden oder einer Kundin lösen konnten. Wie haben Sie das erreicht? Wie war die Reaktion des Kunden bzw. der Kundin?
174. Bitte berichten Sie von einer Situation, in der Ihre Meinung nicht mit der eines Kunden bzw. einer Kundin übereinstimmte. Wie haben Sie reagiert? Zu welchem Ergebnis sind Sie gelangt?
175. Gab es eine Situation, in der ein Kunde bzw. eine Kundin mit Ihnen oder Ihren Mitarbeitern nicht zufrieden war? Was haben Sie unternommen, um den Kunden bzw. die Kundin zufriedenzustellen?

176. Was haben Sie bislang unternommen, um Ihre Kunden an sich bzw. Ihr Unternehmen zu binden? Bitte schildern Sie mir ein konkretes Beispiel. Um welche Kunden ging es? Was haben Sie unternommen? Mit welchem Ergebnis?

177. In welcher Situation war ein Kunde oder eine Kundin mit Ihnen besonders zufrieden? Was war Ihr Beitrag dazu?

178. Kunden haben auch mal unrealistische oder zu anspruchsvolle Wünsche. Wie sind Sie damit umgegangen?

179. Gelegentlich stehen Kundenwünsche den Interessen des eigenen Unternehmens entgegen. Beschreiben Sie einen solchen Fall, der in Ihrem Verantwortungsbereich lag. Wie sind Sie selbst damit umgegangen? Welche Lösung haben Sie für den Kunden bzw. die Kundin gefunden? Wie sah das Ergebnis für Ihr Unternehmen aus?

180. Vor welchen Herausforderungen stehen Sie in der Kundenorientierung?

181. Wie stehen Sie zu der Devise: Der Kunde ist König? Geben Sie uns dazu ein Beispiel aus Ihrer Berufspraxis.

182. Abgesehen von den Vorteilen Ihrer Produkte — welchen sonstigen Nutzen bieten Sie Ihren Kunden?

183. Was unternehmen Sie, um die Zufriedenheit Ihrer Kunden sicherzustellen bzw. zu verbessern?

184. Auf einer Skala von 1 bis 10 (1 = schlecht und 10 = sehr gut): Wie kundenorientiert sind Sie?

7.4.1.11 Interkulturelle Kompetenz

185. Wann waren Sie in einer Situation, in der Sie mit verschiedenen Kulturen zusammengearbeitet haben?

186. Erzählen Sie mir bitte von einer Unstimmigkeit mit Kollegen, Kunden oder Mitarbeitern, die in interkulturellen Unterschieden begründet lag. Was haben Sie unternommen, um die Unstimmigkeit aufzulösen?

187. Bitte beschreiben Sie anhand einer konkreten Situation, wie Sie sich auf die Zusammenarbeit in einem interkulturellen Kontext vorbereitet haben.

188. Was waren bislang die größten kulturellen Unterschiede, mit denen Sie in Ihrer Arbeit konfrontiert wurden? Wie sind Sie damit umgegangen?

189. Bitte erzählen Sie von einer Situation, in der Sie Missverständnisse in einem interkulturellen Team aus dem Weg räumen konnten. Wie waren die Reaktionen der Beteiligten?

190. Wann fiel es Ihnen schwer, Verständnis für andersartige, kulturell geprägte Arbeitsweisen, Werthaltungen oder Kommunikationsmuster aufzubringen? Worin bestanden die wesentlichen Unterschiede? Wie sind Sie damit umgegangen? Mit welchem Ergebnis?

191. Auf einer Skala von 1 bis 10 (1 = schlecht und 10 = sehr gut): Wie stark ist Ihre interkulturelle Kompetenz in Bezug auf das Land … ausgeprägt?
192. Was war im interkulturellen Umfeld bislang Ihre größte Herausforderung?
193. Welche Herausforderungen sind Ihnen im interkulturellen Umfeld schon begegnet?
194. Wie ausgeprägt ist Ihre Erfahrung auf internationalem Parkett?
195. Welche Erfahrung haben Sie im Umgang mit anderen Kulturen gemacht?
196. Was sind aus Ihrer Sicht die größten kulturellen Unterschiede zwischen Deutschland und folgendem Land … (idealerweise an Menschen mit Auslandserfahrung zu stellen)?
197. Welche zentralen kulturellen Merkmale von uns Deutschen haben Sie im Ausland kennengelernt?

7.4.2 Kompetenzfeld 2: Umgang mit Inhalten

7.4.2.1 Analytisches Denken

198. Nennen Sie einige Probleme, die in Ihrem Aufgabengebiet immer wieder auftreten. Was unternehmen Sie, um diese Probleme zu lösen?
199. Auf einer Skala von 1 bis 10 (1 = schlecht und 10 = sehr gut): Wie stark ist Ihre analytische Kompetenz?
200. Sind Sie eher jemand, der auf einzelne Details einer Aufgabe hinweist, oder aber jemand, der den Gesamtzusammenhang einer Aufgabe ins Blickfeld rückt?
201. Wie ist Ihr methodisches Vorgehen, wenn Sie ein (komplexes) Problem lösen möchten?
202. Wie gehen Sie vor, wenn Sie ein Problem zu identifizieren haben?
203. Welche Probleme können Sie weniger gut analysieren?
204. Sind Sie in Ihrer Herangehensweise bei der Lösungsfindung eher eine Person, die gern auf erfolgreich erprobte Ansätze zurückgreift, oder sind Sie jemand, der immer wieder auch mal neue Wege ausprobiert?
205. Schildern Sie uns bitte ein Problem, das Sie sehr frühzeitig erkannt, und wie Sie einen Lösungsweg dafür gefunden haben.
206. Bitte beschreiben Sie eine Situation, in der Sie vor ein für Sie neuartiges, komplexes Problem oder eine neuartige, komplexe Aufgabe gestellt waren. Wie sind Sie an das Problem bzw. die Aufgaben herangegangen?
207. Bitte schildern Sie uns ein Problem, bei dem Sie Wechselwirkungszusammenhänge erkannt haben.
208. Wie analysieren Sie Ursache-Wirkungs-Zusammenhänge?
209. Was war Ihre intellektuell herausforderndste Aufgabe in der letzten Zeit? Wie sind Sie an diese Aufgabe herangegangen?

210. Wann waren Sie mit der Komplexität einer Aufgabe überfordert? Worum handelte es sich bei der Aufgabe? Was haben Sie getan, um sie zu bewältigen? Was würden Sie aus heutiger Sicht tun?
211. Bitte erzählen Sie mir von einer Aufgabe, bei der Sie umfassende Analysen anstellen mussten. Wie sind Sie dabei vorgegangen?

7.4.2.2 Prozessmanagement

212. Auf einer Skala von 1 bis 10 (1 = schlecht und 10 = sehr gut): Wie gut ist Ihre Fähigkeit ausgeprägt, Prozesse zu analysieren und zu verbessern?
213. Welche Herausforderungen sind Ihnen im Management von Schnittstellen schon begegnet?
214. Welche Herausforderungen stellten sich Ihnen bei der Analyse und Verbesserung von Prozessen?
215. Mit welchen Prozessverbesserungen haben Sie sich zuletzt beschäftigt?
216. Wie hoch ist Ihr zeitlicher Aufwand, um Abläufe zu verbessern?
217. Beschreiben Sie bitte die Kernprozesse Ihres Arbeitsbereichs?
218. Auf einer Skala von 1 bis 10 (1 = schlecht und 10 = sehr gut): Wie gut sind die Prozesse, an den Sie beteiligt bzw. für die Sie verantwortlich sind?
219. Wie finden Sie heraus, dass ein Prozess nicht optimal läuft?
220. Wie oft haben Sie in der Vergangenheit Prozesse analysiert bzw. überprüft. Mit welchem Erfolg?

7.4.2.3 Präsentationsfähigkeit

221. Haben Sie schon vor einer Gruppe oder einem größeren Publikum gesprochen? Können Sie dafür Beispiele nennen?
222. Welche Vorträge haben Sie gehalten?
223. Welche Erfahrungen haben Sie in der Vermittlung Ihrer Fachinhalte an fachfremde Kollegen gemacht?
224. Welches waren die anspruchsvollsten Gruppen, vor denen Sie gesprochen haben?
225. Schildern Sie bitte an einem konkreten Beispiel, wie Sie eine mündliche Präsentation durchgeführt haben.
226. Welches Ziel verfolgten Sie mit Ihrer Diplomarbeit und was kam dabei heraus? Versuchen Sie bitte, mir das Wesentliche Ihrer Erkenntnisse zu vermitteln.
227. Erzählen Sie bitte von einer Situation, in der Sie das Unternehmen bzw. Ihren Bereich möglichst überzeugend nach außen vertreten mussten. Wie sind Sie vorgegangen?
228. Wie haben Sie sich auf Ihren letzten Vortrag vor einer Gruppe vorbereitet?

229. Beschreiben Sie mir bitte eine Situation, in der sprachliches Geschick gefordert war bzw. in der es wichtig war, dass die anderen Sie genau verstehen. Wie haben Sie dieses Verständnis sichergestellt?

230. Können Sie mir von einer Situation berichten, in der Sie eine größere Präsentation halten mussten und in der nicht alles so gelaufen ist, wie Sie sich das gewünscht hatten? Was für eine Situation war das?

231. Beschreiben Sie eine Situation, in der Ihnen einer Ihrer Gesprächspartner nicht ganz folgen konnte. Woran haben Sie das gemerkt?

232. Erzählen Sie mir von einer Gesprächs- bzw. Vortragssituation, in der Sie sich sehr genau auf Ihre Zielgruppe einstellen mussten. Worum ging es dabei?

233. Auf einer Skala von 1 bis 10 (1 = schlecht und 10 = sehr gut): Wie gut sind Ihre Präsentationsfähigkeiten ausgeprägt?

234. Was waren für Sie herausfordernde Präsentationssituationen?

7.4.2.4 Moderationsfähigkeit

235. Haben Sie bereits Moderationen durchgeführt?

236. Welche zentralen Aufgaben haben Sie als Moderator wahrgenommen?

237. Wie grenzen Sie die Rolle eines Moderators von der eines Vorgesetzten ab?

238. Wie sorgen Sie als Moderator für klare Ziele, Erreichung und Umsetzung der Ergebnisse? Welche Methoden nutzen Sie? Welche Hilfsmittel setzen Sie ein?

239. Wie schaffen Sie es, als Moderator möglichst viele Teilnehmer einer Gruppe am Arbeitsprozess zu beteiligen?

240. Was tun Sie als Moderator, wenn Sie den Eindruck haben, die Zeit läuft davon?

241. Welche schwierigen Gruppensituationen haben Sie erlebt? Wie sind Sie vorgegangen?

242. Auf einer Skala von 1 bis 10 (1 = schlecht und 10 = sehr gut): Wie gut sind Ihre Moderationsfähigkeiten?

243. Was waren für Sie herausfordernde Moderationen?

244. Wie haben Sie bislang die Qualität der von Ihnen geleiteten Arbeitsgruppen oder Meetings sichergestellt? Bitte beschreiben Sie dies anhand einer konkreten Situation.

245. Erzählen Sie mir von einer Besprechung oder einer Arbeitsgruppe, die von Ihnen geleitet wurde und in der eine Person klar dominierte. Wie sind Sie damit umgegangen?

246. Beschreiben Sie anhand eines Beispiels, wie Sie sichergestellt haben, dass die Agenda eines Meetings, das Sie geleitet haben, eingehalten wurde.

247. Bitte beschreiben Sie eine Situation, in der es während eines Ihrer Meetings zu Unstimmigkeiten zwischen einigen Beteiligten kam. Wie haben Sie reagiert, um in dieser Situation zu einem positiven Ergebnis zu kommen?

248. Erzählen Sie mir von einem Meeting, in dem es Ihnen nicht gelang, zu dem erzielten Ergebnis zu kommen. Wie sind Sie da vorgegangen?
249. Erzählen Sie mir anhand eines konkreten Beispiels, wie Sie ein Meeting verantwortlich vorbereitet und durchgeführt haben. Was haben Sie unternommen?

7.4.2.5 Aufgaben- und Projektplanungskompetenz

250. Nach welchen Kriterien setzen Sie Prioritäten? Geben Sie mir bitte ein Beispiel.
251. Welche organisatorischen Abläufe haben Sie in letzter Zeit in Bezug auf Ihre eigene Arbeit bzw. die Arbeit Ihrer Abteilung geändert?
252. Wie kontrollieren Sie den Fortschritt in Ihren Aufgaben bzw. Projekten?
253. Welche Abläufe könnten Sie noch weiter optimieren? Wie wäre das möglich? Was hat Sie bislang gehindert, dies umzusetzen?
254. Welche organisatorischen Probleme sind in Ihrer Abteilung noch ungelöst? Warum sind diese Schwierigkeiten noch nicht behoben?
255. Beschreiben Sie Abläufe, über die Sie sich immer wieder ärgern, an denen Sie aber bisher nichts ändern konnten.
256. Was war das letzte größere Projekt, das Ihnen übertragen wurde? Wie gingen Sie bei der ersten Planung vor?
257. Welche Herausforderungen stellten sich Ihnen bei der Aufgaben- und Projektplanung?
258. Wir kennen alle Zeiten, in denen es bei der Arbeit hektisch wird und viele unterschiedliche Aufgaben gleichzeitig anstehen. Erzählen Sie mir von einer Situation, in der Sie so etwas erlebt haben. Was haben Sie getan?
259. Wann lagen Sie mit Ihrer Zeitplanung für eine Aufgabe bzw. ein Projekt einmal daneben? Wie kam es dazu?
260. Auf einer Skala von 1 bis 10 (1 = schlecht und 10 = sehr gut): Wie gut ist Ihre Aufgaben- und Projektplanungskompetenz ausgeprägt?
261. Was tun Sie, um auch bei komplexen Aufgaben bzw. Projekten den Überblick zu behalten? Schildern Sie mir ein konkretes Beispiel aus der jüngeren Vergangenheit.
262. Erzählen Sie mir bitte von einem größeren Projekt oder einer größeren Aufgabe, bei dem bzw. der Sie viele Aufgaben delegiert haben. Wie behalten Sie dabei den Überblick?
263. Wann waren Sie in einer Situation, in der Sie viele unterschiedliche Aufgaben hatten und es schwierig war, den Überblick zu behalten? Wie haben Sie das getan?
264. Schildern Sie bitte die Organisation eines komplexen Projekts oder einer komplexen Aufgabe und wie Sie dabei vorgegangen sind.

7.4.2.6 Ressourcensteuerung und Ergebnisorientierung

265. Beschreiben Sie eine Situation, in der die von Ihnen eingeplanten Ressourcen nicht ausreichten. Worin bestand der Mangel? Wie kam es dazu?

266. Wann hat zuletzt jemand in Ihrem Verantwortungsbereich unnötig Ressourcen verbraucht? Wie haben Sie darauf reagiert?

267. Welches ist die größte Einsparung, die Sie in Ihrem Bereich initiiert und umgesetzt haben? Wie haben Sie diese Umsetzung vorgenommen?

268. Schildern Sie eine Situation, in der Sie Ihr geplantes Budget genau ausgeschöpft haben, obwohl Sie eng kalkuliert hatten. Wie haben Sie den Einsatz des Budgets gesteuert?

269. Wann gab es bei Ihnen zuletzt ein Projekt, in dem Sie mit Ihrer ursprünglichen Kostenplanung daneben lagen? Wie war die Ausgangslage? Wie kam es zu Ihrer Fehleinschätzung? Wie haben Sie auf die Situation bzw. in der Situation reagiert? Wie sah das abschließende Projektergebnis aus?

270. Erzählen Sie bitte von einer Situation, in der Sie aus den vorgegebenen Unternehmenszielen eigene Ziele für Ihren Verantwortungsbereich ableiten und umsetzen mussten. Wie sind Sie vorgegangen? Woran haben Sie sich orientiert? Haben Sie ein Feedback dazu bekommen? Wie sah dies aus?

271. Welche Zielsetzungen Ihres Unternehmens bzw. Arbeitsbereichs haben Sie in den letzten Monaten besonders energisch verfolgt? Wie sind Sie dabei vorgegangen? Wie zufrieden sind Sie mit dem erreichten Ergebnis? Woran messen Sie den Grad der Zielerreichung?

272. Gibt es eine Aufgabe, von der Sie sich im Nachhinein gewünscht hätten, sie konsequenter zu Ende gebracht zu haben? Bitte schildern Sie die Aufgabe und wie Sie an sie herangegangen sind.

273. Bitte beschreiben Sie mir eine Arbeit, bei der Sie zu einer wesentlichen Effizienzsteigerung beigetragen haben! Was war die Aufgabe? Was haben Sie getan? Inwieweit wurde eine Effizienzsteigerung erreicht?

274. Auf einer Skala von 1 bis 10 (1 = schlecht und 10 = sehr gut): Wie ist Ihre Ergebnisorientierung bzw. Ressourcensteuerung ausgeprägt?

275. Was waren für Sie herausfordernde Situationen, bei denen es insbesondere auf Ergebnisorientierung und Ressourcensteuerung ankam?

276. Welche Herausforderungen begegnen Ihnen in Bezug auf Ergebnisorientierung und Ressourcensteuerung?

277. Was haben Sie in den letzten Jahren getan, um Ihre Arbeitsweise effizienter zu gestalten?

278. Gab es Situationen, aufgrund derer Sie Ihre Arbeitsweise bzw. Vorgehensweise verändern mussten, um erfolgreich zu sein? Welche waren das?

279. Welches sind in Ihrem Bereich die wesentlichen Indikatoren für effizientes Arbeiten?

280. Welche Kennzahlen Ihres Bereichs haben Sie in Bezug auf die Kostenoptimierung regelmäßig im Blick?
281. Bitte schildern Sie ein größeres Projekt, dass aus Ihrer Sicht gut gelaufen ist. Welches waren die Erfolgsfaktoren, die Sie maßgeblich beeinflusst haben?

7.4.2.7 Schriftlicher Ausdruck

Verlangen Sie vom Bewerber eine Arbeitsprobe oder überprüfen Sie gegebenenfalls das Anschreiben auf diesen Aspekt hin.

282. Auf einer Skala von 1 bis 10 (1 = schlecht und 10 = sehr gut): Wie gut ist Ihre schriftliche Ausdrucksfähigkeit?
283. Was waren für Sie Herausforderungen, bei denen es insbesondere auf den schriftlichen Ausdruck ankam?
284. Was würde Ihr letzter Chef uns über ihre Fähigkeit sagen, sich schriftlich auszudrücken?
285. Bei welcher Ihrer zentralen Aufgaben im derzeitigen Job kommt es auf die schriftliche Ausdrucksfähigkeit an? Geben sie uns ein Beispiel, bei dem das gut gelungen ist.
286. Bei welcher Ihrer zentralen Aufgaben im derzeitigen Job kommt es auf die schriftliche Ausdrucksfähigkeit an? Geben Sie uns ein Beispiel, mit dem Sie nicht zufrieden waren!
287. Mit welchen schriftlichen Formulierungen haben Sie einen wichtigen Beitrag zur Kundenorientierung geleistet?
288. Nennen Sie uns ein paar Beispiele, mit denen Sie schwierige oder komplexe sachliche Fachinhalte in Kundensprache übersetzt haben.
289. Worauf legen Sie bei der schriftlichen Kommunikation Wert?
290. Wie gelingt es Ihnen, bei Ihren Lesern nicht Langeweile oder Unverständnis zu erzeugen?

7.4.2.8 Sorgfalt und Gewissenhaftigkeit

291. Bei der Arbeit ist es uns allen schon passiert, dass irgendetwas einfach „unterging". Auch Ihnen ist das sicher schon passiert. Nennen Sie uns bitte Beispiele für solche Situationen? Welche Ursachen hatten diese? Welche Folgen bzw. Ergebnis ergaben sich?
292. Wie sichern Sie sich gegen eigene Arbeitsfehler ab? Haben Sie eine eigene Art der Kontrolle entwickelt? Beschreiben Sie sie.
293. Können Sie mir ein paar Beispiele von Fehlern nennen, die Sie in Ihrer Arbeit entdeckt haben?

294. Wie stellen Sie fest, dass an Ihrem Arbeitsplatz alles richtig läuft? Schildern Sie einige Fälle, bei denen Sie bemerkten, dass ein Verfahren, eine Aufgabe bzw. ein Arbeitsvorgang nicht richtig ablief.

295. Bei welchen Arbeiten kam es bei Ihrer Stelle als … auf besonders gründliches Arbeiten an? Wie gut haben Sie diese Aufgaben gelöst?

296. Welche Fehler im Arbeitsablauf konnten dank Ihrer Aufmerksamkeit beseitigt werden?

297. Wie gelingt es Ihnen, dass kein Arbeitsschritt vergessen wird und kein wichtiger Vorgang „untergeht?"

298. Was tun Sie, um Fehler bei Ihrer Arbeit auszuschließen? Bitte schildern Sie ein Beispiel. Was haben Sie unternommen? Was war das Ergebnis Ihrer Bemühungen?

299. Erzählen Sie mir von einer hektischen Zeit bei Ihrer Arbeit. Was haben Sie unternommen, um sicherzustellen, dass die Qualität der Arbeit unter dieser Hektik nicht leidet?

300. Wir alle übersehen bei der Arbeit kleine Details und machen Fehler. Geben Sie mir ein konkretes Beispiel für eine Situation, in der Ihnen dies passiert ist. Wie sind Sie damit umgegangen? Was haben Sie in der Situation getan? Was war dann das Ergebnis? Wie haben Sie sich in der Situation gefühlt?

301. Was heißt für Sie, genaue und sorgfältige Arbeit zu leisten? Geben Sie ein Beispiel für eine Situation, in der Sie mit Ihrer Arbeit so richtig zufrieden waren, weil alles genau stimmte.

302. Bitte erzählen Sie uns von einer Aufgabe bzw. einem Projekt aus der jüngeren Vergangenheit, bei dem ein genaues, sorgfältiges Arbeiten sehr wichtig war. Wie sind Sie im Einzelnen vorgegangen? Was ist dabei herausgekommen? Wie ist es Ihnen mit dieser Aufgabe ergangen?

303. Auf einer Skala von 1 bis 10 (1 = schlecht und 10 = sehr gut): Wie gut sind Ihre Sorgfalt und Gewissenhaftigkeit ausgeprägt?

304. Was waren für Sie herausfordernde Situationen, in denen Sie besonders sorgfältig gearbeitet haben?

305. Welche Herausforderungen müssen Sie bewältigen, wenn Sie sorgfältig und gewissenhaft arbeiten wollen?

306. Auf einer Bandbreite von fehlertolerant bis perfektionistisch, wo sehen Sie sich da?

7.4.2.9 Umgang mit Ambiguitäten

307. Wann waren Sie einmal in einer Situation, in der Dinge, die Ihren Aufgabenbereich betrafen, nicht eindeutig geregelt waren (z. B. Zuständigkeiten, die auch auf Nachfragen nicht deutlich waren, unklare Kommunikationswege, unvollständige Informationen, uneindeutig kommunizierte Erwartungen)? Wie sind

Sie in der Situation vorgegangen? Wie sind Sie damit zurechtgekommen? An welchen Stellen hat das Sie am meisten gestört? Wie waren Ihre Arbeitsergebnisse?

308. Bitte schildern Sie uns eine Situation, in der Sie von zwei Personen zu einer Frage oder einem Thema ganz unterschiedliche Aussagen erhalten haben. Wie sind Sie damit umgegangen? Wie sind Sie dann weiter vorgegangen? Was war das Ergebnis?

309. Wie gelingt es Ihnen, Situationen, die von Unsicherheit und unscharfen Rahmenbedingungen geprägt sind, zu bewältigen? Erzählen Sie von einer konkreten Situation. Wie ist es Ihnen ergangen? Wie haben Sie in dieser unsicheren Situation sichergestellt, dass Sie gute Ergebnisse erzielen?

310. Schildern Sie eine Situation, in der Sie eine unklare Aufgabe bekamen und es keine Möglichkeit zum Nachfragen gab. Wie sind Sie mit der Situation umgegangen?

311. Wann standen bei einer Ihrer Aufgaben Theorie (wie sollte es sein?) und Praxis (was ist machbar?) in einem Gegensatz? Wie sind Sie damit umgegangen?

312. Auf einer Skala von 1 bis 10 (1 = schlecht und 10 = sehr gut): Wie gut ist Ihre Fähigkeit ausgeprägt, mit unklaren oder mehrdeutigen Anforderungen umzugehen?

313. Was waren für Sie herausfordernde Situationen, in denen Sie mit unklaren oder mehrdeutigen Anforderungen umgehen mussten?

314. Bitte schildern Sie uns eine Situation, die wenig strukturiert war. Wie sind Sie damit umgegangen?

315. Wie wohl fühlen Sie sich in Situationen, die von Unsicherheit und unklaren Rahmenbedingungen geprägt sind? Wie schaffen Sie es, in solchen Situationen handlungsfähig zu bleiben?

316. Haben Sie in komplexen Situationen üblicherweise einen Alternativplan in der Hinterhand, falls es anders kommt, als sie erwarten, oder entscheiden Sie in solchen Situationen spontan „aus dem Bauch" heraus?

7.4.2.10 **Entscheidungsfähigkeit**

317. Wie schwierig ist es bei Ihrer Arbeit, Prioritäten zu setzen?

318. Welches waren die schwierigsten Entscheidungen, die Sie im letzten Jahr treffen mussten? Was machte diese Entscheidungen so schwierig?

319. Wie sind Sie vorgegangen, wenn Sie wichtige und für Ihre Laufbahn folgenreiche Entscheidungen treffen mussten?

320. Welches war Ihre letzte geschäftliche Entscheidung? Wie lange brauchten Sie für Ihre Entscheidung?

321. In welchen Fällen — wenn überhaupt — haben Sie Entscheidungen aufgeschoben, um sie gründlicher durchdenken zu können? Wie lang dauerte der längste Aufschub?

322. Welche Art von Entscheidungen fällen Sie schnell, für welche nehmen Sie sich mehr Zeit? Können Sie einige Beispiele nennen?

323. Welche Entscheidung haben Sie aus heutiger Sicht zu spät getroffen? Was würden Sie heute anders machen?

324. Wie sichern Sie sich bei wichtigen Entscheidungen ab? Nennen Sie bitte Beispiel für solche Situationen. Wie gut sind Sie bisher mit diesem Vorgehen gefahren?

325. Welchen Entscheidungen gehen Sie am liebsten aus dem Weg? Warum ist das so?

326. Welchen Entscheidungsspielraum haben Sie in Ihrer Tätigkeit? Wie nutzen Sie diesen Spielraum aus?

327. Geben Sie mir ein Beispiel für eine gute Entscheidung, die Sie kürzlich getroffen haben. Wieso war es eine gute Entscheidung? Welche Alternativen gab es?

328. Erzählen Sie mir doch einmal von einer Situation, in der Sie eine Entscheidung unter nicht optimalen Bedingungen treffen mussten. Wie sind Sie vorgegangen?

329. Was war die bedeutsamste Entscheidung, die Sie in der letzten Zeit getroffen haben? Welche Informationen haben Sie als Entscheidungsgrundlage herangezogen? Wie sind Sie zu Ihrer Entscheidung gekommen? Wie bewerten Sie und andere Personen die Entscheidung aus heutiger Sicht?

330. Welche Entscheidung ist Ihnen besonders schwergefallen? Worum ging es dabei? Wie sind Sie vorgegangen? Was hat Sie schließlich dazu gebracht, die Entscheidung zu treffen? Würden Sie sich heute wieder so entscheiden? Was hat sich durch die Entscheidung verändert?

331. Wir alle entscheiden uns auch mal falsch. Wann ist Ihnen das zuletzt passiert? Wie kam es dazu? Was waren die Alternativen? Welche Konsequenzen hatte die falsche Entscheidung?

332. Beschreiben Sie eine Situation, in der Sie schnell eine Entscheidung treffen mussten, obwohl Sie noch mehr Informationen gebraucht hätten. Wie schnell entschieden Sie? Woran haben Sie sich dabei orientiert? Wie hoch war das Risiko? Was war das Ergebnis?

333. Auf einer Skala von 1 bis 10 (1 = schlecht und 10 = sehr gut): Wie gut ist Ihre Entscheidungsfähigkeit ausgeprägt?

334. Was waren für Sie herausfordernde Entscheidungssituationen?

7.4.2.11 Kreative Lösungsentwicklung

335. Beschreiben Sie einige der kreativsten Dinge, die Sie in Ihrer jetzigen Stelle getan haben. Wie viele Chancen bietet Ihre jetzige Stellung für Neuerungen und kreative Lösungen? Warum ist das so?

336. Können Sie sich an eine Situation erinnern, in der alte Lösungen nicht mehr funktionierten? Wie sind Sie mit dieser Situation umgegangen?

337. Welche Arten von Problemen haben andere Leute in letzter Zeit an Sie herangetragen? Beschreiben Sie Ihre Beiträge zur Problemlösung.

338. Was war Ihr bislang originellster Einfall? Wie haben Sie ihn realisiert?

339. Welche gestalterischen Spielräume bietet Ihre Tätigkeit? Wie haben Sie diese bisher ausgenutzt? Nennen Sie bitte Beispiele.

340. Welche konkrete Neuerung haben Sie selbst in Ihrem Unternehmen eingeführt bzw. hatten maßgeblichen Anteil daran?

341. Wann konnten Sie mit Ihrer Kreativität und Improvisationsfähigkeit einen wesentlichen Beitrag zum Erfolg Ihres Unternehmens, Projekts bzw. Arbeitsbereichs beitragen?

342. Was war Ihr bislang originellster Einfall? Was war die Ausgangssituation? Wie haben Sie Ihre Idee realisiert?

343. Beschreiben Sie eine Situation, in der Sie mit einer Aufgabe konfrontiert wurden, die nicht mit herkömmlichen Methoden oder Verfahren zu bewältigen war. Wie gingen Sie vor? Was war das Ergebnis?

344. Beschreiben Sie eine Situation, in der Sie sich selbst als besonders kreativ erlebt haben. Worum handelte es sich? Was haben Sie getan? Wie haben die Beteiligten reagiert?

345. Wann haben Sie in Ihrem Arbeitsumfeld einen ungewöhnlichen Lösungsweg eingeschlagen? Wie sind Sie darauf gekommen? Was war das Ergebnis?

346. Bitte erzählen Sie mir von einer Situation, in der Sie bisherige Lösungswege bzw. Arbeitsmethoden weiterentwickelt oder verändert haben. Worum ging es dabei? Wie sind Sie bei der Entwicklung neuer Wege und Methoden vorgegangen? Welches Ergebnis haben Sie damit erzielt?

347. Bitte schildern Sie eine kritische Arbeitssituation, in der Sie gezwungen waren, zu improvisieren und kurzfristig eine pragmatische Lösung zu entwickeln.

348. Erzählen Sie von einer Situation, in der Sie durch veränderte Arbeitsbedingungen oder Verantwortungsbereiche überrascht wurden. Was war anders als sonst? Wie sind Sie vorgegangen? Was war das Ergebnis?

349. Berichten Sie mir von einer Situation, in der unvorhergesehene Probleme bei Ihrer Arbeit oder bei einem Projekt aufgetreten sind. Wie haben Sie sie gelöst? Wie war das Ergebnis?

350. Auf einer Skala von 1 bis 10 (1 = schlecht und 10 = sehr gut): Wie gut ist Ihre kreative Lösungsentwicklung ausgeprägt?

351. Was waren für Sie Herausforderungen, auf die Sie mit kreativen Lösungen reagieren mussten?

352. Welche kreativen Lösungstechniken setzen Sie ein? Nennen Sie bitte Beispiele.

353. Mit welchen Aufgaben beschäftigen Sie sich lieber: mit solchen, bei denen Sie gefordert sind, neue Lösungswege zu erarbeiten, oder mit solchen, bei denen Sie zur Lösung auf bewährte Vorgehensweisen zurückgreifen können?

7.4.2.12 Veränderungskompetenz und Flexibilität

354. Auf welchen Verbesserungsvorschlag in der Organisation der Arbeit in Ihrer Abteilung sind Sie stolz?

355. Wie stellen Sie sich auf neue Situationen und Gegebenheiten in Ihrem Beruf ein? Welche Änderungen ergaben sich in der Vergangenheit für Sie?

356. Erzählen Sie mir von einer Situation, in der es in Ihrem Arbeitsumfeld zu größeren Veränderungen gekommen ist. Wie sind Sie damit umgegangen?

357. Wann haben Sie selbst eine größere Veränderung in Ihrem Arbeits- bzw. Verantwortungsbereich umgesetzt? Wie sind Sie dabei vorgegangen? Welches Feedback haben Sie diesbezüglich bekommen?

358. Wann gab es in Ihrem Arbeitsbereich Veränderungen, mit denen Sie nicht einverstanden waren? Wie haben Sie darauf reagiert? Zu welchem Ergebnis hat Ihre Reaktion geführt?

359. Schildern Sie mir bitte eine Situation, in der Sie sich auf eine für Sie völlig neuartige Aufgabe eingelassen haben. Wie sind Sie mit der Veränderung umgegangen? Wie zufrieden waren Sie mit Ihren Ergebnissen?

360. Bitte erzählen Sie mir von einer Situation, in der Kollegen oder Mitarbeiter von Ihnen mit einer Veränderung unzufrieden waren. Was haben Sie in dieser Situation unternommen? Welches Ergebnis haben Sie erzielt?

361. Vor welchen Veränderungen steht Ihr bisheriger Bereich? Welchen Veränderungsbedarf sehen Sie für Ihren Bereich?

362. Auf einer Skala von 1 bis 10 (1 = schlecht und 10 = sehr gut): Wie gut ist Ihre Veränderungskompetenz ausgeprägt?

363. Was waren für Sie herausfordernde Veränderungssituationen?

364. Mit welchen Veränderungen sind Sie zurzeit in Ihrem Bereich konfrontiert?

365. Wie unterstützen Sie die Veränderungen?

7.4.3 Kompetenzfeld 3: Potenzialindikatoren

7.4.3.1 Initiative und Eigenständigkeit

366. Mussten Sie sich einmal gegen eine allgemeine Stimmung bzw. eine grundlegende Strategie wehren, um ein bestimmtes Ziel zu erreichen? Beschreiben Sie die Situation.

367. Schildern Sie einige Vorschriften, Unternehmensrichtlinien oder Verfahrensweisen, mit denen Sie nicht einverstanden waren. Was haben Sie unternommen?

368. Führen Sie Arbeiten aus, die nicht unbedingt in Ihrem Aufgabengebiet vorgesehen sind? Welche sind das?

369. Mussten Sie sich einmal gegen die Mehrheit stellen, um ein bestimmtes Ziel zu erreichen? Beschreiben Sie die Situation.
370. Unter welchen Zwängen bzw. Einschränkungen stehen Sie bei der Arbeit? Wie werden Sie damit fertig?
371. Beschreiben Sie eine Situation, in der Sie eigenmächtig eine Entscheidung getroffen haben, die eigentlich Ihr Vorgesetzter hätte fällen müssen.
372. In welchen Fällen wenden Sie sich zuerst an Ihren Vorgesetzten, bevor Sie Ihre Aufgabe in Angriff nehmen?
373. Auf einer Skala von 1 bis 10 (1 = schlecht und 10 = sehr gut): Wie gut ist Ihre Initiative ausgeprägt?
374. Was waren für Sie in den letzten Jahren herausfordernde Situationen, in denen Sie die Initiative ergriffen haben?
375. Was bedeutet für Sie, Initiative ergreifen? Nennen Sie Beispiele.
376. Für welchen Teil Ihres Aufgabengebiets können Sie sich richtig begeistern?
377. Beschreiben Sie bitte eine Situation, in der Sie nicht übermäßig viel zu tun hatten. Wie haben Sie die Zeit verbracht?
378. Sind Sie eher jemand, der dazu neigt, vorschnell das Heft des Handelns in die Hand zu nehmen, oder sind Sie jemand, der zu lange abwartet, wie die Dinge sich entwickeln, um dann darauf zu reagieren?

7.4.3.2 Komplexitätsverarbeitungskompetenz

379. Welches war das schwierigste Projekt, das Sie jemals bearbeitet haben? Was war daran so schwierig? Was hat Ihnen den Erfolg gebracht? Was würden Sie beim nächsten Mal anders machen?
380. Welches Projekt wäre für Sie eine echte Herausforderung? Welche Fragestellung wäre für Sie reizvoll? Wie würden Sie an die Aufgabe herangehen?
381. Es passiert gelegentlich, dass man im Arbeitsalltag, z. B. durch zu viele parallele Vorgänge und Projekte, den Überblick verliert. Wann ist Ihnen das schon einmal geschehen? Was haben Sie in der Situation getan? Wie war das Ergebnis?
382. Beschreiben Sie eine Situation, in der Sie anderen helfen kommen, eine komplexe Aufgabe zu lösen. Wie sind Sie dabei vorgegangen? Wie war das Ergebnis?
383. Schildern Sie anhand eines besonders komplexen Problems aus Ihrer Arbeit, welche Strategien Sie benutzt haben, um eine Lösung herbeizuführen. Welches Ergebnis erzielten Sie?
384. Erzählen Sie mir von einer Situation, in der Sie es nicht geschafft haben, die wichtigsten Aspekte und Zusammenhänge einer Aufgabe bzw. eines Sachverhalts herauszufiltern. Worum ging es dabei? Welche Schlüsse haben Sie aus dieser Situation gezogen?

385. Kettenfrage: Beschreiben Sie mir eine Situation, in der Sie Arbeiten an einen Mitarbeiter delegierten, die nicht so ausgeführt wurden, wie Sie das vorgesehen hatten. Wie haben Sie reagiert? Wie hat der Mitarbeiter reagiert? Was war das Ergebnis? Und aus welchen Gründen hat es Ihrer Meinung nach nicht geklappt?

386. Wann wurden Sie in Ihrer Arbeit vor ein wirklich komplexes Problem gestellt? Weshalb war es ein komplexes Problem für Sie? Wie sind Sie vorgegangen, um dieses Problem zu lösen? Wie war das Ergebnis?

387. Auf einer Skala von 1 bis 10 (1 = schlecht und 10 = sehr gut): Wie gut ist Ihre Kompetenz ausgeprägt, Komplexität zu verarbeiten?

388. Was waren für Sie Herausforderungen, bei denen Sie ein hohes Maß an Komplexität bewältigen mussten?

7.4.3.3 Selbstreflexion

389. Welche Ihrer Eigenschaften und Kompetenzen machen Sie erfolgreich? Worauf führen Sie zurück, dass gerade diese Eigenschaften Sie erfolgreich machen? Nennen Sie Beispiele.

390. Welche Ihrer Eigenschaften hindern Sie hin und wieder an Ihrem Erfolg? Nennen Sie Beispiele.

391. Wie würden andere Personen, z. B. Kollegen, Vorgesetzte und Freunde, Sie beschreiben?

392. In welcher Situation haben Sie bemerkt, dass Ihnen eine bestimmte Kompetenz gefehlt hat, die in dieser Situation nützlich gewesen wäre? Welche Situation war das? Welche Kompetenz hätten Sie sich gewünscht? Wie sind Sie dann in dieser Situation vorgegangen? Wozu hat das geführt? Was haben Sie getan, um Ihre Kompetenzen zu entwickeln?

393. Wie wirken Sie auf andere, z. B. Kollegen, Vorgesetzte und Bekannte? Woran machen Sie das fest?

394. Auf einer Skala von 1 bis 10 (1 = schlecht und 10 = sehr gut): Wie gut ist Ihre Fähigkeit, die eigenen Stärken und Schwächen realistisch einzuschätzen?

395. Was waren für Sie herausfordernde Situationen, in denen Selbstreflexion gefragt war?

396. Erzählen Sie uns, wann Sie Ihr Verhalten verändert haben, weil Sie das Thema für sich als Schwachpunkt erkannt haben?

397. Wenn Sie Ihr eigener Chef wären, was wäre Ihnen im Umgang mit Ihnen besonders wichtig?

398. Was sind typische Rückmeldungen die Sie zu Ihrer Person bekommen, positiv wie kritisch?

399. Was haben Sie vielleicht schon unternommen, um sich als Person oder Mensch besser zu verstehen?

7.4.3.4 Rollenbewusstsein

400. Wann haben Sie die Befugnisse, die mit Ihrer Funktion bzw. Position einhergehen, einmal überschritten? Worum ging es dabei? Welche Rückmeldung haben Sie dazu erhalten? Was würden Sie in der Rückschau anders machen?

401. Hin und wieder kommt es zu Rollenkonflikten und unterschiedlichen, auch widersprüchlichen Erwartungen an eine Person. Bitte schildern Sie eine solche Situation, die Sie erlebt haben. Wie sind Sie in dieser Situation vorgegangen? Was war das Ergebnis?

402. Wann war Ihnen in Ihrem Arbeitsumfeld nicht ganz klar, was von Ihnen erwartet wurde? Was haben Sie in dieser Situation getan? Wie war das Ergebnis?

403. Es kann durchaus passieren, dass man Probleme aus dem Beruf- und dem Privatleben zu stark vermischt. Wie haben Sie bislang versucht, diesem Problem vorzubeugen? Wie gut ist Ihnen das gelungen?

404. Bitte erzählen Sie mir von einer Situation, in der es Ihnen schwergefallen ist, sich bzw. Ihre Meinung zurückzuhalten, Sie dies aber aufgrund Ihrer Rolle getan haben. Worum ging es dabei? Wie haben Sie sich in der Situation verhalten? Wie ging es Ihnen in dieser Situation? Welches Feedback haben Sie dazu erhalten?

405. Auf einer Skala von 1 bis 10 (1 = schlecht und 10 = sehr gut): Wie gut ist Ihr Rollenbewusstsein ausgeprägt?

406. Welche herausfordernden Situationen erinnern Sie, in denen es auf ein klares Rollenbewusstsein ankam?

7.4.3.5 Selbstmanagement

407. Wie oft wird Ihr Zeitplan durch unvorhergesehene Umstände durcheinandergebracht? Was tun Sie dann? Geben Sie ein Beispiel aus jüngster Vergangenheit.

408. Wie haben Sie festgelegt, welchen Aufgaben Sie bei Ihrer Zeitplanung höchste Priorität geben? Bitte nennen Sie Beispiele.

409. Haben Sie im letzten Jahr in Bezug auf Ihre eigene Arbeitsorganisation etwas verändert? Was war das?

410. Wie behalten Sie den Überblick über unerledigte Arbeiten?

411. Beschreiben Sie bitte, wie Sie Ihr Vertriebsgebiet bearbeiten. Wie gehen Sie dabei konkret vor? Wie gut haben Sie die Potenziale bislang ausgenutzt? Was haben Sie vor, um die Verkaufspotenziale noch besser auszuschöpfen?

412. Wie bringen Sie Ihre privaten und Ihre beruflichen Ziele und Interessen in Einklang?

413. Es fällt nicht bei allen Aufgaben leicht, konzentriert und motiviert daran zu arbeiten. Bitte erzählen Sie mir von einer Aufgabe, bei der es Ihnen schwerfiel, sich zu motivieren. Warum war es für Sie schwer, sich dafür zu motivieren?

Was haben Sie getan, um die Aufgabe dennoch zu bewältigen? Wie war das Ergebnis und mit welchem Aufwand haben Sie es erreicht?

414. Denken Sie bitte an einen gewöhnlichen Arbeitstag, z. B. in der vergangenen Woche. Wie haben Sie Ihre Arbeit für diesen Tag organisiert? Wie zufrieden waren Sie mit Ihrer Organisation?

415. Wann waren Sie das letzte Mal in einer Situation, in der Sie eine größere Aufgabe oder ein Projekt selbstständig planen und strukturieren mussten. Wie sind Sie dabei konkret vorgegangen? Was fiel Ihnen leicht und was nicht? Wie war das Ergebnis?

416. Manchmal muss man viele wichtige Aufgaben auf einmal erledigen. Erzählen Sie mir von so einer Situation. Was haben Sie getan, um den Überblick über Ihre Aufgaben zu behalten? Wie haben Sie entschieden, in welcher Reihenfolge Sie die Aufgaben bearbeiten? Wie teilten Sie Ihre Zeit ein? Wie zufrieden waren Sie mit dem Ergebnis?

417. Jeder hat in seinem Büro seine eigene Ordnung. Wie haben Sie Ihren Arbeitsplatz und Ihre Ablage organisiert?

418. Wie sind Sie in Ihrer bisherigen Arbeit bzw. Ihrem zurückliegenden Projekt mit Phasen der Arbeitsüberlastung umgegangen? Erzählen Sie mir von einer besonders beanspruchenden Phase.

419. Bitte erzählen Sie mir von einer Phase Ihrer bisherigen Arbeit, in der Sie nur wenige Aufgaben zu erledigen hatten. Was haben Sie in dieser Situation getan?

420. Bitte erzählen Sie mir von einer größeren Aufgabe, bei der Sie es nicht geschafft haben, sich so zu organisieren, dass Ihre Arbeit effizient erledigt wurde. Woran lag es? Was würden Sie beim nächsten Mal anders machen?

421. Auf einer Skala von 1 bis 10 (1 = schlecht und 10 = sehr gut): Wie ist Ihre Kompetenz, sich selbst gut zu organisieren ausgeprägt?

422. Was waren für Sie in letzter Zeit Herausforderungen im Bereich des Selbstmanagements?

7.4.3.6 Leistungsorientierung

423. Manche gesteckten Ziele werden nur in Kooperation erreicht. Wie verhalten Sie sich, wenn ein Teammitglied den Fortschritt bremst?

424. Sie stellen fest, dass es in Ihrem Bereich mehrere sich widersprechende Anordnungen oder Bestimmungen gibt. Was tun Sie?

425. Erinnern Sie sich bitte an Situationen, in denen Sie eine Sache von sich aus in die Hand genommen und erfolgreich realisiert haben. Worum ging es dabei? Warum haben Sie es getan? Wie war das Ergebnis?

426. Welche Verbesserungen haben Sie in Ihrer gegenwärtigen Funktion eingeführt?

427. Wie gewinnen Sie neue Kunden? Bitte schildern Sie anhand eines Beispiels, wie Sie konkret vorgegangen sind?

428. Wie sind Sie an Ihre Ferienjobs gekommen?
429. Stellen Sie sich vor, Sie sollen neue Vereinsmitglieder werben. Sie selbst kennen wenige Leute in diesem Ort. Wie würden Sie zu zehn neuen Mitgliedern kommen?
430. Bitte erzählen Sie mir von einer Situation, in der Sie selbständig eine Idee oder einen Verbesserungsvorschlag zu Ihrem Arbeitsbereich einbrachten. Welche Reaktionen haben Sie erhalten?
431. Wann haben Sie in Ihrer bisherigen Arbeit selbst die Initiative für ein neues Projekt oder eine neue Aufgabe ergriffen? Welche Rückmeldung gab es dazu — z. B. von Kollegen oder Vorgesetzten?
432. Schildern Sie mir bitte eine Situation, in der Sie aus eigenem Antrieb mehr geleistet haben, als von Ihnen erwartet wurde. Worum ging es dabei? Was haben Sie getan? Wie haben andere auf Ihr Verhalten reagiert?
433. Welche weiterbildenden Maßnahmen haben Sie selbstständig angestoßen? Wie sind Sie dabei vorgegangen? Was waren Ihre Erfahrungen?
434. Wann hatten Sie kürzlich Arbeitszeit zu Ihrer freien Verfügung? Wie haben Sie diese genutzt?
435. Auf einer Skala von 1 bis 10 (1 = schlecht und 10 = sehr gut): Wie gut ist Ihre Leistungsorientierung ausgeprägt?
436. Was waren für Sie herausfordernde Leistungssituationen?
437. Auf einer Zehnerskala (1 = schlecht und 10 = sehr gut): Für wie ehrgeizig halten Sie sich?
438. Wodurch ist Ihr Leistungsanspruch gekennzeichnet?
439. Auf welche Leistungen in Ihrem Berufs- und Privatleben sind Sie richtig stolz?
440. Was würde Sie eher zufriedenstellen: dass Sie Ihre Leistung deutlich bzw. messbar gesteigert haben oder dass Sie besser waren als Ihre Konkurrenten (unabhängig von der absoluten Qualität der Leistung)?

7.4.3.7 Physische und psychische Belastbarkeit

441. Unter welchen Bedingungen arbeiten Sie am besten?
442. Wann standen Sie in den letzten Jahren unter dem größten Stress und Druck? Beschreiben Sie die Situation. Wie sind Sie damit fertig geworden? (Denken Sie an Anschlussfragen zu einem der Beispiele.)
443. Wie entspannen Sie sich nach einem harten Arbeitstag? Wie gewinnen Sie Distanz?
444. Wann ist Ihr Temperament zum letzten Mal mit Ihnen durchgegangen? Weshalb ist das geschehen? Was war das Ergebnis?
445. Waren Sie einmal anwesend, als jemand Ihnen gegenüber seine Beherrschung verlor oder gehässig wurde? Beschreiben Sie diese Situation?
446. Was belastet Sie in Ihrer Stelle bei … am meisten?

447. Erzählen Sie mir von einer Situation, in der Sie mit extremen Anforderungen konfrontiert waren. Wie sind Sie damit umgegangen?

448. Schildern Sie mir eine Situation, die Sie als sehr belastend und stressig erlebt haben. Wie sind Sie damit umgegangen?

449. Wann sind Sie mit Ihrer Belastbarkeit an Ihre Grenzen gekommen? Wie sah diese Situation aus? Was haben Sie in dieser Situation unternommen?

450. Wann mussten Sie über einen längeren Zeitraum unter schwierigen Bedingungen arbeiten? Worin bestanden diese schwierigen Bedingungen? Wie sind Sie damit umgegangen?

451. Was war der letzte Rückschlag oder Misserfolg, den Sie erlebt haben? Welche Situation war da genau und wie gingen Sie vor? Wie war das Ergebnis?

452. Beschreiben Sie eine Situation, in der Sie trotz Rückschlägen konsequent ein gesetztes Ziel verfolgt haben. Welches Ziel hatten Sie sich gesetzt? Wie sahen die Rückschläge aus? Wie sind Sie mit ihnen umgegangen? Zu welchem Ergebnis hat das letztendlich geführt? Inwieweit haben Sie Ihr Ziel erreicht?

453. Nennen Sie bitte eine konkrete Situation, in der Sie lange Zeit unter extremem Druck arbeiten mussten, z. B. aufgrund langer Arbeitszeiten oder großen Erfolgsdrucks. Wie sind Sie damit zurechtgekommen? Wie sah das Arbeitsergebnis aus? Wie ging es Ihnen anschließend?

454. Was haben Sie in den letzten zwölf Monaten unternommen, um Ihre körperliche Leistungsfähigkeit und Gesundheit zu erhalten?

455. Welche (beruflichen) Reisetätigkeiten haben Sie in der zurückliegenden Zeit durchführen müssen? Wie sind Sie mit den dabei entstehenden Belastungen umgegangen?

456. Wann wurde Ihre (körperliche) Leistungsfähigkeit auf eine Probe gestellt? Wie sahen die Anforderungen aus? Wie sind Sie damit umgegangen?

457. Auf einer Skala von 1 bis 10 (1 = schlecht und 10 = sehr gut): Wie gut ist Ihre Belastbarkeit?

458. Wann wurde in den letzten Jahren Ihre Belastbarkeit stark gefordert?

459. Schildern Sie mir eine Situation, in der Sie sehr betroffen oder emotional sehr belastet waren. Wie sind Sie damit umgegangen?

7.4.3.8 Lernfähigkeit und -bereitschaft

460. Was mussten Sie lernen, um bei … erfolgreich zu arbeiten? Wie lange brauchten Sie dazu? Wofür brauchten Sie die längste Zeit? Weshalb? Was war für Sie am schwierigsten zu lernen?

461. Sie sind ja … (Amateurfunker, Kunstschreiner usw.). Dafür braucht man sicher sehr viele technische Kenntnisse. Wie haben Sie sich diese Kenntnisse erworben?

462. Wie viel Zeit brauchten Sie, um Ihre …-Ausbildung bzw. Ihren …-Kurs abzuschließen (z. B. Buchhaltung, Englisch usw.)?
463. Für welche Veranstaltungen mussten Sie am meisten arbeiten?
464. Wie halten Sie Ihr fachliches Wissen auf dem neuesten Stand? Welche Zeitschriften oder Bücher haben Sie in letzter Zeit gelesen?
465. Welche Neuerungen stehen in Ihrem Fachgebiet bevor? Wie haben Sie sich darauf vorbereitet?
466. Es lässt sich nicht vermeiden, dass man auch mal Fehler begeht. Wann war das bei Ihnen einmal der Fall? Wie sind Sie damit umgegangen? Welche Rückschlüsse haben Sie daraus gezogen?
467. Wann ist es Ihnen einmal schwergefallen, etwas Neues zu lernen? Wie sind Sie dann vorgegangen? Mit welchem Ergebnis?
468. Was haben Sie im letzten Jahr getan, um Ihre Kompetenzen weiterzuentwickeln? Welches Feedback haben Sie dazu erhalten?
469. Wann haben Sie sich über die konkreten Anforderungen Ihres Berufs hinaus fortgebildet? Warum haben Sie dies gemacht? Welchen Nutzen haben Sie davon?
470. Erzählen Sie anhand eines Beispiels, woran Sie gemerkt haben, dass Sie in einem bestimmten Bereich Lernbedarf hatten. Was haben Sie dagegen unternommen? Welches Ergebnis erzielten Sie?
471. Auf einer Skala von 1 bis 10 (1 = schlecht und 10 = sehr gut): Wie sind Ihre Lernfähigkeit und Ihre Lernbereitschaft ausgeprägt?
472. Was waren für Sie herausfordernde Lernsituationen?

7.4.4 Kompetenzfeld 4: Mitarbeiterführung

7.4.4.1 Delegationsfähigkeit und Kontrollkompetenz

473. Welche Arbeiten delegieren Sie an andere Personen?
474. Während Sie hier im Gespräch sitzen, läuft Ihre Abteilung ja weiter. Wie haben Sie das geschafft?
475. Erzählen Sie mir von einer kürzlich delegierten Verantwortung. Worin genau bestand die Aufgabe? Beschreiben Sie bitte, wie Sie diese dem Mitarbeiter übergeben haben.
476. Wer hält den Betrieb in Gang, während Sie hier sitzen? Erzählen Sie mir bitte wie haben Sie ihn ausgewählt und aus welchen Gründen.
477. Beschreiben Sie den größten Fehler, den Sie je beim Delegieren einer Arbeit gemacht haben.
478. Welche Entscheidungen haben Sie an Ihre Mitarbeiter delegiert und wie haben Sie dies gemacht?

479. Wie entschieden Sie bisher, welche Aufgaben Sie an andere delegieren und an wen Sie sie übertragen? Geben Sie mir ein Beispiel für eine kürzlich übertragene Aufgabe und erzählen Sie mir, wie Ihr Entscheidungsprozess ablief.

480. Erzählen Sie mir von einer Aufgabe, die Sie an einen Mitarbeiter delegierten, für den diese Aufgabe eine große Herausforderung bedeutete.

481. Erzählen Sie mir von einer Situation, in der Sie eine Aufgabe delegiert hatten und nun Fortschritte bzw. Ergebnisse überprüfen wollten. Wie sind Sie vorgegangen? Was war das Ergebnis?

482. Beschreiben Sie mir eine Situation, in der Sie Arbeiten an einen Mitarbeiter delegierten, die nicht so ausgeführt wurden, wie Sie das vorgesehen hatten. Wie haben Sie reagiert? Wie hat der Mitarbeiter reagiert? Was war das Ergebnis?

483. Auf einer Skala von 1 bis 10 (1 = schlecht und 10 = sehr gut): Wie gut können Sie delegieren?

484. Erklären Sie anhand eines aktuellen Beispiels, wie Sie sicherstellen, dass Ihre Mitarbeiter wissen, was Sie von ihnen erwarten.

485. Welche Herausforderungen mussten Sie schon beim Delegieren von Aufgaben bzw. Verantwortungen bewältigen?

486. Wann haben Sie eine Aufgabe delegiert, die Sie gern selbst erledigt hätten? Wie kam es dazu? Wie sind Sie bei der Delegation vorgegangen?

487. Wie viele Überstunden erbringen Sie in der Woche? Aus welchen Gründen sind diese Überstunden nötig? (Hinweis: So finden Sie heraus, ob der Bewerber mehr delegieren sollte.)

488. Sind Sie jemand, der dazu tendiert, möglichst viele Aufgaben zu delegieren, oder eher jemand, der lieber viele Aufgaben selbst erledigen möchte?

489. Erzählen Sie mir von einer Situation, in der Sie großes Vertrauen in die Fähigkeiten eines Mitarbeiters setzen mussten. Worum ging es dabei? Wie sind Sie mit dieser Situation umgegangen? Mit welchem Ergebnis?

7.4.4.2 Informationsverhalten

490. Wie gestalten Sie in Ihrem Verantwortungsbereich den Informationsfluss zu den Mitarbeitern? Welche Informationen geben Sie weiter?

491. Welche Informationswege nutzen Sie?

492. Wie gehen Sie mit dem Spannungsfeld: „Sie geben Informationen weiter — Mitarbeiter fühlen sich nicht informiert" um?

493. Wie unterscheiden Sie zwischen Informations- und Kommunikationsthemen?

494. Wenn ich einen Ihrer kritischen Mitarbeiter fragen würde: „Über welche Themen fühlen sie sich von Ihrem Chef gut oder weniger gut informiert" — was würde er mir sagen?

495. Nennen Sie uns ein Beispiel dafür, wie Sie für ein komplexes Projekt das notwendige Datenmaterial beschafft und organisiert haben.

496. Wie stellen Sie sicher, dass Ihre Kollegen Zugriff auf wichtige Informationen auf Ihrem Schreibtisch haben, wenn Sie nicht im Hause sind?

497. Wann waren Sie mit Ihrer Informationsweitergabe einmal nicht zufrieden?

498. Wie erleben Sie die Informationsweitergabe ihres derzeitigen Chefs? Was schätzen Sie daran? Was wünschen Sie sich anders?

499. Auf einer Skala von 1 bis 10 (1 = schlecht und 10 = sehr gut): Wie schätzen Sie Ihr Informationsverhalten gegenüber Ihren Kollegen oder Mitarbeitern ein?

500. Tendieren Sie eher dazu, zu viele Informationen weiterzugeben, oder sind Sie eher jemand, der sehr sparsam mit Informationen umgeht?

501. Was sind Ihre Kriterien für die Weitergabe von Informationen an Mitarbeiter?

7.4.4.3 Fördern und Entwickeln von Mitarbeitern

502. Wann ist das letzte Mal ein Mitarbeiter aus Ihrem Bereich für eine bessere Position in einen anderen Unternehmensbereich gewechselt?

503. Wenn Sie morgen befördert oder ausscheiden würden — hätten Sie einen (vorbereiteten) Nachfolger? Was haben Sie für unternommen, um ihn zu fördern?

504. Wie viele Ihrer Mitarbeiter werden im nächsten Jahr reif sein für eine Beförderung? Woher wissen Sie das?

505. Beschreiben Sie einige Personen, die dank Ihrer Führung erfolgreich wurden. Welche Rolle haben Sie in deren Entwicklung gespielt?

506. Worin besteht der wichtigste Ausbildungs- und Entwicklungsbedarf der Mitarbeiter Ihrer Abteilung? Wie haben Sie diesen Bedarf ermittelt? Was tun Sie, um ihn zu decken?

507. Wie helfen Sie Ihren Mitarbeitern, sich selbst zu entfalten? Können Sie dafür Beispiele nennen?

508. Wie haben Sie Mitarbeiter daran beteiligt, den persönlichen Weiterbildungsbedarf zu ermitteln und die Fördermaßnahmen festzulegen? Können Sie dafür Beispiele nennen?

509. Welche Methoden nutzen Sie, um sich einen Überblick über die Stärken und Schwächen der Mitarbeiter zu verschaffen?

510. Was unternehmen Sie, um einer anderen Person deutlich zu machen, welche ihrer Fähigkeiten verbessert werden müssen? Was haben Sie konkret gesagt? Wie waren die Reaktion und das Ergebnis?

511. Erzählen Sie mir von einer Situation, in der Sie dafür gesorgt haben, dass ein Mitarbeiter die eigenen Erfahrungen, Kenntnisse und Fähigkeiten kontinuierlich weiterentwickelt. Wie sind Sie vorgegangen? Wie haben Sie den Mitarbeiter einbezogen? Wie hat er reagiert? Was war das Ergebnis?

512. Erzählen Sie mir bitte von einer Situation, in der Sie dafür gesorgt haben, dass ein Mitarbeiter lernt, die eigene Leistung realistisch zu bewerten und einzuordnen. Wie sind Sie vorgegangen? Wie hat der Mitarbeiter reagiert? Was war das Ergebnis?

513. Erläutern Sie anhand eines konkreten Beispiels, wie Sie Ihre Mitarbeiter fördern. Wie sind Sie auf den Mitarbeiter und seine Fähigkeiten aufmerksam geworden? Welche Schritte zur Förderung haben Sie unternommen? Inwieweit war die Förderung erfolgreich?

514. Erzählen Sie mir von einem Feedback, das Sie einem Mitarbeiter gegeben haben, der eine übertragene Aufgabe nicht zufriedenstellend erledigt hatte.

515. Erzählen Sie von einer Situation, in der Sie jemandem etwas erklären oder in etwas einweisen wollten, was aber nicht gleich geklappt hat. Was haben Sie getan? Wie waren die Auswirkungen? Wie sah es dann am Ende aus?

516. Erzählen Sie mir von einer Situation, in der ein Mitarbeiter bei der Erledigung einer Aufgabe einen Fehler begangen hat. Wie haben Sie darauf reagiert?

517. Auf einer Skala von 1 bis 10 (1 = schlecht und 10 = sehr gut): Wie schätzen Sie Ihre Fähigkeit, Mitarbeiter zu fördern und zu entwickeln, ein?

518. Welche Herausforderungen mussten Sie schon bewältigen, wenn es darum ging, Mitarbeiter zu fördern und zu entwickeln?

7.4.4.4 Einschätzung von Fähigkeiten und Potenzialen

519. Auf einer Skala von 1 bis 10 (1 = schlecht und 10 = sehr gut): Wie bewerten Sie Ihre Fähigkeit, Mitarbeiterfähigkeiten und Potenziale treffsicher einzuschätzen?

520. Welche Fehleinschätzungen bei Mitarbeitern haben Sie schon getroffen?

521. Bitte beschreiben Sie mir anhand eines konkreten Mitarbeiters, wie Sie dessen Potenzial eingeschätzt haben. Wie sind Sie zu Ihrer Einschätzung gekommen? Wie zutreffend war Ihre Einschätzung?

522. Manchmal kommt es vor, dass man die Fähigkeiten und Potenziale von Mitarbeitern falsch einschätzt. Erzählen Sie mir von einer Situation, in der es Ihnen so ergangen ist. Wie kamen Sie zu Ihrer Einschätzung?

523. Bitte beschreiben Sie anhand einer konkreten Situation, welche Kriterien für Sie bei der Auswahl von Mitarbeitern besonders wichtig waren? Warum waren es diese? Wie war das Ergebnis Ihrer Auswahl?

524. Wann waren Sie sich unsicher bezüglich der Fähigkeiten und Potenziale eines Ihrer Mitarbeiter? Was haben Sie getan, um sich Gewissheit zu verschaffen?

525. Erzählen Sie von einer Situation, in der Sie sich sicher waren, dass ein Mitarbeiter den aktuellen bzw. künftigen Aufgaben in seinem Bereich nicht gewachsen ist. Worauf gründeten Sie Ihre Einschätzung? Wie zutreffend war Ihre Einschätzung?

526. Nach welchen Kriterien wählen Sie Ihre Mitarbeiter aus?

527. Aufgrund welcher Stärken haben Sie Ihre Mitarbeiter ausgewählt?

528. Kam es schon einmal vor, dass Sie einen Mitarbeiter eingestellt haben, der sich als Fehlbesetzung erwiesen hat?

529. Wie schätzen Sie bei langjährigen Mitarbeitern die Fähigkeiten und Potenziale ein?

530. Auf einer Skala von 1 bis 10 (1 = schlecht und 10 = sehr gut): Wie schätzen Sie Ihre Fähigkeit ein, Bewerberinterviews zu führen?

531. Welche Herausforderungen stellen sich Ihnen beim Einschätzen von Mitarbeiterpotenzialen?

532. In welchen Bereichen der Potenzialeinschätzung bzw. des Recruitings nehmen Sie gern die Dienstleistung der Personalabteilung in Anspruch? Was machen Sie lieber selbst?

533. Was unterscheidet einen guten Mitarbeiter Ihres Teams von einem exzellenten Mitarbeiter?

7.4.4.5 Teambuilding und Teamführung

534. Welche Erfahrungen haben Sie in der Führung von Teams gemacht? Schildern Sie positive Erlebnisse bzw. schwierige Erlebnisse?

535. Wie laufen Ihre Teambesprechungen ab (Häufigkeit, Moderation, Ablauf)?

536. Wenn ich einen Ihrer kritischen Mitarbeiter fragen würde, was ihm an Ihrer Teamführung gefallen oder nicht gefallen hat, was würde er mir sagen?

537. Was haben Sie genau unternommen, um die Ihnen unterstellte Gruppe zu höchstmöglichen Leistungen zu befähigen?

538. Wann haben Sie das letzte Mal ein Team für die Erledigung einer Aufgabe zusammengestellt? Wie sind Sie dabei vorgegangen? Was war Ihnen dabei wichtig? Wie war das Ergebnis dieses Teams?

539. Manchmal weichen Teams bei der Arbeit an Projekten von ihrem eigentlichen Ziel ab. Beschreiben Sie mir eine Situation, in der Sie einem Team halfen, sich wieder neu auszurichten.

540. Beschreiben Sie mir bitte eine Situation, in der es Ihnen (nicht) gelang, einen guten Zusammenhalt im Team herzustellen. Wie sind Sie vorgegangen? Was war das Ergebnis?

541. Beschreiben Sie mir eine Situation, in der es wichtig war, dass sich alle Teammitglieder mit der gemeinsamen Aufgabe identifizieren. Was haben Sie dazu unternommen? Was lief gut bzw. schlecht? Was war das Ergebnis?

542. Beschreiben Sie mir eine Situation, in der ein Teamziel (nicht) erreicht wurde, weil (nicht) alle Beteiligten die eigenen Aufgabenverantwortlichkeiten erfüllt haben. Wie sind Sie vorgegangen, um Hindernisse zu beseitigen, sodass Ihr Team sich vollständig auf die Zielerreichung konzentrieren konnte?

543. Auf einer Skala von 1 bis 10 (1 = schlecht und 10 = sehr gut): Wie schätzen Sie Ihre Fähigkeit ein Team zu führen ein?

544. Welche Herausforderungen mussten Sie schon bei der Teamführung bzw. beim Teambuilding bewältigen?

545. Nach welchen Kriterien wählen Sie weitere Mitarbeiter für Ihr Team aus?

546. Beschreiben Sie mir bitte eine Situation, in der Mitglieder Ihres Teams demotiviert oder demoralisiert waren. Wie haben Sie reagiert? Was war das Ergebnis?

7.4.4.6 Zielsetzungs- und Zielerreichungskompetenz

547. Schildern Sie bitte ein Ziel, für dessen Erreichung Sie sich trotz widriger oder schwieriger Umstände erfolgreich eingesetzt haben.

548. Geben Sie uns bitte ein bis zwei Beispiele für Ziele, die Sie mit Ihren Mitarbeitern vereinbart haben bzw. die Ihre Führungskraft mit Ihnen vereinbart hat.

549. Welche langfristige Strategie verfolgen Sie für Ihren Bereich? Welche Ziele und Maßnahmen haben Sie zur Umsetzung und Verfolgung daraus abgeleitet?

550. Wie berücksichtigen Sie die sich unterjährig verändernden Rahmenbedingungen für die Ziele Ihrer Mitarbeiter? Geben Sie uns bitte ein Beispiel.

551. Wenn wir Ihre Führungskraft fragen würden: „Wie leitet und setzt Herr X Strategien und Maßnahmen um?" — was würde sie uns sagen? Und was könnten Sie besser machen?

552. Erzählen Sie bitte von einer Situation, in der Sie Ihre Ziele bzw. die Ziele des Unternehmens an Ihr Team weitergegeben haben.

553. Nennen Sie mir eine Situation, in der ein Mitarbeiter oder ein Teammitglied nicht mit den vorgegebenen Zielen einverstanden war. Was haben Sie unternommen? Was war das Ergebnis?

554. Wann gab es in Ihrer Arbeit Schwierigkeiten bei der Umsetzung von Unternehmenszielen? Wie sind Sie damit umgegangen?

555. Auf einer Skala von 1 bis 10 (1 = schlecht und 10 = sehr gut): Wie schätzen Sie Ihre Fähigkeit, Ziele zu erreichen, ein?

556. Welche Herausforderungen mussten Sie schon bewältigen, um Ziele zu erreichen?

557. Wann mussten Sie Ihre Mitarbeiter bzw. Teammitglieder motivieren, auch weniger beliebte Unternehmensziele umzusetzen?

558. Beschreiben Sie mir bitte eine Situation, in der Sie versuchen mussten, die Ziele der Organisation mit denen Ihres Teams zu verbinden. Wie sind Sie dabei vorgegangen?

559. Erzählen Sie mir von einer Situation, in der Sie mit einem Mitarbeiter individuelle Ziele vereinbart haben. Wie sind Sie dabei vorgegangen?

560. Wie brechen Sie übergeordnete Ziele in Teilziele für Ihre Mitarbeiter herunter?

561. Wie stellen Sie sicher, dass Ihre Mitarbeiter wissen, wo sie in Bezug auf die Zielerreichung stehen?

562. Wie handhaben Sie unterschiedliche Qualität der Zielerreichung von verschiedenen Mitarbeitern in Ihrem Team?

563. Wie stellen Sie besondere Erfolge in Ihrem Team heraus?

564. Erzählen Sie bitte von einer Situation, in der Sie aus den vorgegebenen Unternehmenszielen eigene Ziele für Ihren Verantwortungsbereich ableiten und umsetzen mussten. Wie sind Sie vorgegangen? Woran haben Sie sich orientiert? Haben Sie ein Feedback dazu bekommen? Wie sah dies aus?

7.4.5 Kompetenzfeld 5: Unternehmerische Führung

7.4.5.1 Strategisches Geschick/unternehmerisches Denken

565. Bitte schildern Sie, wann Sie einmal mit einer Aufgabe von strategischer Relevanz betraut waren. Wie sind Sie dabei im Einzelnen vorgegangen?

566. Welche Aufgaben mit strategischer Bedeutung haben Sie schon verantwortet?

567. Auf einer Skala von 1 bis 10 (1 = schlecht und 10 = sehr gut): Wie beurteilen Sie Ihre strategische Kompetenz?

568. Was war die schwierigste strategische Entscheidung, an der Sie beteiligt waren? Was genau war Ihre Aufgabe dabei und wie sind Sie vorgegangen?

569. Wann haben Sie einmal eine strategische Entscheidung getroffen, bei der Sie die langfristigen Konsequenzen gegen die kurzfristigen sorgfältig abwägen mussten? Wie sind Sie dabei vorgegangen? Mit welchem Ergebnis?

570. Beschreiben Sie eine Situation, in der Sie Möglichkeiten für eine Verbesserung der Auftragslage in Ihrem Arbeitsbereich bzw. Unternehmen erkannten. Was haben Sie konkret gemacht, um die Möglichkeiten zu nutzen? Wie ist das ausgegangen?

571. Bitte schildern Sie mir eine Situation, in der Sie sich mit zukünftigen Trends und Entwicklungen auseinandergesetzt haben. Worum ging es dabei? Wie sind Sie vorgegangen? Wie sah das Ergebnis aus?

572. Beschreiben Sie eine Situation, in der Sie bestimmte Trends nicht frühzeitig erkannten. Welchen Anteil hatten Sie daran? Was waren die Folgen? Was würden Sie heute anders machen?

573. Beschreiben Sie eine Situation, in der Sie mit einer von Ihnen eingeschlagenen Strategie keinen Erfolg hatten. Warum haben Sie diese Strategie verfolgt? Warum kam es nicht zum Erfolg? Wie haben Sie reagiert? Was würden Sie heute anders machen?

574. Mit welchen betrieblichen Kennziffern haben Sie bei Ihrem letzten Arbeitgeber Ihren Verantwortungsbereich gesteuert?

575. Welche großen Einsparungen haben Sie für Ihren Bereich initiiert und umgesetzt?

576. Welche Herausforderungen stellen sich Ihnen beim unternehmerischen Denken und Handeln?

7.4.5.2 Innovationskompetenz

577. Schildern Sie mir, wie Sie durch einen innovativen Verbesserungsvorschlag die Produktivität oder den Umsatz Ihrer Abteilung oder Ihres Unternehmens gesteigert haben.
578. Auf welche innovative Idee oder Lösung, an der Sie beteiligt waren, sind Sie besonders stolz? Was genau war Ihre Rolle dabei?
579. Erzählen Sie mir von einer Situation, in der Sie eine Vision oder eine langfristige Perspektive entwickelten. Worum ging es? Was war daran visionär?
580. Auf welche Spuren, die Sie im beruflichen Umfeld hinterlassen haben, sind Sie besonders stolz? Was genau war Ihr eigener Anteil und woher kam der Anstoß zu diesem Thema?
581. Erzählen Sie mir von einer Situation, in der Ihnen Wettbewerber oder Konkurrenten mit einer Innovation zuvor gekommen sind. Wie kam es dazu?
582. Auf einer Skala von 1 bis 10 (1 = schlecht und 10 = sehr gut): Wie schätzen Sie Ihre Innovationskompetenz ein?
583. Welche Herausforderungen mussten Sie bei der Einführung oder Entwicklung von Innovationen bzw. Neuerungen überwinden?
584. Inwiefern sehen Sie sich als Treiber von Entwicklung und Innovation in Ihrem Bereich?
585. Welche fachlichen Innovationen oder Weiterentwicklungen gehen auf Ihre Initiative zurück?
586. Wo sehen Sie Ihren Fachbereich in fünf Jahren? Was haben Sie daraus bisher für Ideen abgeleitet?

7.4.5.3 Wertorientierung

587. Erzählen Sie mir von einer Situation, in der Sie versucht waren, gegen Ihre persönlichen Werte zu handeln. Worum ging es dabei? Was haben Sie getan? Mit welchem Ergebnis?
588. Nennen Sie eine Situation, in der Sie Ihre Prinzipien und Werte gegen einen lukrativen Deal abwägen mussten. Wie haben Sie Ihre Entscheidung getroffen?
589. Erzählen Sie von einer Situation aus Ihrem Arbeitsleben, bei der Sie zwar im Sinne der Unternehmenswerte, aber gegen Ihre eigenen handeln mussten. Wie sind Sie damit umgegangen?
590. Welche Geschäftsgrundsätze gelten für Sie? Nenne Sie ein Beispiel, indem Sie diese Grundsätze angewendet haben.
591. Auf einer Skala von 1 bis 10 (1 = schlecht und 10 = sehr gut): Wie schätzen Sie Ihre Wert- und Visionsorientierung ein?
592. Was waren die zentralen Werte Ihres letzten Chefs? Wie stehen Sie zu diesen Werten?

593. Wann sind Sie in Ihrer beruflichen Laufbahn mit Ihren persönlichen Werten in Konflikt geraten?
594. Welche Situationen gab es in Ihrem Führungsleben, in denen Sie gegen Ihre innere Überzeugung handeln mussten?
595. Was war Ihre schwierigste Entscheidung, in der Ihre Werte berührt wurden?
596. Mit welchen Herausforderungen mussten Sie sich in Bezug auf Ihre Werteorientierung beschäftigen?
597. Wann sind Sie in Bezug auf Ihre Überzeugungen in ein Dilemma gekommen?

7.4.5.4 Visionsorientierung und Gestaltungskraft

598. Erzählen Sie mir von einer Situation, in der Sie andere von Ihren Ideen überzeugen und gewinnen konnten. Wie sind Sie dabei vorgegangen?
599. Wann mussten Sie eine Ihrer Ideen gegen Widerstand durchsetzen? Wie sind Sie vorgegangen, um die Widerstände zu überwinden? Mit welchem Ergebnis?
600. Beschreiben Sie mir eine Situation, in der Sie durch Ihren Einsatz eine Veränderung vorantreiben konnten. Wie genau sah Ihr Einsatz dabei aus? Welche Rückmeldung erhielten Sie?
601. Auf einer Skala von 1 bis 10 (1 = schlecht und 10 = sehr gut): Wie schätzen Sie Ihre Fähigkeit ein, andere für eine unternehmerische Idee zu gewinnen?
602. Wann haben Sie sich mit all Ihrer Kraft für eine Idee, Maßnahme oder Veränderung eingesetzt? Worum ging es dabei? Wie haben Sie das getan? Wie war das Ergebnis?
603. Wann konnten Sie eine Ihrer Ideen nicht verwirklichen, obwohl sie Ihnen sehr wichtig war? Wie ist es dazu gekommen? Was sind Ihre Erkenntnisse aus dieser Situation?
604. Wann gab es eine Situation, die Sie zu wesentlichen Teilen aufgrund Ihrer Hartnäckigkeit gemeistert haben?
605. Können Sie uns eine Situation schildern, in der Sie mit deutlichem Widerstand konfrontiert waren, sei es von Kunden, Kollegen, Mitarbeitern oder Ihrem Chef? Wie sind Sie vorgegangen?
606. Auf einer Skala von 1 bis 10 (1 = schlecht und 10 = sehr gut): Wie hoch schätzen Sie Ihre Frustrationstoleranz ein?
607. Wie motivieren Sie sich bei langwierigen und schwierigen Aufgaben oder nach Rückschlägen im Rahmen eines Projekts, sodass Sie auch weiterhin bei der Stange bleiben?
608. Beschreiben Sie eine Situation, in der Ihre Mitarbeiter sehr frustriert waren. Wie sind Sie damit umgegangen?
609. Sind Sie eher jemand, der einmal gesetzte Ziele konsequent und geradlinig verfolgt, oder eher jemand, der sich im Laufe einer Aufgabe immer wieder auf neue und aktuelle Erfordernisse einstellen kann?

610. Vor welchen Veränderungen steht Ihr bisheriger Bereich? Welchen Veränderungsbedarf sehen Sie für Ihren Bereich?

611. Welche Herausforderungen stellen sich Ihnen bei der Entwicklung von Visionen?

612. Erzählen Sie mir von einem Beispiel, wann Sie sich in Ihrer Arbeit durch eine langfristige Unternehmensvision statt durch kurzfristigen Profit leiten ließen. Wie kam es dazu?

613. Wie sieht Ihre persönliche Vision für Ihr Unternehmen bzw. Ihren Arbeitsbereich aus? Was haben Sie bislang unternommen, um sich dieser Vision anzunähern? Welches Ergebnis haben Sie dabei erzielt?

7.5   Fragen zur Motivation des Bewerbers

7.5.1   Übergreifende Fragen

614. Was uns zu Beginn am meisten interessiert: Warum haben Sie sich dazu entschieden, sich jetzt auf diese Position bei uns zu bewerben?

615. Was macht diese Stelle für Sie attraktiv? Was schätzen Sie als besonders anregend ein? Welche anderen Stellen sind ähnlich interessant für Sie? Was macht diese Positionen interessant?

616. Was hat Sie veranlasst, auf unsere Anzeige zu reagieren? Welche Aspekte haben Sie besonders angesprochen?

617. Rückblickend auf Ihre bisherigen beruflichen Tätigkeiten: Wann waren Sie besonders zufrieden? Was genau hat Sie so zufrieden gemacht? Warum war das so?

618. Rückblickend auf Ihre bisherigen beruflichen Tätigkeiten: Wann waren Sie unzufrieden? Was genau hat Sie unzufrieden gemacht? Warum war das so?

619. In welcher Ihrer bisherigen Positionen war die Vergütung direkt an die erbrachte Leistung gekoppelt? Was genau war dort die Situation und wie war das für Sie?

620. Gab es in den letzten Jahren eine Zeit, in der Sie im Rahmen Ihrer Tätigkeit viele Dienstreisen unternehmen mussten? Was genau war die Anforderung? Wie haben Sie diese Zeit erlebt? Warum was da so?

621. Weshalb wollen Sie gerade jetzt einen Stellenwechsel vornehmen?

622. Es gibt ja meistens Faktoren, die einen von etwas weggehen lassen und andere, die einen in eine neue Richtung ziehen — wie ist das bei Ihnen in Bezug auf die neue Position?

623. Wieso wollen Sie Ihren jetzigen Arbeitsplatz verlassen?

624. Aus welchem Grund sind Sie von der letzten Stelle weggegangen?

625. Was denkt Ihr Partner oder bester Freund über Ihre mögliche berufliche Veränderung? Welche Bedenken gibt es vielleicht? Welchen Stellenwert hat für Sie die Meinung Ihres Partners? Würde Ihr Partner einem Umzug in unsere Stadt zustimmen?

626. Was wissen Sie über unser Unternehmen?

627. Wieso sollten wir Sie einstellen?

628. Können Sie mir sagen, warum ich gerade Sie einstellen sollte? Was wäre der Grund, warum man gerade Sie für diese Position auswählen sollte?

629. Wo sehen Sie für sich einen Vorteil darin, für unser Unternehmen zu arbeiten? Was kann Ihnen Ihr aktueller Arbeitgeber nicht bieten?

630. Wie würden Sie unser Image im Markt beschreiben?

631. Wie sehen Sie unsere Produktpalette im Markt aufgestellt?

632. Wie sehen Sie Ihren Bereich in unserem Unternehmen im Vergleich zur Konkurrenz aufgestellt?

633. Wie war Ihr bester Chef, den Sie je hatten?

634. Inwiefern ist die Position bei uns für Sie eine sinnvolle bzw. logische Fortsetzung Ihrer bisherigen Karriere?

635. Was muss die Position, die Sie suchen, bieten? Gibt es Dinge, die Sie auf keinen Fall vorfinden möchten?

636. Welche Erwartungen haben Sie an Ihren zukünftigen Chef?

637. So wie Sie mich bisher kennengelernt haben, wo sehen Sie Übereinstimmungen, wo mögliche Differenzen in der Zusammenarbeit?

638. Was erwarten Sie konkret von mir als Führungskraft?

7.5.2 Fragen zur stellenbezogenen Motivation

7.5.2.1 Fragen zu Location Fit

639. Können Sie sich vorstellen, in einer Großstadt zu wohnen? Welche Vorteile sehen Sie für sich? Welche Nachteile?

640. Die Mieten in München und Umgebung sind verhältnismäßig hoch. Spielt das für Sie eine Rolle?

641. Unser Standort ist eher auf dem Lande gelegen und die nächste größere Stadt ist 50 Kilometer entfernt. Wie finden Sie das? Was können Sie daran schätzen, was finden Sie eventuell auch kritisch?

642. Wie lang wäre Ihre Fahrzeit zum Arbeitsort? Wie finden Sie das?

643. Sie kommen aus einer Großstadt und würden jetzt in eine Kleinstadt ziehen. Wie finden Sie das?

644. Sie kommen aus einer Kleinstadt bzw. vom Lande und würden jetzt in eine Großstadt ziehen. Wie finden Sie das?

645. Sie wechseln in eine ganz andere Region. Wie kommen Sie dort mit der Mentalität der Menschen klar?

646. Haben Sie einen möglichen Umzug mit Ihrer Familie besprochen? Wie war die Reaktion?

7.5.2.2 Fragen zu Job Fit

647. Wie viele Tage die Woche waren Sie bisher in Ihrem Job unterwegs? Welche Erfahrungen haben Sie damit gemacht? Wie hat Ihr Umfeld reagiert?

648. Welche Erfahrungen haben Sie bisher damit gemacht, etwa zehn Tage im Monat in Hotels zu übernachten?

649. Haben Sie schon einmal in einem Großraumbüro gearbeitet? Wie fanden Sie das?

650. Wir haben in der Regel Großraumbüros mit etwa × bis y Mitarbeiter. Wie finden Sie das? Welche Erfahrungen haben Sie bisher mit einer solchen Arbeitsumgebung gemacht?

651. Welche Erfahrungen haben Sie damit gemacht, weitgehend allein zu arbeiten?

652. Sie sprechen eine Menge Fremdsprachen. Bei uns ist es eher selten der Fall, dass Sie eine andere Sprache nutzen müssen. Wie finden Sie das?

653. Welche Erfahrungen haben Sie damit gemacht, auf verschiedenen Anrufer an einem Tag in unterschiedlichen Sprachen reagieren zu müssen?

654. Unsere Projekte sind in der Regel international und erfordern die Zusammenarbeit mit Kollegen aus mindestens drei Ländern. Welche Erfahrungen haben Sie bisher mit einer interkulturellen Zusammenarbeit gemacht?

655. Welche Erfahrungen haben sie bisher mit Jobs gemacht, bei denen es ein hohes Maß an Routine gab?

656. Bei uns wird nach sehr klaren Vorgaben und Richtlinien gearbeitet. Welche Erfahrungen haben Sie bisher mit einer solchen Arbeitsweise gemacht?

657. Können Sie sich vorstellen für viele Kollegen im Team zuständig zu sein? Welche Erfahrungen haben Sie bisher damit gemacht?

658. Als Teamassistent ist man häufig auch eine Art „Klagemauer" für Kollegen aus dem Team. Wie finden Sie das? Kennen Sie das aus Ihren bisherigen Tätigkeitsfeldern?

659. Was reizt Sie an der ausgeschriebenen Position?

660. Welche Gründe gibt es denn für Ihren Wechselwunsch, die in Ihrer aktuellen Position zu suchen sind?

7.5.2.3 Fragen zu Organisational Fit

661. Was genau reizt Sie, in unserer Firma bzw. Organisation zu arbeiten?

662. Warum haben Sie sich bei XY beworben?

663. Was macht unsere Firma für Sie attraktiv?
664. Was mir noch nicht so ganz klar geworden ist: Was reizt Sie speziell an unserem Unternehmen?
665. Was reizt Sie gerade an unserem Unternehmen besonders?
666. Welchen Bezug haben Sie zu unseren Produkten?
667. Besondere Kennzeichen für unsere Unternehmenskultur sind … (gute Information, lange Entscheidungswege, manchmal etwas träge …) — wie finden Sie das? Was mögen Sie daran, was könnte Sie stören?
668. Wir zahlen gut, aber nicht so gut wie vergleichbare Firmen in unserer Branche. Wie finden Sie das?
669. Welche Firmenkulturen haben Ihnen bisher besonders gut gefallen und warum?
670. Wie wichtig sind Ihnen Aufstiegsmöglichkeiten?
671. Was macht diese Stelle für Sie attraktiv? Was schätzen Sie als besonders anregend ein? Welche anderen Stellen sind für Sie ähnlich interessant? Was macht diese interessant?
672. Weshalb wollen Sie gerade jetzt einen Stellenwechsel vornehmen?

7.5.3 Fragen zu motivationalen Merkmalen

7.5.3.1 Kriterien der Motivation

673. Was ist Ihnen bei Ihrer Arbeit wichtig?
674. Was erwarten Sie bei Ihrer Arbeit vor allem?
675. Worauf kommt es Ihnen bei der Arbeit an?
676. Welche Kriterien sind Ihnen bei Ihrer Arbeit wichtig?

7.5.3.2 Richtung der Motivation

677. Um was geht es bei dem von Ihnen genannten Kriterium?
678. Warum ist dies (das genannte Kriterium) der Mühe wert?
679. Warum ist dies (das genannte Kriterium) von Bedeutung?
680. Was ist so wichtig an (genanntes Kriterium)?
681. Was haben Sie von (genanntes Kriterium)?

7.5.3.3 Quelle der Motivation

682. Woher wissen Sie, dass Sie etwas gut gemacht haben? (bei der Arbeit, beim Einkauf …)

7.5.3.4 Grund der Motivation

683. Warum haben Sie Ihre jetzige Stelle gewählt?
684. Wie sieht Ihr typischer Arbeitsalltag aus?

7.6 Fragen in der Abschlussphase

In der Abschlussphase klären Sie weitere offene Punkte, wie etwa die Kündigungs-frist und den Gehaltswunsch. Letzteren können Sie an dieser Stelle auch verhan-deln. Auch das abschließende Interesse an der Position kann hier erörtert werden, da der Bewerber ja in der Darstellungsphase präzise Informationen erhalten hat.

7.6.1 Gehalt und Einstiegstermin

685. Wie lautet Ihr Gehaltswunsch?
686. Wann könnten Sie bei uns anfangen?
687. Können Sie Ihre Kündigungsfrist eventuell verkürzen?

7.6.2 Fragen zum Interesse an der Position

688. Fassen wir einmal zusammen: In welchen Aspekten sind Sie der Meinung, dass Ihr Profil und Ihre Interessen gut zu der Position und der Aufgabe passen?
689. Auf einer Skala von 1 bis 10, (1 = schlecht und 10 = sehr): Wie interessiert sind Sie an der Position? Was fehlt noch bis zu einer 10? Was führt zu dieser Einschät-zung? Was hat sich im Verlauf unserer Gespräche geändert?
690. Sind Sie an der Position interessiert? Möchten Sie das Gespräch fortsetzen?
691. Was spricht Sie an dieser Position an?
692. Was macht diese Position bei uns für Sie attraktiv? Gibt es noch Details zur Position, über die Sie noch Informationen benötigen?
693. Gibt es Dinge für Sie, die Sie gern noch klären würden?
694. Gibt es Themen oder Dinge, bei denen Sie Bedenken haben oder die Ihnen nicht gefallen?
695. Welche Fragen können wir Ihnen noch beantworten, damit Sie zu einer trag-fähigen Entscheidung kommen?
696. Nicht, dass wir es herbeireden wollten, aber gibt es noch etwas, das dazu führen könnte, dass Sie einen Wechsel doch nicht in Betracht ziehen würden?
697. Was können wir tun, um Ihrem Partner die Entscheidung zu erleichtern?
698. Welche der genannten Aufgaben interessieren Sie besonders?

7.6.3 Sonstige Fragen

699. Was sollten wir noch über Sie wissen?
700. Gibt es aus Ihrer Sicht noch irgendetwas Wichtiges, das wir über Sie wissen sollten?

7.6.4 Fragen zu anderen Bewerbungen

Die Fragen nach anderen Bewerbungen sollten Sie unbedingt stellen. Denn in der Praxis kommt es immer wieder vor, dass Bewerber vom Unternehmen zu spät eine Rückmeldung erhalten, weil dort nicht bekannt war, ob er unter Entscheidungsdruck stand oder nicht.

701. Laufen noch weitere Bewerbungsverfahren, bei denen Sie schon vor der Entscheidung stehen?
702. Haben Sie schon konkrete Angebote anderer Unternehmen vorliegen?
703. Müssen Sie sich kurzfristig bei anderen Unternehmen für eine Position entscheiden?
704. Laufen derzeit noch andere Bewerbungen von Ihnen? Wie ist dort der Stand?
705. Stehen Sie unter Entscheidungsdruck? Bis wann müssen Sie sich entschieden haben?

7.6.5 Vereinbarungen zum weiteren Ablauf

706. Wir haben noch weitere Gespräche und werden uns dann bis spätestens … bei Ihnen melden, um Ihnen mitzuteilen, inwieweit wir an einem weiteren Gespräch interessiert sind.
707. Wir werden noch zwei weitere Bewerber kennenlernen und danach entscheiden, wer in die zweite Interviewrunde kommt. Wir informieren Sie darüber Ende nächster Woche. Reicht Ihnen das oder benötigen Sie früher eine Rückmeldung?

Teil 3: Professionell fragen und kommunizieren

Die Art und Weise wie kommuniziert wird, ist für ein Bewerberinterview sehr wichtig. Und zwar für beiden Seiten. Damit Sie Ihr Wissen wieder auffrischen und sich auf ein Bewerberinterview gut vorbereiten können, haben wir hier für Sie alle für die Kommunikation wichtigen Themen zusammengestellt. Lesen Sie im Folgenden alles über

- die *VeSiEr-Methode* und wie Sie sie erfolgreich einsetzen,
- die *vier Seiten* einer Äußerung im Bewerbergespräch,
- die wichtigsten *Fragestrategien* für das Interview,
- und die besten *Fragetechniken* und wie Sie sie einsetzen.

8   Die VeSiEr-Methode –
       Bewerberkompetenzen erkennen

Die VeSiEr-Methode bietet Ihnen eine effiziente Kombination von Frage- und Gesprächstechniken, mit der Sie die wirklichen Kompetenzen eines Bewerbers erkennen können. Die Bezeichnung VeSiEr ist eine Abkürzung aus den Worten **Ve**rhal-
ten, **Si**tuation und **Er**gebnis.

Dieses kleine Wortspiel soll an das *Visier* (eines Helms oder einer mittelalterlichen
Ritterrüstung) erinnern, mit dem das Gesicht geschützt wird. Im Interview geht es
darum, dieses Visier, hinter dem sich der Bewerber verbirgt, zu heben. Und dabei
hilft Ihnen die VeSiEr-Methode mit den Fragen nach vergangenen **Ve**rhaltenswei-
sen des Bewerbers, nach der dazugehörigen **Si**tuation und dem damals erreichten
Ergebnis. Das Wortspiel soll zugleich als Gedächtnisstütze dienen, damit man sich
im Interview an diese drei Begriffe und die dazugehörenden Fragen rasch erinnern
kann.

8.1   Das Verhaltensdreieck

Sinnvoll ist es, sich die VeSiEr-Fragen in Dreiecksform angeordnet vorzustellen (wie
in dieser Grafik), denn es gibt keine festgelegte Reihenfolge der Fragen. Sie können sowohl mit einer Frage nach der Situation beginnen, genauso aber auch mit
einer Frage nach dem Verhalten oder der Situation. Wichtig ist, dass Sie die Fragen
zu allen drei Bereichen stellen und dass Sie sich die Antworten des Bewerbers notieren. Als Ergebnis erhalten Sie ein „Verhaltensdreieck".

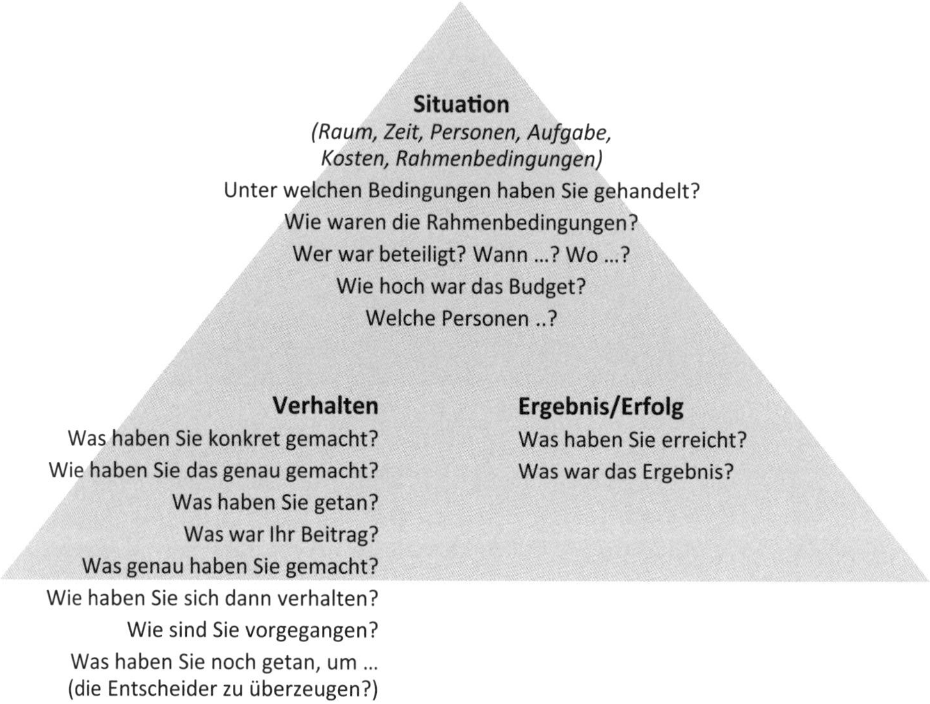

Situation
*(Raum, Zeit, Personen, Aufgabe,
Kosten, Rahmenbedingungen)*
Unter welchen Bedingungen haben Sie gehandelt?
Wie waren die Rahmenbedingungen?
Wer war beteiligt? Wann ...? Wo ...?
Wie hoch war das Budget?
Welche Personen ..?

Verhalten
Was haben Sie konkret gemacht?
Wie haben Sie das genau gemacht?
Was haben Sie getan?
Was war Ihr Beitrag?
Was genau haben Sie gemacht?
Wie haben Sie sich dann verhalten?
Wie sind Sie vorgegangen?
Was haben Sie noch getan, um ...
(die Entscheider zu überzeugen?)

Ergebnis/Erfolg
Was haben Sie erreicht?
Was war das Ergebnis?

Abb. 15: Die VeSiEr-Fragen

Die VeSiEr-Fragen sind zwar die wichtigsten Fragen im Interview, sie allein reichen aber noch nicht aus, um eine stabile Grundlage für die Beurteilung des Bewerbers zu erhalten. So haben wir in der jahrelangen Praxisanwendung durch genaue Beobachtung herausgefunden, welche Frage- und Gesprächstechniken bei effizienten Interviewern nützlich sind. All dies haben wir in der VeSiEr-Methode zusammengefasst. Damit Ihnen die Anwendung der Methode leicht fällt, haben wir die VeSiEr-Methode in die Fragen des Fragenkatalogs integriert (siehe Kapitel 7).

Welchen Nutzen bringt Ihnen die VeSiEr-Methode?

- Schneller Erkenntnisgewinn
  Sie können sich besser ein Bild vom Bewerber machen und kommen so „Blendern" schneller auf die Spur. Das gilt vor allem dann, wenn Sie fachliche und überfachliche Anforderungskriterien erfragen und den Anforderungsbereich „Erfahrungen" sowie „stellenbezogene Motivation" abklopfen wollen.
- Klare Orientierung

Durch die Integration der VeSiEr-Methode in den Interviewleitfaden wissen Sie jederzeit, an welcher Stelle Sie im Interview stehen, was Sie eigentlich erfragen wollen und welche Aspekte Sie noch vertiefen sollten bzw. könnten.

- Sichere Entscheidungen
  Durch das Erfragen von Verhaltensdreiecken gewinnen Sie die relevanten Informationen, um sicher entscheiden zu können, inwieweit der Bewerber die geforderten Anforderungskriterien erfüllt.

- Einfache Umsetzbarkeit
  Mithilfe der Arbeitshilfen online können Sie einen Interviewleitfaden inklusive der bereits integrierten VeSiEr-Methode ausdrucken.

8.2 Die VeSiEr-Methode einsetzen

Die VeSiEr-Methode baut auf die Anforderungen auf, die Sie zuvor in einem Anforderungsprofil festgelegt haben. (Wie Sie ein Anforderungsprofil erstellen, lesen Sie in Kapitel 1.4.) Mithilfe der VeSiEr-Methode und den dazugehörenden Fragen in Ihrem Interviewleitfaden können Sie die definierten Anforderungskriterien einzeln abfragen.

- Einstiegsfragen
  Für jedes für die Position relevante Anforderungskriterium wählen Sie aus dem Fragenkatalog eine bis drei Einstiegsfragen aus. Stellen Sie zunächst eine Einstiegsfrage.

- Nachfragen
  Zu der Antwort, die Sie erhalten haben, stellen Sie nun Nachfragen. Das Nachfragen dient dazu, weitere Informationen zu erhalten und gewissermaßen in die Breite und die Tiefe zu gehen. Sie nutzen dazu die im Interviewleitfaden integrierten Konkretisierungsfragen.

- VeSiEr-Fragen
  Mit den speziellen Fragen zu Verhalten, Situation und Ergebnis vertiefen Sie diese Informationen, die Sie erhalten haben, weiter. Die VeSiEr-Fragen liefern Ihnen die relevanten Informationen, anhand derer Sie sich ein Bild vom Bewerber bzw. seinem Verhalten in bestimmten Situationen machen.

- Abschlussfragen
  Wenn Sie bislang systematisch vorgegangen sind, haben Sie gegen Ende des Interviews eine Menge Eindrücke und Informationen gesammelt. Diese können Sie mithilfe der Abschlussfragen je nach Bedarf auf unterschiedliche Art und Weise nutzen: als Ergänzung, zur Bestätigung Ihres Eindrucks oder auch ein wenig zur Kontrolle.

- Reaktionen und Antworten
  Der Interview-Generator lässt im Ausdruck des Interviewleitfadens Platz, damit Sie sich Reaktionen und Antworten des Bewerbers notieren können. Legen Sie sich vor dem Interview noch weiteres Notizpapier bereit, falls der Platz im Ausdruck nicht reichen sollte.
- Verhaltensanker
  In den Interviewleitfaden sind die Verhaltensanker zu den jeweiligen Anforderungskriterien gleich integriert. So können Sie sie sofort mit Ihren Notizen vergleichen und abschließend bewerten, wie der Bewerber bei diesem Kriterium abgeschnitten hat.
- Definition
  Im Leitfaden finden Sie außerdem die Definition der ausgewählten Kompetenz, sodass Sie jederzeit in Erinnerung rufen können, was genau gemeint ist. Das ist insbesondere dann wichtig, wenn mehrere Interviewer beim Gespräch dabei sind.

Fragestrategien und Fragetechniken

In den Kapiteln 10 und 11 geben wir Ihnen ausführliche Erläuterungen zu allen wichtigen Fragetechniken sowie zu hilfreichen Fragestrategien. Bei den Arbeitshilfen online finden Sie zusätzlich Übungen, um je nach Bedarf noch sicherer in der Anwendung der Techniken zu werden.

9 Die vier Seiten einer Äußerung im Bewerberinterview

Sicherlich kennen Sie das Modell der vier Seiten einer Äußerung, das der Hamburger Kommunikationspsychologe Friedemann Schulz von Thun bereits in den 70er-Jahren entwickelte.

Wir wollen Ihnen hier nur kurz die Grundlagen in Erinnerung rufen und dann veranschaulichen, wie die vier Seiten einer Äußerung in der Situation, um die es hier im Kern geht — im Bewerberinterview, wirken.[5]

Die Kernaussage

Die Kernaussage des Modells ist, dass jede Äußerung, die zwischen Sender und Empfänger gesendet wird, vier verschiedene Botschaften enthält. Diese vier verschiedenen Botschaften heißen:

- Sachaspekt: Darüber informiere ich den Gesprächspartner.
- Beziehungsebene: So sehe ich unsere Beziehung.
- Selbstoffenbarungsaspekt: Das teile ich dem Gesprächspartner von mir mit.
- Appell: Das will ich von dem Gesprächspartner.

Die verschiedenen Seiten lassen sich jeweils aus der Sicht des Bewerbers und der Interviewer betrachten.

---

[5] Schulz von Thun, Friedemann: Miteinander reden, Störungen und Klärungen. Reinbek bei Hamburg, 1981.

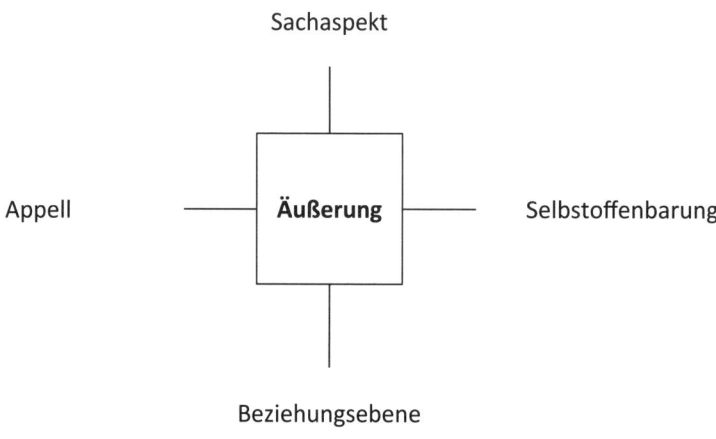

Abb. 16: Die vier Seiten einer Äußerung

9.1 Die vier Seiten aus Sicht des Bewerbers und des Interviewers

9.1.1 Der Sachaspekt

Hinsichtlich des Sachaspekts stehen sowohl für den Bewerber als auch für den Interviewer die Informationen im Vordergrund. Hierbei geht es um Fragen wie:

- Bietet das Unternehmen einen attraktiven oder sicheren Arbeitsplatz mit interessanten Aufgaben? Wie hoch ist das Gehalt?
- Passt der Bewerber fachlich ins Anforderungsprofil? Wie hoch sind seine Gehaltsvorstellungen?

Berichten Sie offen und ehrlich über die Stelle und die damit verbundenen Aufgaben bzw. Herausforderungen.

9.1.2 Der Appell

Beim Appellaspekt können Sie zwischen offenen und verdeckten Appellen unterscheiden. Offene Appelle sind alle Ihre Fragen, die Sie dem Bewerber stellen. Verdeckte Appelle sind die nicht ausgesprochenen Wünsche oder Erwartungen, die beide Seiten haben:

- Welchen (un-)ausgesprochenen Appell richten Sie als Interviewer an den Bewerber? Welche Erwartung haben Sie an ihn? In der Regel wünschen sich Interviewer Folgendes vom Bewerber: „Sag die Wahrheit, öffne dich, sei offen und ehrlich."
- Wie lautet oft der (un-)ausgesprochene Appell des Bewerbers? Welchen Wunsch hat der Bewerber an Sie? Nicht alle, aber viele Bewerber wünschen sich: „Bitte stellen Sie mich ein. Ich bin für diese Position gut geeignet."

9.1.3 Der Beziehungsebene

Diese Seite einer Äußerung beschreibt, wie der Einzelne die Beziehung zum anderen sieht. Beziehungen lassen sich z. B. aus hierarchischer oder machtperspektivischer Sicht beschreiben.

Wer hat mehr Macht? Der Bewerber oder der Interviewer? Oder sind beide gleichberechtigt? Es gibt Arbeitsmärkte, die so eng sind, dass der Bewerber tatsächlich eine sehr hohe Marktmacht hat. Denken Sie an das Stichwort „war for talents". In diesem Fall bemühen sich die Unternehmen sehr, die eigene Attraktivität am Arbeitsmarkt zu erhöhen, betreiben aktives Personalmarketing und Employer Branding.

Überwiegend sind aber die Interviewer in der mächtigeren Position. Sie laden ein, bestimmen Ort und Uhrzeit sowie Dauer und Ablauf des Interviews. Zudem ist ein Interviewer oft auch der potenzielle zukünftige Chef. Wir können also zu Beginn eher nicht von einer gleichberechtigten Beziehung ausgehen, auch wenn jeder Bewerber ein Stellenangebot ablehnen kann.

TIPP: Auf gleicher Augenhöhe sprechen

Sorgen Sie dafür, dass sich der Bewerber wohlfühlt und mit Ihnen auf Augenhöhe sprechen kann. Denn nur so können Sie im Interview das messen, was für die künftige Zusammenarbeit interessant ist: das Mitarbeiterverhalten. Sonst erhalten Sie einen Einblick in das Bewerberverhalten. Vielleicht fragen Sie sich jetzt: „Ist das nicht das Gleiche?" Aus unserer Sicht lautet die Antwort erst einmal Nein! Der Mensch im Interview sitzt Ihnen in der Rolle als Bewerber gegenüber. Sie wollen ihn als Mitarbeiter, also in einer anderen Rolle einstellen.

Ist Ihnen schon einmal der Unterschied zwischen Bewerbern, die sich aus einer gesicherten Position heraus bewerben, und arbeitsuchenden Bewerbern aufgefallen? Vermutlich haben Sie festgestellt, dass ein Großteil der arbeitsuchenden Bewerber unsicherer, vorsichtiger, weniger selbstbewusst auftritt. Ob diese Menschen ein solches Verhalten immer noch zeigen, wenn sie erst einmal einen Job haben, ist aber fraglich. Also sollten Sie dafür sorgen, dass sich der Bewerber im Interview so wohlfühlt, dass er diese Rolle verlässt, gedanklich in die Rolle des Mitarbeiters schlüpft und Ihnen aus dieser Funktion heraus antwortet.

Je formeller — im Sinne von steifer, unpersönlicher, autoritärer — das Interview abläuft, desto stärker bleibt Ihr Gegenüber in der Rolle des Bewerbers verhaftet. Da die meisten Menschen sich in Bewerbungssituationen eher unsicherer fühlen, werden Sie vor allem dies registrieren.

Darüber hinaus besteht das Risiko, dass Sie einen Messfehler begehen, d. h., Sie schließen aus dem Bewerberverhalten auf das Mitarbeiterverhalten. So erkennen Sie gute Kandidaten im Zweifel nicht.

9.1.4   Die Selbstoffenbarung

Selbstoffenbarung bedeutet, dass ein Mensch mit seiner Meinung und seinen Einschätzung sichtbar wird. Doch in der Regel scheuen Bewerber im Interview vor einer allzu offenen Selbstoffenbarung zurück, denn Sie denken, dass diese Ihnen eher zum Nachteil gereichen wird. Daher wählen viele Bewerber eine besondere Art der Selbstoffenbarung:

- Viele reden offen und ehrlich über Dinge, die aus ihrer Sicht unverfänglich sind (Selbstmitteilung).
- Bewerber heben häufig Themen besonders hervor, die sie in einem besonders guten Licht erscheinen lassen (Selbstdarstellung).
- Bewerber offenbaren Themen nicht, von denen sie meinen, dass diese Themen Ihnen bei dem Ziel, die Stelle zu bekommen, schaden könnten (Selbstverhüllung).
- Der Bewerber befindet sich im Interview in einer prüfungsähnlichen Situation und wendet dementsprechend Imponier- und Fassadetechniken an, um die Situation in seinem Sinne zu beeinflussen. Sehr geschickte Bewerber beherrschen dies in einem großen Ausmaß:
- Wenig sagen (wer wenig sagt, gibt wenig von sich preis).
- In allgemeinen Aussagen antworten (damit vermeidet der Bewerber eine eindeutige Positionierung).

- Positionierungen bzw. Stellungnahmen vermeiden.
- In schwer verständlicher Sprache antworten (um damit als Experte zu erscheinen).
- Beiläufig beeindruckende Details erwähnen.

Dies hat für Sie als Interviewer Konsequenzen: Ihr Ziel ist es ja gerade, so viel authentisches Material wie möglich von dem Bewerber zu bekommen. Als Interviewer möchten Sie letztlich möglichst verlässlich wissen bzw. prognostizieren können, wie sich der Bewerber später — am Arbeitsplatz als Mitarbeiter — einmal verhalten wird.

Um dieses Ziel zu erreichen, ist es häufig hilfreich, selbst im authentischen Ton in der Selbstoffenbarung zu sprechen.

Aus Sicht des Interviewers ergeben sich aus dieser Perspektive eine Reihe interessanter Punkte:

- Seien Sie Vorbild für den Bewerber! Erzählen Sie in angemessener Weise von sich — insbesondere zu Beginn des Interviews —, um das Eis zu brechen. Dies ist ein wesentlicher Beitrag, um die Atmosphäre offen zu gestalten.
- Bei der Feedback-Technik im Interview als Intervention steht Ihre Selbstoffenbarung im Vordergrund.
- Bei der Technik des aktiven Zuhörens hören Sie vor allem auf die Selbstoffenbarungsseite des Bewerbers.
- Wenn Sie mit Lob und Anerkennung im Interview arbeiten, nutzen Sie Ihre Selbstoffenbarungsseite.

9.2 Den Bewerber richtig wahrnehmen und beurteilen

Vielleicht haben Sie auch schon einmal die Aussage gehört oder sinngemäß formuliert: „Den Bewerber nehmen wir jetzt mal genauer unter die Lupe". Das ist an sich gut nachvollziehbar und darum geht es ja auch im Interview. Doch — um im Bild zu bleiben — in dem Moment, in dem Sie den Bewerber „unter die Lupe nehmen", sehen Sie im Verhalten des Bewerbers auch dessen Reaktion auf Ihr Auftreten und Ihr Verhalten.

Kurzum: Ein objektives Interview mit einer anschließenden objektiven Beurteilung gibt es nicht. Sie selbst stehen dieser objektiven Beurteilung im Weg und sind als Interviewer dabei der „Hauptstörfaktor". Warum das so ist, wollen wir an dem folgenden Beispiel verdeutlichen.

▶ **BEISPIEL: Ist der Bewerber maulfaul oder knapp und präzise?**

Der Bewerber Hans Guthmann antwortet auf Fragen im Vorstellungsgespräch nur sehr kurz und knapp. Der Interviewer Holger Fromme ist irgendwann etwas genervt und weiß nicht, was er noch Fragen soll. In der Konsequenz bescheinigt er Hans Guthmann eine Nichteignung, da man ihm ja alle Informationen „aus der Nase ziehen müsse". Allerdings stellt sich im Nachhinein heraus, dass Holger Fromme dem Bewerber überwiegend geschlossene Fragen (Kapitel 11.3) gestellt hat.

Es wäre also auch der Schluss möglich, dass Hans Guthmann nur korrekt auf die Fragen geantwortet hat und anscheinend nicht viel von langatmigem Reden hält.

Bewerber meinen meistens, dass Schwächen stärker gewichtet werden

Stellen Sie sich vor, ein Bewerber im Interview hat bei einem wichtigen Thema einen Pluspunkt gesammelt. Wie viele kleinere Minuspunkte (keine K.-o.-Kriterien) kann er sich in Ihren Augen erlauben, damit dieser Pluspunkt wieder weg ist? Viele Interviewer beantworten diese Frage wie folgt: „Kommt darauf an, worum es konkret geht, aber so etwa ein bis drei kleinere Minuspunkte reichen aus."

Stellen Sie sich vor, ein Bewerber im Interview hat bei einem wichtigen Thema einen Minuspunkt (aber noch kein K.-o.-Kriterium) bekommen, wie viele kleinere Pluspunkte muss er wieder sammeln, damit dieser Minuspunkt wieder ausgeglichen ist? Viele Interviewer beantworten diese Frage mit drei bis sechs Pluspunkten.

Das bedeutet, dass die meisten Interviewer Schwächen stärker bewerten bzw. gewichten als Stärken. Das kann durchaus vernünftig sein, wir wollen dies an dieser Stelle nicht weiter bewerten. Viel interessanter ist aus kommunikationspsychologischer Sicht, dass dies auch jeder Bewerber weiß — und sich entsprechend verhält.

Sie wissen also nie ganz sicher, ob der Bewerber sich meistens so verhält, wie er es gerade tut, womöglich gar so ist, oder ob er einfach nur auf Sie in einer ganz bestimmten Art und Weise reagiert. Doch würden wir natürlich nicht auf dieses Thema eingehen, wenn wir nicht Mittel und Wege wüssten, wie Sie diese Falle umgehen können.

CHECKLISTE: Den Bewerber wirklich unter die Lupe nehmen

Ich schließe nicht von der Verhaltensabsicht, die der Bewerber äußert, auf die tatsächliche Verhaltensabsicht oder gar auf reales Verhalten.

Ich frage immer wieder konkretes, früheres Verhalten ab, da sich auf diesem Weg am besten vorhersagen lasst, wie das zukünftige Verhalten sein wird. Dazu setze ich die VeSiEr-Fragen ein (Kapitel 8).

Ich beobachte im Vorstellungsgespräch das tatsächliche Verhalten.

Gegebenenfalls setze ich hierfür auch andere Methoden im Interview ein (Rollenspiele, Fallbeispiele etc.).

Ich stelle Fragen. (80 Prozent Redeanteil liegen beim Bewerber — 20 Prozent beim Interviewer)

Ich protokolliere die Antworten der Bewerber (Schlüsselinformationen, Stichworte).

Im Interview arbeite ich flexibel mit dem Interviewleitfaden (Fragen nicht wörtlich ablesen, nicht zwanghaft alle Fragen stellen, nicht an einer festen Reihenfolge der Fragen kleben).

Während des Interviews vermeide ich Bewertungen.

Ich zeige Verständnis durch aktives Zuhören. Aussagen des Bewerbers zusammenfassen, verdichten und bestätigen lassen (Kapitel 11.16).

Ich vermeide Gesprächskiller. „Du"-Botschaften, kritisieren, abwerten, Rat geben.

Ich achte auf Blickkontakt und Körpersprache.

Ich werte das Interview erst im Anschluss aus.

Ich achte das Selbstwertgefühl der Bewerber.

Ich drücke (ehrlich gemeinte) Anerkennung aus.

Ich sende „Ich"-Botschaften (von sich selbst sprechen Sie und nicht von „man" oder „es").

10 Die wichtigsten Fragestrategien

In diesem Abschnitt stellen wir Ihnen Fragestrategien vor und wollen Ihnen damit eine Denkweise vermitteln, die für ein erfolgreiches Bewerberinterview sehr hilfreich ist. Auf diese Fragestrategien baut die VeSiEr-Methode auf. Und zudem werden sie in den Fragetechniken, die wir Ihnen in Kapitel 11 vorstellen, konkret umgesetzt.

Wenn das Interview stockt oder Sie ein Thema weiter vertiefen wollen, aber keine weiteren Fragen im Leitfaden dazu parat haben: Denken Sie an diese Fragestrategien und es wird Ihnen sicherlich leicht fallen, eine Idee zu entwickeln, wie Sie weitermachen können.

10.1 Fragestrategie 1: In die Breite gehen

Mit diesen Fragen verschaffen Sie sich einen Überblick, bevor Sie in die Details gehen. Diese Strategie finden Sie vor allem in der Aufzählungsfrage (s. Kapitel 11.5) realisiert.

10.2 Fragestrategie 2: In die Tiefe gehen

Diese Fragen gehen vom Allgemeinen ins Detail. Dieses Prinzip ist wichtig, wenn Sie nicht im Unverbindlichen stehen bleiben wollen. Vor allem VeSiEr- und Konkretisierungsfragen (s. Kapitel 11.1 und 11.4) sind Fragen, die in die Tiefe gehen.

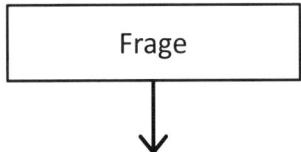

10.3 Fragestrategie 3: Fragetrichter

Der Fragetrichter kombiniert die Prinzipien der Fragen in die Breite und der Fragen in die Tiefe. Dabei starten Sie mit offenen Fragen, um zunächst einmal möglichst viele Informationen zu gewinnen. Anschließend verengen Sie den Fokus zunehmend durch gezieltes Nachfragen. Diese Strategie ist insbesondere dann nützlich, wenn Sie den Eindruck haben, dass der Bewerber nicht ehrlich ist: Je tiefer Sie im Fragetrichter gehen, je detaillierte Sie also nachfragen, desto schwieriger wird es für Ihr Gegenüber, die Unwahrheit zu erzählen, denn dann muss es mehr überlegen.

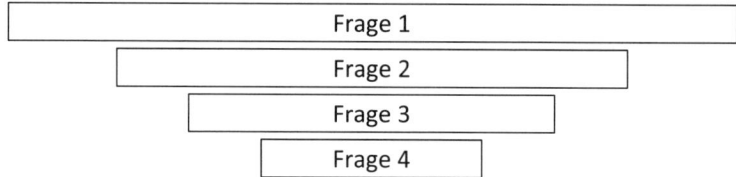

10.4 Fragestrategie 4: Perspektivwechsel

Über den Perspektivwechsel kommen Sie zu weiteren Erkenntnissen. Folgende Fragen arbeiten nach diesem Prinzip:

- Selbstreflexionsfrage (Kapitel 11.9)
- Zirkuläre Frage (Kapitel 11.10)
- Einschätzungs- oder Zufriedenheitsfrage (Kapitel 11.11)
- Projektionsfrage (Kapitel 11.15)

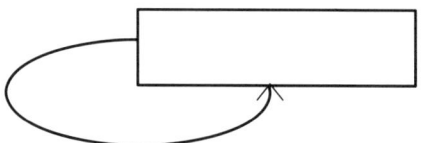

10.5 Fragestrategie 5: Verhalten in der Vergangenheit

Diese Fragestrategie beschreibt die Grundannahme der VeSiEr-Methode, dass das Verhalten in der Vergangenheit die beste Prognose für zukünftiges Verhalten bietet. Sehr wertvolle Informationen erhalten Sie etwa, wenn der Bewerber von Beispielen berichtet, die zeitlich sehr aktuell sind und die der tatsächlichen Arbeitssituation stark ähneln.

10.6 Fragestrategie 6: Suchscheinwerfer wechseln

Vielleicht haben Sie es auch schon erlebt, dass sich ein Bewerber in einem Themenfeld festfährt und alle erzählten Beispiele aus diesem Feld stammen. Für den Gesamteindruck ist es aber wichtig, dass Sie Beispiele aus verschiedenen beruflichen oder privaten Stationen erhalten. Wenn sich Ihr Bewerber also ausschließlich auf einen Bereich bezieht, achten Sie darauf, dass Sie mit Ihren Fragen gezielt auf andere Felder lenken und diese ebenfalls ausleuchten. Dafür können Sie insbesondere die Aufzählungsfrage verwenden.

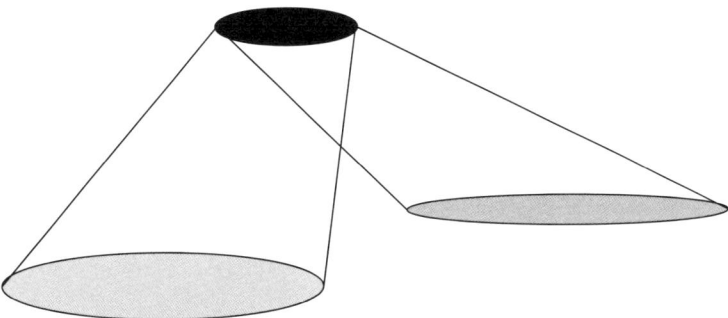

10.7 Fragestrategie 7: Hypothesengeleitetes Fragen

Wenn Sie bei der Analyse der Unterlagen oder im Bewerbergespräch interessante Aspekte bemerken oder bei sich selbst Stereotype oder Vorurteile feststellen, halten Sie diese schriftlich fest. Generieren Sie Hypothesen. Dabei ist eine Trennung zwischen Beobachtung (von Fakten) und Beurteilung bzw. Hypothesenbildung wichtig. Überlegen Sie sich jeweils, mit welchen Fragen Sie die gebildeten Hypothesen überprüfen können. Für Ihre Beobachtungen können Sie folgende Vorlage nutzen, die Sie auch bei den Arbeitshilfen online finden.

Formular: Hypothesen bilden

Fakten	Hypothesen	Konsequenzen	Test
Was bemerke ich?	Was folgere ich daraus? Welche Hypothesen bilde ich?	Welche Konsequenzen hätte meine Hypothese?	Wie kann ich dies genauer überprüfen?
Stereotypen	**Wahrnehmungen**	**Konsequenzen**	**Test**
Welche grundsätzlichen Meinungen (Stereotypen) habe ich über den Bewerber gebildet?	Woran mache ich das fest?	Welche Konsequenzen hätte meine Hypothese?	Wie kann ich dies genauer überprüfen?
Vorurteile	**Wahrnehmungen**	**Konsequenzen**	**Test**
Welche positiven bzw. negativen Vorurteile habe ich über den Bewerber?	Woran mache ich das fest?	Welche Konsequenzen hätte meine Hypothese?	Wie kann ich dies genauer überprüfen?

Sie können mit diesem Arbeitsblatt sowohl bei der Analyse der Bewerbungsunterlagen sowie auch im Interview arbeiten.

▶ **BEISPIEL: Was Sie in das Formular eintragen könnten**

Werner Hauswald ist Personaler in einem mittelständischen Unternehmen. Er analysiert die Unterlagen und das Interview des Bewerbers B. mithilfe der Checkliste.

Fakten	Hypothesen	Konsequenzen	Test
Was bemerke ich?	Was folgere ich draus? Welche Hypothesen bilde ich?	Welche Konsequenzen hätte meine Hypothese?	Wie kann ich dies genauer überprüfen?

2 Schreibfehler im Anschreiben bzw. im Lebenslauf	B. arbeitet ungenau B. hat Rechtschreibschwäche	Im Job muss ich mit Fehlern eventuell nicht nur beim Schreiben rechnen	Ansprechen/ Testen Diktat
Stereotypen	**Wahrnehmungen**	**Konsequenzen**	**Test**
Welche grundsätzlichen Meinungen (Stereotypen) habe ich über den Bewerber gebildet?	Woran mache ich das fest?	Welche Konsequenzen hätte meine Hypothese?	Wie kann ich dies genauer überprüfen?
B. ist ein typischer Programmierer = sozial ziemlich inkompetent	B. trägt Brille, Kleidung nicht wirklich schick und er ist Programmierer	Könnte Schwierigkeiten bei der Arbeit geben, da er in Projekten arbeitet und sich viel abstimmen muss.	Kommunikationskompetenz im Interview beobachten, Blickkontakt beobachten
Vorurteile	**Wahrnehmungen**	**Konsequenzen**	**Test**
Welche positiven bzw. negativen Vorurteile habe ich über den Bewerber?	Woran mache ich das fest?	Welche Konsequenzen hätte meine Hypothese?	Wie kann ich dies genauer überprüfen?
Bewerber ist nicht durchsetzungsstark	Schwammiger Händedruck bei Begrüßung	Kann sich im Job nicht behaupten.	VeSiEr-Fragen zu Durchsetzungsfähigkeit stellen

10.8 Fragestrategie 8: Konkretisieren

Eine zentrale Schwierigkeit beim Vorstellungsgespräch besteht darin, das Gespräch auf eine möglichst konkrete Ebene zu bringen. Dies liegt einerseits an den Interviewern, die sich nicht trauen, konkret nachzufragen, oder denen das dazu notwendige Wissen fehlt. Andererseits kann es auch sein, dass es den Bewerbern an Fähigkeiten mangelt, um Dinge und Erfahrungen konkret zu beschreiben. Zudem empfehlen viele Bewerbungsratgeber, allgemein zu antworten. Und manche Menschen versuchen im Einstellungsinterview, so wenig wie möglich von sich preiszugeben (Selbstverhüllungsaspekt, siehe Kapitel 9.1.4). Das Problem dabei ist natürlich, dass Sie nach einem Gespräch, in dem Sie nur wenig über den Bewerber erfahren, diesen schwerlich korrekt beurteilen können. Daher ist es wichtig, dass Sie versuchen, hinter die Selbstverhüllung zu schauen.

Tilgungen, Nominalisierungen und Generalisierungen sind drei Formen, mit denen Bewerber (bewusst oder unbewusst) versuchen, nichts von sich preiszugeben. Als Interviewer können Sie, wann immer Ihnen diese Selbstverhüllung des Bewerbers bewusst wird, gezielt hinterfragen. Wir stellen Ihnen im Folgenden einige Konkretisierungsfragen dazu vor.

Tilgungen: Sprachliche Tilgungen erschweren das Verständnis einer Aussage dadurch, dass bestimmte, zum Verständnis notwendige Informationen weggelassen werden — absichtlich oder unabsichtlich. Als Interviewer können Sie sich die fehlende Information zum Teil denken, aber Sie haben keine Gewissheit, ob Sie richtig liegen.

Denken Sie sich nicht Ihren Teil hinzu! So fehlt zum Beispiel der Aussage „Ich war beliebt" eines Bewerbers über sich selbst eine für Sie wichtige Information: Es fehlt der Bezug, bei wem der Bewerber beliebt war. Wir sind aus der alltäglichen Kommunikation darin geübt, die fehlende Information hinzuzufügen. Doch im Bewerberinterview wäre das nicht zielführend. Denn Sie können nicht sicher sein, ob Ihre Vermutung stimmt. Daher ist es wichtig, dass Sie diese Tilgung nicht stehen lassen, sondern nachfragen. Sie können z. B. in dieser Form nachfragen:

Der Bewerber sagt: „Kommunizieren fällt mir leicht". Der Interviewer fragt nach: „Mit wem kommunizieren Sie? Über welche Inhalte? Mit welchem Ziel?"

Nominalisierungen: Bei Nominalisierungen wird aus einem Verb ein Substantiv, z. B. aus dem Verb „verstehen" das Substantiv „Verständnis". Mit dieser Nominalisierung geht eine Bedeutungsverschiebung einher, die Sie im Interview hinterfragen sollten. Bei einer Nominalisierung wird eine Beschreibung verkürzt, indem statt des Prozesses des Tuns (Verb) ein Endzustand (Substantiv) formuliert wird. Im Interview interessiert Sie jedoch vor allem der Prozess, der zu dem Endzustand geführt hat. Er liefert Aufschluss über das Denken und Handeln des Bewerbers. So können Sie nachfragen:

Der Bewerber sagt: „Ich hatte keinen Einfluss auf die Entscheidung." Der Interviewer fragt nach: „Was haben Sie versucht, um die Entscheidung zu beeinflussen?" oder „Wie kam es, dass so entschieden wurde?"

Generalisierungen: Hierbei handelt es sich um Formulierungen, die sich auf eine größere Menge von Situationen, Personen etc. beziehen und daher wenig oder keine spezifische Information über den Bewerber liefern. Dabei kann es sich um den Einsatz klassischer Selbstverhüllungstaktiken des Bewerbers handeln. So können Sie nachfragen:

Der Bewerber sagt: „Es wurde mal wieder wie immer entschieden." Der Interviewer fragt nach: „Wer hat entschieden?" oder „Wirklich immer?"

Generalisierende Wörter

- man
- alle
- jeder
- wir
- sämtliche

- häufig
- das Unternehmen
- keine(r)
- immer
- die (Fach-)Welt

- nie
- nichts
- es
- nirgends
- generell

10.9 Nützliche und förderliche Gesprächshaltungen

Die richtige Haltung des Interviewers ist im Gespräch sehr wichtig. Überprüfen Sie selbst anhand der Checkliste, inwieweit Sie es Ihnen gelingt, folgende Gesprächshaltungen im Interview umzusetzen.

Freundlich	Sie fühlen sich dafür verantwortlich, eine gute Beziehung zum Bewerber aufzubauen.
Hartnäckig	Sie fragen nach, wenn Sie etwas nicht verstehen.
	Sie bleiben dran, um Aussagen zu konkretisieren.
	Sie konfrontieren, provozieren oder zeigen Konsequenzen auf, wenn es im Interview erforderlich ist.
Neugierig	Sie stellen vor allem Fragen und hören zu. Die Verteilung des Redeanteils sollte zu 20 Prozent beim Interviewer und zu 80 Prozent beim Bewerber liegen.
	Ein guter Interviewer ist vor allem ein guter Zuhörer!
Bewusst	Sie wissen, mit welchem Erkenntnisziel Sie welche Fragen stellen.
	Sie wissen, zu welchen Anforderungskriterien Sie noch kommen wollen.
	Sie wissen, wie viel Zeit Ihnen noch im Interview verbleibt.
	Sie machen sich im Gespräch bewusst, welche Hypothesen (Vor-Urteile) Sie gerade über den Bewerber bilden.

Die wichtigsten Fragestrategien

Wahrneh-mend	Sie nehmen vor allem Eindrücke und Informationen auf.
	Sie trennen soweit es möglich ist während des Interviews Wahrnehmen und Beurteilen.
	Sie machen sich ausreichend Notizen, um anschließend besser beurteilen zu können.
Pausen zulassen	Sie lassen dem Bewerber Zeit, um zu überlegen und zu antworten.
	Sie sind sich bewusst, dass der Dialog vom Prinzip der Verlangsamung lebt — sich Zeit nehmen sorgt für ein besseres Kennenlernen. Eile bedeutet häufig, dass das Gespräch „heruntergeleiert" wird und ein oberflächliches Gespräch entsteht.
	Sie sorgen mit Humor, Themenwechsel für kleine Entspannungspausen

11   Die besten Fragetechniken

11.1   Technik 1: VeSiEr-Fragen

Die VeSiEr-Fragen (VeSiEr = Verhalten/Situation/Ergebnis) oder Verhaltensdreieck-fragen bestehen aus einem Set von Fragen, die dazu dienen, das vergangene Verhalten des Bewerbers in vergleichbaren Situationen zu ermitteln. Bei der Anwendung ist darauf zu achten, dass alle relevanten Faktoren zur Beschreibung (VeSiEr = Verhalten/Situation/Ergebnis) einer Situation auch abgefragt werden.

Diese Fragetechnik beruht auf der Hypothese, dass sich aus früherem Verhalten auf zukünftiges Verhalten schließen lässt. Je aktueller das beschriebene Verhalten ist, desto höher ist die Wahrscheinlichkeit, dass sich die Person in der Zukunft ge-nauso verhalten wird, wie sie es in der Vergangenheit getan hat.

Eine Ausnahme von dieser Hypothese ist der Fall, dass eine Person ein negatives Feedback bekommen hat (Kritik durch Kunden, Kollegen oder den Chef), und ent-sprechend das Verhalten dadurch geändert, also etwas gelernt. Wie das Sprich-wort sagt: Gebranntes Kind scheut das Feuer.

Zielsetzung: Sie erfragen konkretes Verhalten in der Vergangenheit. Dies sollten Sie notieren und bei der Auswertung mit den Verhaltensankern vergleichen. Eine eventuelle „Märchenstunde" eines Bewerbers ist schneller beendet, da eventu-elle Lügen oder Halbwahrheiten durch das konkrete Nachfragen nach VeSiEr auf-gedeckt werden. Sie können sich ein konkreteres Bild (im Sinne einer visuellen Vorstellung) vom Bewerber machen. Sie erfragen die von vielen Interviewern als schwierig erlebten überfachlichen Kompetenzen sehr konkret und können sie bes-ser einschätzen. Sie können diese Methode auch sehr gut einsetzen, um sich über die fachliche Kompetenz des Bewerbers ein Bild zu machen.

Kurzprofil: Die Fragen dienen dem wichtigsten Frageprinzip für das Interview, nämlich dem Erfragen des vergangenen Verhaltens. VeSiEr-Fragen sind zentraler Bestandteil der VeSiEr-Methode. Der Interviewer sollte in der Lage sein, situativ das Interview mit den VeSiEr-Fragen zu führen.

Es gibt Interviewer, die mit VeSiEr in Tabellenform oder in Dreiecksform im Interview mit dem oben abgebildeten Dreieck ihre Notizen vervollständigen. In die Interviewleitfäden in diesem Buch und im Interview-Generator, den Sie bei den Arbeitshilfen online finden, sind die VeSiEr-Fragen integriert.

Hinweis zur Methode: Beim Nachfragen kann ein VeSiEr-Dreieck im VeSiEr-Dreieck auftauchen. Das kann z.B. sinnvoll sein, wenn ein Bewerber erzählt, wie er für einen Kunden ein schwieriges Problem gelöst hat. Sie erfragen die Situation, sein Verhalten und zu welchem Ergebnis er kam. Nebenbei erwähnt der Bewerber noch, dass er in diesem Zusammenhang (auf Verhaltensebene) seinen Chef überzeugen musste. Dies kann für Sie der Einstieg in ein weiteres VeSiEr-Dreieck sein: Wie konkret hat er seinen Chef überzeugt? Was hat er getan (Verhalten)? Mit welchen Herausforderungen war dies verbunden (Situation)?

Hier sind Sie im Interview gefordert, zu entscheiden, inwieweit Sie diesen Situationen auf den Grund gehen. Grundsätzlich ist eine Vertiefung sicherlich empfehlenswert, da Sie so weitere Informationen erhalten. Gerade wenn Sie die Kompetenz „Durchsetzungsfähigkeit" auf Ihrem Anforderungsprofil haben, bietet sich das Nachfragen an!

11.2 Technik 2: Offene Fragen/W-Fragen

Im Interview sollten Sie hauptsächlich offene Frage stellen. Mit ihnen gewinnen Sie mehr Informationen vom Bewerber als mit geschlossenen Fragen. Offene Fragen lassen sich nicht mit einem bloßen „Ja" oder „Nein" oder einer anderen kurzen Aussage (s. u.) beantworten.

Offene Fragen werden auch W-Fragen genannt, da die Frageworte meist mit einem W beginnen:

- Welche …?
- Wer …?
- Wie …?
- Was …?
- Wann …?
- Inwiefern …?

Zielsetzung: Sie bringen den Bewerber zum Sprechen. Sie geben ihm Freiräume zur Darstellung. Sie gewinnen viel Material, um nachzufragen. Offene Fragen geben dem Bewerber die Möglichkeit, auf den Aspekt der Frage einzugehen, über den er reden möchte.

Die Frage nach dem „Warum ...?" ist weniger empfehlenswert, denn dadurch kann eine Atmosphäre entstehen, in der der Bewerber sich ausgefragt fühlt und sich genötigt fühlt, sich zu rechtfertigen. Das kann sich negativ auf die Beziehungs-ebene zwischen Ihnen und dem Bewerber auswirken. Achten Sie auch darauf, als Interviewer die Warum-Frage nicht in einer anderen, vorwurfsvolleren Tonalität auszusprechen. Besser ist es, gleich eine der folgenden Fragen zu stellen:

„Aus welchen Gründen ...?" oder „Wieso ...?" oder „Weshalb ...?"

Kurzprofil: Offene Fragen sorgen dafür, dass wir beim Bewerber einen Redeanteil von 70 bis 80 Prozent und beim Interviewer von 20 bis 30 Prozent erzielen. Offene Fragen sollten jederzeit situativ im Interview eingesetzt werden. Fast alle Fragen im Interview sind offene Fragen. Die meisten Fragearten sind Spezifikationen der offenen Frage.

Was tun, wenn die Antwort nicht befriedigend ist? Wenn Bewerber nicht auf die von Ihnen gewünschten Aspekte antworten, ist es wichtig, dass Sie mithilfe der VeSiEr-Fragen und den Techniken zum Nachfragen vertiefend weiterfragen.

▶ **BEISPIEL: Offene Fragen**

- ▪ Welches Verhalten ist Ihnen bei Ihrer Führungskraft wichtig?
- ▪ Was haben Sie getan, um dies zu erreichen?
- ▪ Aus welchen Gründen haben Sie sich für den Stellenwechsel zur Firma xyz entscheiden?
- ▪ Wieso war es Ihnen wichtig, noch ein zweites Studium zu beginnen?
- ▪ Wie haben Sie sich vorbereitet?

Die Art und Weise, wie der Bewerber auf Ihre Fragen antwortet, sagt auch etwas über sein Kommunikationsverhalten aus: Spricht er eher schnell oder langsam? Spricht er eher laut oder leise? Sagt er eher viel oder eher wenig? Sind seine Ant-worten er eher klar und verständlich oder diffus? Gibt es in seiner Antwort eine innere Ordnung und Logik oder ist sie eher unstrukturiert? Formuliert er kurze, knappe Sätze oder lange verschachtelte Sätze? Benutzt er eher positive, aktive oder negierende, passive Formulierungen?

11.3   Technik 3: Geschlossene Fragen

Geschlossene Fragen können mit einem „Ja" oder „Nein", einer Zahl oder einem anderen Fakt kurz beantworten werden. Sie sollten eine geschlossene Frage stellen, sobald Sie vom Bewerber wissen wollen, ob er bei einem bestimmten Thema etwas weiß, ob er etwas kann, zu etwas Bestimmtem bereit ist etc.

Zielsetzung: Mit ihnen bringen Sie bestimmte Themen auf den Punkt. Mit ihnen stellen Sie das Verständnis sicher. Sinnvoll ist es auf alle Fälle, geschlossene Fragen zu Mobilität, zeitlicher und räumlicher Flexibilität zu stellen, wenn dies eine Anforderung für die Position sein sollte.

Kurzprofil: Geschlossene Fragen sind für das Interview sehr wichtig, denn Sie können mit ihnen sehr schnell konkrete Sachverhalte klären oder auch Missverständnisse aus dem Weg räumen. Geschlossene Fragen können Sie jederzeit situativ im Interview einsetzen. In provozierender Form können Sie geschlossene Fragen auch nutzen, um Bewerber, die „um den heißen Brei herumreden", mit Fakten zu konfrontieren: „Habe ich Sie also richtig verstanden, dass Sie ..."

Sie sollten im Interview auf keinen Fall zu viele geschlossene Fragen hintereinander stellen. Zum einen kann auf der Beziehungsebene beim Bewerber der Eindruck entstehen, er würde ausgefragt bzw. verhört. Zum anderen gibt es Bewerber, die Ihnen korrekt und kurz mit „Ja" oder „Nein" antworten. So bringen Sie den Bewerber nicht wirklich zum Reden. Allerdings können Sie mit einer geschlossenen Frage unmittelbar in ein Thema einsteigen — auch wenn dieses Vorgehen nicht besonders elegant ist. Wichtig ist dann, dass Sie mit offenen Vertiefungsfragen weitermachen.

▶ **BEISPIEL: Geschlossene Fragen**

- Können Sie am nächsten Ersten beginnen?
- Haben Sie schon Führungserfahrung gesammelt?
- Sind Sie bereit, umzuziehen?
- Können Sie im Schichtdienst arbeiten?
- Sind Sie bereit jede Woche zwei Tage auf Geschäftsreise zu sein?
- Haben Sie einen Führerschein? (Lassen Sie sich das Dokument am besten zeigen!)
- Haben Sie schon Arbeitserfahrungen mit Kollegen aus anderen Ländern sammeln können?

11.4   Technik 4: Konkretisierungsfragen

Konkretisierungsfragen führen zu einem tieferen Verständnis der Situation. Sie dienen dazu, Zusammenhänge klarzustellen, Nominalisierungen zu beseitigen, Generalisierungen, Tilgungen und Allgemeinplätze in den Bewerberaussagen aufzulösen.

Zielsetzung: Mithilfe dieser Fragen erreichen Sie schnellstmöglich eine konkrete, besser vorstellbare Ebene des Interviews. Konkretisierungsfragen helfen Ihnen, bestimmte Aussagen des Bewerbers besser zu verstehen. Sie können mit ihnen ein Beispiel aus dem Leben des Bewerbers erhalten. Sie erhalten durch Nachfragen konkretere Informationen vom Bewerber. Und mögliche Selbstverhüllungsreaktionen des Bewerbers lassen sich auf mit dieser Fragetechnik hinterfragen.

Kurzprofil: Die Konkretisierungsfrage ist eine der zentralen Fragetechniken insbesondere für die VeSiEr-Methode. Sie setzt das Prinzip „In die Tiefe fragen", als auch das Prinzip „Konkretisieren" um. Sie gehört zu den notwendigen Nachfragen.

▶ **BEISPIEL: Allgemeine Konkretisierungsfragen**

- Wie darf/kann/muss ich mir das konkret vorstellen?
- Wie sieht das genau aus?
- Geben Sie mir bitte mal ein Beispiel dafür.
- Können Sie mir bitte dafür mal ein Beispiel nennen?
- Wie genau sind Sie dabei vorgegangen?

Beispieldialoge: Konkretisierungsfragen einsetzen
Bewerber: Gute Teamarbeit ist wichtig. *Interviewer*: Bitte erklären Sie mir das etwas genauer.
Bewerber: Jeder hat mal einen Konflikt. *Interviewer*: Welchen Konflikt hatten Sie zuletzt?
Bewerber: Das war eine spannende Aufgabe! *Interviewer*: Spannend?
Bewerber: Ich mag keine nachlässigen Menschen. *Interviewer*: Bei was nachlässig? Worin nachlässig?

Tilgungen aufdecken und konkretisieren

Sie können Tilgungen erkennen, indem Sie sich fragen, ob sich das Gesagte auf mehrere Substantive beziehen könnte. Wenn dies zutrifft, liegt eine Tilgung vor, die Sie hinterfragen können.

Beispieldialoge

Bewerber: Es wurde entschieden … *Interviewer*: Wer hat entschieden?
Bewerber: Ich sagte, ich werde mich bessern. *Interviewer*: Worin verbessern?

Nominalisierungen konkretisieren

Eine Nominalisierung können Sie erkennen, indem Sie fragen, ob Sie sich das Substantiv bildlich vorstellen oder es anfassen können. Wenn Sie das verneinen müssen, dann ist dies ein Hinweis auf eine Nominalisierung, bei der es sich lohnt sie zu hinterfragen.

Beispieldialoge

Bewerber: Gute Zusammenarbeit zwischen den Abteilungen ist mir wichtig. *Interviewer*: Was tun Sie, um mit Nachbarabteilungen gut zusammenzuarbeiten?
Bewerber: Ich suche eine neue Herausforderung. *Interviewer*: Was fordert Sie heraus?

Beispielfragen: Wie kam es, dass …? Was waren die Hintergründe für …? Wie hat es sich so entwickeln können?

Generalisierungen konkretisieren

Auch Verallgemeinerungen sollten Sie im Interview so nicht stehen lassen. Hinter den allgemeinen Aussagen lässt sich zu gut ein konkretes Verhalten verbergen. Fragen Sie also auch hier nach.

Beispielfragen: Wer genau? Immer? Gibt es auch Ausnahmen? Wirklich alle — ohne Ausnahme? Was genau? Wann war es anders? Was ist Ihre Meinung hierzu? Wie stehen Sie persönlich dazu?

11.5 Technik 5: Aufzählungsfragen oder „Was noch"-Fragen

Aufzählungsfragen oder „Was noch"-Fragen können als offene oder geschlossene Fragen gestellt werden und kommen unmittelbar nach der Konkretisierungsfrage. Sie können sie auch nutzen, wenn der Bewerber von sich ein Beispiel genannt hat und Sie eine größere Auswahl haben wollen. Fragen Sie unbedingt nach — das wird von Ihnen im Interview mehrfach verlangt sein!

Zielsetzung: Sie wollen weitere Beispiele und Situationen aus der beruflichen Vergangenheit des Bewerbers als Ausgangsmaterial für das weitere Interview mit der VeSiEr-Methode gewinnen.

Fragen Sie entweder drei Beispiele ab, differenziert nach „normale Situation", „herausfordernde Situation" und „Misserfolg", mit dem Ziel, die Antworten mit den VeSiEr-Fragen zu vertiefen. Oder konzentrieren Sie sich auf eine herausfordernde Situation (s. auch „Frage nach Herausforderung" Seite 159).

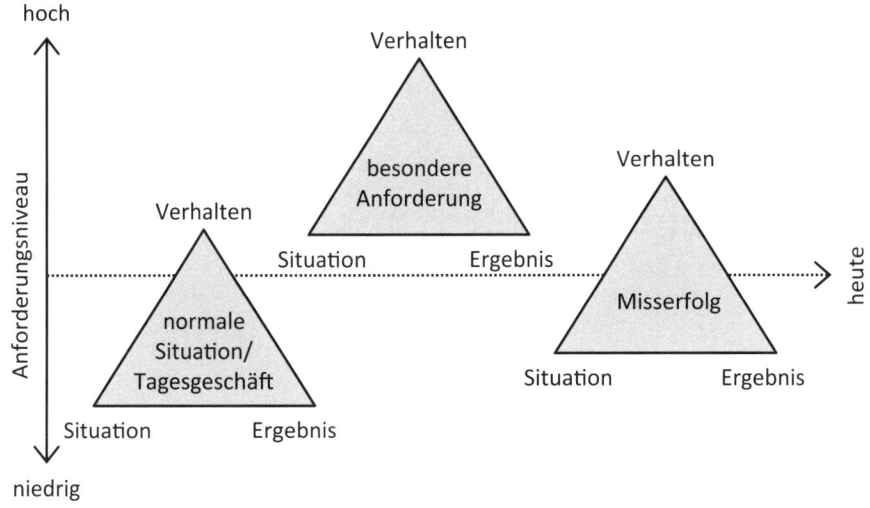

Abb. 17: Aufzählungsfragen zu unterschiedlichem Anforderungsniveau mit den VeSiEr-Fragen vertiefen

In dieser Grafik sehen Sie die drei Beispiele auch auf der horizontalen Zeitachse angeordnet. Die Zeitachse wird später bei der Auswertung für Sie noch von Nutzen sein. Es macht einen Unterschied, ob es ein Beispiel von vor zehn Jahren oder aus den letzten sechs Monaten ist. (s. hierzu auch Kapitel 5). In der vertikalen Achse sind die Beispiele bezüglich ihres Anforderungsniveaus aufgeführt.

Wenn der Bewerber Ihnen auf die Aufzählungsfragen hin mehrere Beispiele genannt hat, haben Sie damit einen Pool an Situationen, der im weiteren Interviewverlauf hilfreich ist. Falls sich herausstellt, dass eine Situation, von der der Bewerber erzählt, nicht weiter ergiebig ist, können Sie auf eines der anderen, zuvor genannten Beispiele zurückgreifen. (Daher sollten Sie sich die aufgezählten Beispiele unbedingt notieren.)

Es ist natürlich die Frage, mit welchem Beispiel Sie das Interview grundsätzlich fortsetzen. Hier haben Sie mehrere Möglichkeiten: Lassen Sie den Bewerber entscheiden und geben möglicherweise ein Auswahlkriterium vor (herausforderndste, erfolgreichste, am lehrreichsten etc.). Oder Sie wählen das Beispiel aus, das Sie am meisten anspricht. Oder Sie wählen das Beispiel aus, dass eine hohe Ähnlichkeit mit den Anforderungen im zukünftigen Job hat.

Eine weitere Möglichkeit ist, die Aufzählungsfrage als offene Frage zu stellen: „Was sonst noch?" oder „Was noch?". Vermeiden Sie die geschlossene Frage: „Gibt es noch weitere Beispiele?". Auf die Letztere kann ein Bewerber leicht antworten: „Nein, das war alles." Bei der offenen Frage setzen Sie implizit voraus, dass es noch weitere Beispiele gibt.

Kurzprofil: Aufzählungen zu verlangen, ist ein wichtiges Interviewprinzip und von zentraler Bedeutung für die VeSiEr-Methode. Sie setzen die Fragestrategie „In die Breite fragen" um. Aufzählungsfragen sind hilfreich, um situativ nachzufragen. Sie hilft Ihnen, sich einen Überblick zu verschaffen, indem Sie die Beispiele noch differenzieren nach „normale Situation", „besondere Herausforderung" und „Misserfolg".

Beispieldialog
Bewerber: „Ich habe Erfahrung in der Leitung von Projekten." *Interviewer*: „Welche Beispiele können Sie nennen?"

▶ BEISPIEL: Aufzählungsfragen
- Beschreiben Sie bitte drei Projekte, die Sie geleitet haben.
- Was noch?
- Welche Kunden noch?
- Welche weiteren?
- Also X und Y, was sind weitere Beispiele?

11.6 Technik 6: Zusammenfassen

Mit der Technik des Zusammenfassens stehen Ihnen weitere einfache und doch recht effiziente Gesprächstechnikvarianten zur Verfügung. Sie können entweder mit Ihren eigenen Worten das rückfragend zusammenfassen, was der Bewerber soeben gesagt hat, den bisherigen Gesprächsverlauf rekapitulieren oder auch bewusst falsch zusammenfassen. Ob Sie etwas bewusst falsch zusammenfassen oder tatsächlich etwas falsch verstanden haben, macht keinen Unterschied. Grundsätzlich sollte dies zu Widerspruch und Korrektur durch den Bewerber führen — und erst dann wird das Gespräch fortgesetzt.

Zielsetzung: Mit Zusammenfassungen können Sie den Gesprächsfluss aufrechterhalten. Sie gewinnen für sich Zeit, um Ihre Gedanken und Eindrücke zu sortieren und um dann zu entscheiden, wie Sie das Gespräch fortsetzen wollen. Der Bewerber fühlt sich in seiner Aussage richtig verstanden. Sie erkennen, ob der Bewerber widerspricht, wenn er sich falsch verstanden fühlt. Sie stellen sicher, dass Sie bei umfangreicheren Bewerberaussagen das Wesentliche verstanden haben. Sie signalisieren dem Bewerber auf der Beziehungsebene, dass das Gesagte bei Ihnen ankommt und Sie sich dafür bzw. für ihn interessieren. Sie sorgen dafür, dass Sie das Gesagte besser im Gedächtnis behalten.

Machen Sie nach der Zusammenfassung eine Sprechpause. Damit erhält der Bewerber die Chance, selbst etwas zu sagen.

Kurzprofil: Das Zusammenfassen hat eine hohe Bedeutung für die situative Interviewführung.

Beispieldialog

Bewerber: „Ich habe zuerst in Mannheim und danach in Oxford studiert. Und dann begann ich mich für Marketingpositionen bei Konsumgüterherstellern zu bewerben, und habe dann auch eine Stelle bei SX erhalten."

Interviewer: „Nach Ihrem Studium in Mannheim und Oxford war Ihre erste Stelle im Marketing bei der Firma SX." (Pause)

▶ **BEISPIEL: Zusammenfassung einleiten**

- Wenn ich Sie richtig verstanden habe, dann ...
- Sie sagen also, dass Sie ...
- Sie sind der Meinung, dass ...
- Sie wollen ...
- Ihnen ist wichtig, ...
- Ihnen geht es um ....
- Ich fasse einfach mal zusammen, um sicherzustellen, ob ich Sie richtig verstanden habe ...
- Bei mir ist angekommen, dass Sie ... möchten.

11.7 Technik 7: Fragen nach Herausforderungen

Eine Frage nach Herausforderungen ist keine Fragetechnik im eigentlichen Sinne, sondern ein Frageprinzip. Grundsätzlich handelt es sich dabei um eine offene Frage. Fragen Sie den Bewerber bei unterschiedlichen Anforderungskriterien immer nach den Herausforderungen, die damit für ihn verbunden sind.

Zielsetzung: Mit diesen Fragen identifizieren Sie auf kreative Art die Stärken und Schwächen des Bewerbers. Sie identifizieren mögliche Beispiele oder Situationen, die Sie mit der VeSiEr-Methode weiter nachfragen wollen. Mit diesem Vorgehen kommen Sie sehr schnell an relevante Informationen.

Kurzprofil: Die Herausforderungsfrage ist ein ergänzendes Frageprinzip. Mit der Frage nach Herausforderungen verhindern Sie, dass Bewerber Ihnen Banalitäten als etwas Besonderes verkaufen. Berücksichtigen Sie Herausforderungsfragen schon bei der Erstellung des Interviewleitfadens. Und verwenden Sie es dann situativ im Interview.

▶ **BEISPIEL: Nach Herausforderungen fragen**

- Welche Herausforderungen begegnen Ihnen in Ihrer Führungsrolle bzw. Ihrem Führungsalltag?
- Welche Herausforderungen mussten Sie als Projektleiter bewältigen?
- Welche Herausforderungen stellten sich Ihnen in diesem Zusammenhang? (als situative Frage)

Wenn die Antwort nicht überzeugt: Bei der Herausforderungsfrage sollten Sie als Interviewer ein paar wichtige Punkte beachten, das gilt insbesondere, wenn Sie das Gefühl haben, dass die Situation, die der Bewerber beschrieben hat, keine echte Herausforderung für ihn darstellte und er das eigentlich ganz locker bewältigt hat. Daher haken Sie nochmals ein: „Ich habe den Eindruck, dass Sie dies eher leicht geschafft haben, dass dies gar keine besondere Herausforderung für Sie war. Erklären Sie mir doch bitte einmal, worin die Herausforderung für Sie genau bestand." Achten Sie darauf, dass Sie nicht vorwurfsvoll nachfragen, sondern mit einer inneren Haltung des „Ich habe es noch nicht verstanden". Im Idealfall kann Ihnen der Bewerber jetzt die Herausforderung plausibel erklären.

Wenn der Bewerber aber zugesteht, dass das geschilderte Beispiel eigentlich keine Herausforderung war, dann haken Sie nach: „Mir ist es wichtig, eine herausfordernde Situation von Ihnen zu erfahren. Insofern bitte ich Sie jetzt, meine Frage noch mal zu beantworten." Die Wahrscheinlichkeit, dass der Bewerber Ihnen im weiteren Verlauf des Interviews ein weiteres Mal ausweichend antwortet, ist erheblich geringer.

11.8   Technik 8: Skalenfragen

Skalenfragen sind zweiteilige Fragen: Im ersten Teil der Frage soll sich ein Bewerber mithilfe einer Skala von 1 bis 10 bezüglich irgendeines Kriteriums einschätzen. Im zweiten Teil fragen Sie den Bewerber, was ihm noch zur 10 fehlt oder wie er zu seiner Einschätzung kommt. Wichtig ist an der Antwort des Bewerbers nicht die absolute Zahl, sondern die konkrete Beschreibung — entweder des Unterschieds der zwischen der von ihm genannten Ziffer und der 10 besteht oder, wenn es den Unterschied nicht gibt, weil er bereits 10 als Antwort gegeben hat, wie er zu dieser Einschätzung kommt.

Zielsetzung: Es ist eine Frage, die Ihnen hilft sehr schnell in die Tiefe zu kommen um mit den VeSiEr-Fragen konkret nachzufragen. 80% der Bewerber antworten mit einer Zahl zwischen fünf bis acht. Mithilfe der Skalenfragen erkennen Sie sofort bestimmte Wertvorstellungen oder Einstellungen des Bewerbers. Sie können so auf kreative Art Schwächen bzw. Entwicklungspunkte des Bewerbers aufdecken. Skalenfragen liefern Ihnen sehr schnell relevante Informationen. Sie eröffnen so Themenfelder, die Sie mithilfe von Konkretisierungsfragen vertiefen können, um sich dann mit den VeSiEr-Fragen ein Bild über das Verhalten des Kandidaten zu verschaffen.

Bitte nutzen Sie die Skalenfrage nicht bei jedem Anforderungskriterium als Einstieg in das Themenfeld. Dies funktioniert zwar, ist aber für den Bewerber etwas ermüdend.

Kurzprofil: Die Skalenfrage lässt sich ideal als Einstieg in die VeSiEr-Methode verwenden und sollte als Einstiegsfrage zu ein bis zwei Anforderungskriterien genutzt werden. Sie kann darüber hinaus situativ im Interview eingesetzt werden.

Anwendungshinweise: Geben Sie bitte der Zahl, die der Bewerber nennt, keine allzu große Bedeutung, sie ist nicht wichtig. Beachten Sie, dass vor allem Menschen mit der Tendenz zur Strenge (siehe Wahrnehmungs- und Beurteilungsfehler, Kapitel 13.1.3) bei der Beurteilung anderer, darauf achten sollten, dass sie an dieser Stelle im Beziehungsmanagement zum Bewerber keinen Fehler machen. Zwei solcher typischen Wahrnehmungs- und Beurteilungsfehler stellen wir Ihnen im Folgenden vor.

Ein Bewerber nennt als Antwort auf die Skalenfrage des Interviewers die Ziffer 9. Das ist in den Augen des Interviewers allerdings schon fast eine Frechheit, da doch 8 — aus seiner Sicht — das höchste Level kennzeichnet, dass in diesem Bereich überhaupt erreicht werden kann. Ohne lange darüber nachzudenken, fragt der

Interviewer mit vorwurfsvollem Ton: „Wie kommen sie denn darauf?" Der Bewerber ist darüber irritiert und fragt sich, was wohl mit dem Interviewer los ist. Er beschließt zukünftig vorsichtiger zu antworten.

Eine andere Situation in der die Problematik der Wahrnehmungs- und Beurteilungsfehler auf andere Art und Weise deutlich wird: Ein Bewerber beantwortet die Skalenfrage des Interviewers sehr zurückhaltend mit 4? Daraufhin antwortet der Interviewer: „Da trauen sie sich aber nicht viel zu, oder?" Sie können sich wahrscheinlich gut vorstellen, wie sich der Bewerber angesichts der Reaktion fühlt. Diese Reaktion hat im Beziehungsmanagement einen deutlichen Kollateralschaden verursacht.

Doch lassen Sie uns nochmals überlegen: Wie kann das verstanden werden, dass der Bewerber „nur" 4 als Antwort gibt? Aus unserer Sicht kann es für diese Zurückhaltung unterschiedliche Gründe geben.

- Es kann sein, dass sich der Bewerber (noch) nicht so viel zutraut, denn er hat bisher wenig Erfahrung gesammelt. Doch er besitzt großes Potenzial.
- Es kann sein, dass der Bewerber zu Recht seine Fähigkeiten nicht sonderlich hoch einschätzt. Allerdings verfügt er auch nicht über ein großes Entwicklungspotenzial.
- Es kann sein, dass der Bewerber sich selbst äußerst kritisch sieht, Dritte ihn jedoch ganz anders einschätzen und als sehr erfolgreich wahrnehmen hinsichtlich des Anforderungskriteriums.

Unsere Folgerung ist: Aus welchen Gründen Bewerber welche Zahl nennen, wissen wir nicht. Denn tatsächlich geht es für uns auch vor allem darum, mit Hilfe der Skalenfrage an konkrete Beispiele zu kommen, um uns anhand dieser ein Bild über die Stärke des Bewerbers zu machen.

Das bedeutet nicht, dass Sie so nicht agieren dürfen. Und sicherlich spielt es auch eine Rolle, welche Position Sie besetzen wollen. (Je höher die Position ist, eine desto höhere Ziffer erwarten Sie. Stellen Sie z.B. sich eine leitende Führungskraft vor, die auf die Frage nach ihrer Führungsfähigkeit mit 4 oder 5 antwortet. Diese Antwort entspräche höchstens bei einer Führungskraft auf unterster Ebene mit wenig Berufserfahrung der Erwartung.) Uns geht es hier jedoch darum, dass Sie Ihr Interviewverhalten reflektieren und nachvollziehen können, wie Sie mit der Skalenfrage bestmöglich arbeiten. Daher auch der zweite Hinweis für die Praxis:

Ganz egal welche Zahl der Bewerber nennt, antworten Sie wertschätzend. Bei hohen Zahlen können Sie durchaus sagen: „Da trauen sie sich ja eine ganze Menge zu, oder?" Bei niedrigeren Zahlen ist passend zu sagen: „Das finde ich wirklich mutig von Ihnen, es gibt wenige Bewerber, die sich trauen hier nur eine 4 zu nennen. Denn gleichzeitig bedeutet das ja auch, dass sie durchaus Erfahrung oder Erfolge darin vorweisen können, oder?"

Beispieldialoge

Interviewer: „Auf einer Skala von 1 bis 10, wie schätzen Sie Ihr Führungsverhalten ein? 1 bedeutet sehr gering, 10 bedeutet sehr hoch!" *Bewerberantwort* A: „8." *Interviewer*: „Was fehlt Ihnen bis zur 10?"

Interviewer: „Auf einer Skala von 1 bis 10, wie schätzen Sie Ihr Führungsverhalten ein? 1 bedeutet sehr gering, 10 bedeutet sehr hoch!" *Bewerberantwort* B: „10." *Interviewer*: „Wie kommen Sie darauf?"

Falls dem Bewerber auf die Nachfrage: „Was fehlt Ihnen zur 10?" nur wenig einfällt, fragen Sie einfach die andere Frage: „Wie kommen Sie zu Ihrer Einschätzung?" Hier kommt dann im Anschluss die „Was noch?"-Frage zum Einsatz. Lassen Sie sich mehrere Themen oder Kriterien aufzählen, um dann mit der Konkretisierungsfrage nach einem Beispiel zu fragen und vertiefend mit den VeSiEr-Fragen nachzuforschen.

Übrigens: Auch wenn der Bewerber dieses Frageprinzip kennt, hilft ihm dies nicht weiter. Er muss dennoch Stellung beziehen.

11.9 Technik 9: Selbstreflektorische Fragen

Selbstreflektorische Fragen sind in der Regel offene Fragen, die vom Gesprächspartner einen Ebenenwechsel im Interview verlangen. Bis zu einem gewissen Punkt fragen Sie beim Bewerber mithilfe des Verhaltensdreiecks nach. Wenn Sie ausreichend Erkenntnisse über sein Verhalten in der Vergangenheit gewonnen haben, können Sie die Sequenz mit einer selbstreflektorischen Frage abschließen. Damit erhalten Sie Informationen darüber, inwieweit der Bewerber über sein Handeln und erlebte Situationen nachgedacht und daraus Schlüsse für die Zukunft gezogen hat.

Zielsetzung: Mit diesen Fragen finden Sie heraus, inwieweit Ihr Gesprächspartner aus erlebten Situationen etwas über sich und sein Verhalten für die Zukunft gelernt hat. Sie erfahren etwas über die Selbsteinschätzungs- und Lernfähigkeit des Bewerbers. Sie können die Antwort des Bewerbers auf eine selbstreflektorische Frage nutzen, um nach der Umsetzung der Erkenntnis zu Fragen. Sie können dazu die Formulierung „Konnten Sie diese Erkenntnis auch schon umsetzen?" verwenden.

Kurzprofil: Selbstreflektorische Fragen sind ein wichtiges Frageprinzip und Bestandteil der VeSiEr-Methode. Dort werden sie zumeist zum Abschluss eingesetzt. Sie können aber ebenso im Interview situativ eingesetzt werden.

▶ **BEISPIEL: Selbstreflektorische Fragen**

- Was haben Sie daraus gelernt?
- Was sagt dies über Sie aus?
- Welche Erkenntnisse haben Sie für die Zukunft daraus gezogen?
- Was würden Sie in Zukunft anders machen und was genauso beibehalten?
- Was haben Sie daraus für weitere Projekte gelernt?
- Konnten Sie dies auch schon umsetzen?

Bei den Antworten auf selbstreflektorische Fragen gibt es kein generelles Auswertungsschema. Verlassen Sie sich auf Ihr Bauchgefühl oder Ihre Intuition: Klingt die Antwort authentisch? Könnte dies eine mögliche Schlussfolgerung aus dem geschilderten Sachverhalt sein?

11.10 Technik 10: Zirkuläre Fragen

Durch zirkuläre Fragen wird der Gesprächspartner danach gefragt, was er glaubt, was andere über eine Situation, über ihn oder über sein Verhalten in einer bestimmten Situation denken. Die Vorannahme zu dieser Frage ist, dass Menschen aus vielen nonverbalen Reaktionen Rückschlüsse auf ihr Verhalten oder ihre Wirkung auf andere gewinnen können. Mitunter sind es nicht nur Rückschlüsse, es kann auch durch ein direktes Feedback z. B. des Vorgesetzten dem Bewerber mitunter bekannt sein, was gedacht wurde.

Beispieldialog:
Ein Mitarbeiter macht seine Arbeit. Regelmäßig kommt sein Chef vorbei und nimmt davon Notiz, sagt aber nichts weiter dazu. Wird diesem Mitarbeiter nun folgende zirkuläre Frage gestellt: „Wenn ich Ihren Chef fragen würde, wie zufrieden er mit Ihrer Arbeit ist, was würde er mir sagen?", dann könnte er zum Beispiel diese beiden Antworten geben:
„Ich bin als Chef soweit zufrieden. Ich habe mir regelmäßig ein Bild gemacht und nichts zu kritisieren gefunden." Oder: „Mein Chef ist, denke ich, soweit zufrieden, da er nichts kritisiert hat, aber recht häufig an meinem Arbeitsplatz war."
Der Mitarbeiter wurde weder gelobt noch kritisiert. Aus der Abwesenheit von Kritik kann zumindest auf ein bestimmtes Maß an Zufriedenheit gefolgert werden.

Zielsetzung: Mithilfe der zirkulären Fragen suchen Sie nach der vermuteten Fremdeinschätzung. Dies ist etwas anderes als eine Selbsteinschätzung. Sie erhalten eine andere Qualität von Antwort: Sie wird authentischer sein, da ein Bewerber sich darauf nicht vorbereiten kann. Zirkuläre Fragen können hervorragend die beliebte Frage nach Stärken und Schwächen ergänzen oder gar ersetzen. Sie erhalten situationsbezogen eine Einschätzung in Form des vermuteten Fremdbildes. Sie erhalten einen Eindruck insbesondere von der Potenzialkompetenz „Selbstreflexion". Wenn ein Bewerber diese Frage nicht beantworten kann, sagt das zumindest nichts Positives über seine Selbstreflexionsfähigkeit aus.

Geben Sie dem Bewerber etwas Zeit zum Nachdenken, er braucht sie, um die Erinnerung in Worte zu fassen.

Kurzprofil: Zirkuläre Fragen setzen das Prinzip „Perspektivenwechsel" perfekt um. Nutzen Sie die zirkuläre Frage zum Abschluss von VeSiEr, wenn der Bewerber eine ganz konkrete Situation in Bezug auf einen anderen Menschen (Kunden, Chef, Konfliktpartner etc.) geschildert hat. Fragen Sie nur nach einer genau identifizierten Person und nicht nach mehreren Personen, also „Was würde Herr Mayer über Ihre Kommunikationsfähigkeiten sagen?" und nicht „Was würden *ihre Mitarbeiter* über Ihre Fähigkeit, klare Orientierung zu geben, sagen?" Im letzteren Fall würde wahrscheinlich jeder Mitarbeiter etwas anderes antworten. Insofern wird es für den Bewerber schwierig, sich zu entscheiden, was er Ihnen antworten soll.

Zudem können Sie zirkuläre Fragen auch situativ im Interview einsetzen, sofern — wie geschildert — die Rahmenbedingungen der Situation bekannt sind.

Antwortet der Bewerber sehr schnell, kann dies ein Indiz für einen nicht erfolgten Perspektivwechsel sein. Eine Ausnahme sind Mitarbeiter, die z. B. kürzlich ein Mitarbeitergespräch oder Beurteilungsgespräch mit ihrem Chef geführt haben und daher schnell antworten. Es gibt auch Bewerber, die Ihnen antworten: „Das müssen Sie ihn schon selbst fragen!" Dies ist u. U. ein Indiz für mangelnde Reflexionsfähigkeit. Wir empfehlen Ihnen, dann zu antworten: „Dies geht leider nicht, daher frage ich Sie und ich bin sehr an einer Antwort interessiert."

▶ **BEISPIEL: Zirkuläre Fragen**

- Was würde Ihr Chef sagen, wenn ich ihn zu Ihrem Verhalten in der Situation X befragen würde?
- Welche Stärken oder Verbesserungspotenziale sieht Ihr letzter Chef bei Ihnen?
- Wenn ich Ihren Kollegen Y fragen würde, wie er sich von Ihnen behandelt gefühlt hat, was würde er mir sagen?

11.11 Technik 11: Einschätzungs- und Zufriedenheitsfragen

Die Einschätzungs- oder Zufriedenheitsfrage ist eine offene Frage, mit der Sie etwas über die subjektive Zufriedenheit aus Sicht des Bewerbers erfahren.

Zielsetzung: Die Einschätzungs- und Zufriedenheitsfrage liefert Ihnen Informationen zu Einschätzungen und Meinungen in Bezug auf die erreichten Ergebnisse und Vorgehensweisen. Mit ihrer Hilfe können Sie die Selbstreflexionsfähigkeit des Bewerbers, seine Bereitschaft über seine Ergebnisse nachzudenken, einordnen. Achten Sie auch auf die nonverbale Ebene (Körpersprache, Gestik und Mimik) des Bewerbers. Wichtig ist hierbei, inwieweit das, was er sagt, mit dem übereinstimmt, was Sie auf nonverbaler Ebene wahrnehmen.

Kurzprofil: Die Frage nach der Einschätzung bzw. Zufriedenheit setzen Sie im Interview situativ zum Nachfragen oder zum Abschluss der VeSiEr-Methode ein.

Diese Frage ist häufig sehr aufschlussreich, da viele Bewerber zum Teil sehr offen drüber sprechen oder aber spontan auf nonverbaler Ebene reagieren.

> ► **BEISPIEL: Einschätzungs- und Zufriedenheitsfrage**
> - Wie zufrieden sind Sie mit dem Ergebnis?
> - Wie zufrieden sind Sie mit dem Verlauf?

11.12 Technik 12: Fragen nach Unterschieden

Mit der Frage nach Unterschieden geben Sie dem Bewerber die Gelegenheit, über Ereignisse, Menschen oder Leistungen bezüglich ihrer Gemeinsamkeiten bzw. Unterschiede zu reflektieren. Durch den Vergleich zweier Dinge wird erkennbar, was aus welchen Gründen wichtig bzw. wichtiger ist.

Zielsetzung: Die Frage nach Unterschieden liefert Informationen über Werte und Einstellungen. Sie erhalten mithilfe dieser Fragen Informationen zu Einschätzungen und Meinungen. Sie können überprüfen, inwieweit sich jemand vertiefend mit einem Thema auseinandergesetzt hat, z. B. hinsichtlich seines Führungsverständnisses. Diese Fragen helfen, die Selbstreflexionsfähigkeit des Bewerbers einzuschätzen, etwa in Bezug auf seinen Berufsweg oder seine Vorbilder. Suchen Sie nach denjenigen Unterschieden, die wirklich relevant sind.

Kurzprofil: Die Frage nach Unterschieden kann im Interview situativ zum Nachfragen eingesetzt werden. Sie können sie vorab im Interviewleitfaden einplanen.

> **BEISPIEL: Fragen nach Unterschieden**

- Was macht aus Ihrer Sicht den Unterschied zwischen einer guten und einer exzellenten Führungskraft aus?
- Was macht aus Ihrer Sicht den Unterschied zwischen einem guten und einem sehr guten Mitarbeiter aus?
- Inwiefern beurteilen Sie die Position jetzt anders als vor unserem Gespräch?
- Welche Gemeinsamkeiten bzw. Unterschiede sehen Sie zu diesem Vorgesetzten?

11.13 Technik 13: Alternativfrage

Alternativfragen sind offene Fragen, die dem Bewerber zwei oder mehr Möglichkeiten zur Wahl stellen. Im Interview bieten Sie dem Bewerber ein Set von Auswahlmöglichkeiten an und bitten ihn dann, sich für eine davon zu entscheiden oder aber die Alternativen in eine für ihn passende Rangreihe zu bringen.

Zielsetzung: Alternativfragen können Sie einsetzen, um Aspekte noch stärker zu klären. Sie sind gut geeignet, um ruhige Bewerber zum Reden zu bringen. Mit ihnen können Sie etwas über die Selbsteinschätzung des Bewerbers erfahren. Alternativfragen eignen sich auch zur Selbstreflexion. Mit diesen Fragen können Sie sehr gut eigene Vermutungen bzw. Hypothesen über den Bewerber verdeckt zumindest falsifizieren. Bieten Sie dafür dem Bewerber Ihre eigene Vermutung mit ein bis zwei Alternativen zur Entscheidung an. Entspricht die Antwort nicht Ihrer Hypothese, spricht einiges dafür, dass diese falsch war. Der Umkehrschluss gilt leider nicht notwendiger Weise. Falls Sie Ihre eigenen Hypothesen überprüfen wollen, ist es wichtig, dass Sie bei der Formulierung alle Alternativen auch gleichwertig darstellen.

Mithilfe von Alternativfragen erfahren Sie vor allem etwas über die Werte und Einstellungen des Bewerbers, Sie erfahren jedoch eher weniger über das mögliche Verhalten des Bewerbers. Mit Alternativfragen können Sie auch Fachwissen und die Fähigkeit, Prioritäten richtig zu setzen, überprüfen. Wenn Sie die Fähigkeit des Bewerbers, richtige Prioritäten zu setzen, überprüfen wollen, schildern Sie eine vorbereitete fachliche Situation mit einer gewissen Komplexität, erläutern Sie die sich daraus ergebenden Handlungsalternativen und bitten Sie den Kandidaten, diese in eine Reihenfolge zu bringen.

Kurzprofil: Die Alternativfrage ist eine ergänzende Fragetechnik. Sie kann situativ im Interview verwendet werden. Ebenso können Sie diese vorab im Interviewleitfaden einplanen.

> ▶ **BEISPIEL: Alternativfragen**
>
> - Wenn Sie aufgrund einer herausragenden Leistung die Wahl hätten zwischen einem Sonderbonus, ein paar freien Tagen oder einem Artikel über Ihre Leistung in der Mitarbeiterzeitung — wofür würden Sie sich entscheiden?
> - Was glauben Sie: Sind Sie eher ein Mensch, der auf Harmonie und Ausgleich bedacht ist, oder ist Ihnen die Klärung und das Austragen von Konflikten wichtig?
> - Sind Sie eher jemand, der sich leicht in andere hineinversetzen kann oder dem das schwerfällt?
> - Wenn Sie die Wahl hätten, ein fixes Gehalt zu bekommen von 100 oder ein niedriges Grundgehalt von 70 plus einen flexiblen Anteil von bis zu 50, wofür würden Sie sich entscheiden?

11.14 Technik 14: Kettenfragen

Kettenfragen bestehen aus zwei bis vier Teilfragen, die wie die Glieder einer Kette zu einer Frage verknüpft werden.

Zielsetzung: Aus unserer Sicht können Sie Kettenfragen vor allem einsetzen, um Hinweise auf die Kompetenz zur Komplexitätsverarbeitung von Bewerbern zu erhalten. Sie zeigen, ob Ihr Gegenüber in der Lage ist, auch in der ungewöhnlichen Situation eines Bewerbungsgesprächs mehrgleisig zu denken und den Überblick zu behalten. Der Effekt einer Kettenfrage kann zusätzlich dadurch gesteigert werden, dass Vertiefungsfragen zur Antwort auf eine Teilfrage gestellt werden.

Kurzprofil: Die Kettenfrage ist eine ergänzende Fragetechnik. Sie sollte nur für das Anforderungskriterium Komplexitätsverarbeitungskompetenz eingesetzt werden. Die Kettenfrage muss vorbereitet werden. Wenn Sie Kettenfragen stellen, ist entscheidend, dass der Bewerber nach der Beantwortung einer Teilfrage genügend Zeit erhält, um selbstständig zur Beantwortung der nächsten Teilfrage überzugehen. Der Interviewer sollte die anschließende Teilfrage also erst dann wiederholen, wenn der Bewerber nicht von sich aus fortfährt und er die Frage offensichtlich für bereits vollständig beantwortet hält. Wichtig ist ferner, dass der Interviewer darauf achtet, dass alle Teilfragen vollständig beantwortet werden. Damit signalisiert er dem Bewerber, dass er die Zügel der Gesprächsführung stets in der Hand behält.

Grundsätzlich sollten Sie als Interviewer Kettenfragen vermeiden, da die meisten Bewerber nur die letzte, die erste Frage oder die aus ihrer Sicht einfachste Frage beantworten. In der Regel sind die meisten Interviewer dann entweder schon zufrieden und vergessen nachzufragen oder aber sie legen es dem Bewerber negativ aus, dass er nicht alle Fragen wie gefordert beantwortet hat. Vor diesem Rückschluss möchten wir Sie warnen. In der Aufregung kann dies vielen Bewerbern passieren.

> ▶ **BEISPIEL: Kettenfrage**
>
> ▪ Welche Kriterien waren für Sie bei der Wahl Ihres Studienfachs (1. Teil) und der Universität Berlin (2. Teil) ausschlaggebend?
> ▪ Wie haben Sie diese Aufgaben priorisiert (1. Teil), was waren die Gründe dafür (2. Teil) und was würden Sie heute anders machen (3. Teil)?
> ▪ Wie haben Sie die Aufgaben des Projekts XY auf die Mitglieder Ihres Teams verteilt (1. Teil), was war aus Ihrer Sicht erfolgreich (2. Teil), was war weniger erfolgreich (3. Teil) und wie war dann das Ergebnis (4. Teil)?
> ▪ Beschreiben Sie uns bitte eine Situation, in der Sie im Team gearbeitet haben anhand folgender Punkte: Was war Ihre Rolle (1. Teil), wie haben Sie die Rolle angenommen (2. Teil), welche Schwierigkeiten haben sich dabei ergeben (3. Teil), was haben Sie in der Rolle getan (4. Teil) und mit welchem Ergebnis (5. Teil)?

11.15 Technik 15: Projektionsfragen

Mit den Projektionsfragen erfahren Sie indirekt etwas über die Werte des Bewerbers, indem Sie ihn nach den Werthaltungen und Verhaltensweisen relevanter Personen aus seinem beruflichen Umfeld befragen. Daher bitten Sie den Bewerber im Interview, andere einzuschätzen, sie zu beurteilen und zu schildern, wie er sie sieht.

Hintergrund ist, dass es Menschen häufig leichter fällt, über andere zu sprechen als über sich selbst. Sie neigen dazu, ihre eigenen Gefühle, Wünsche und Verhaltensweisen in andere Personen hineinzuprojizieren.

Bewerber geben auf die Frage nach ihren eigenen Werten meist spontan eine angelernte oder sozial erwünschte Antwort, sodass diese vergleichsweise wenig aussagekräftig ist. Durch die veränderte Ausrichtung auf die Werte eines anderen entsteht eine kognitive Aufgabe, die durch den Fokuswechsel zunächst zum Nachdenken anregt. So entsteht eine authentischere Antwort, die — wenn auch indirekt — zugleich die Werte des Befragten widerspiegelt.

Da sich die Antwort auf die Werte oder Verhaltensweisen Dritter bezieht, sollte unmittelbar nach der Antwort auf die Projektionsfrage nach der Einschätzung dieser Werte oder alternativen Verhaltensweisen durch den Bewerber gefragt werden.

Zielsetzung: Mit Projektionsfragen erfahren Sie vor allem etwas über die Werte und Einstellungen des Bewerbers. Sie gewinnen Informationen über seine Meinungen und Einschätzungen. Projektionsfragen setzen das Prinzip „Perspektivenwechsel" um.

Kurzprofil: Die Projektionsfrage ist eine ergänzende Fragetechnik. Sie kann situativ im Interview verwendet oder auch vorab für den Interviewleitfaden geplant werden. Seien Sie vorsichtig damit, aus den Aussagen des Bewerbers auf dessen zukünftiges Verhalten zu schließen. Dieser Rückschluss ist nur in seltenen Fällen möglich. Schließlich gibt es noch eine Reihe weiterer relevanter Einflussfaktoren auf das Verhalten, etwa:

- Hat der Bewerber die Fähigkeit sich so zu verhalten, wie es gewünscht ist?
- Kennt er die geforderte Rolle und die an sie geknüpften Erwartungen seitens des Umfelds?
- Welche Modelle hat der Bewerber als Vorbild?
- Wie hat er sich in vergleichbaren Situationen in der Vergangenheit verhalten?

Beispieldialoge
Interviewer: Bitte beschreiben Sie die wesentlichen Werte Ihres Vorgesetzten! (Bewerberantwort: „…".) Interviewer: „Und wie stehen Sie zu diesen Werten?"
Interviewer: „Beschreiben Sie doch mal den Führungsstil Ihres Vorgesetzten?" (Bewerberantwort: „…".) Interviewer: „Wie hätte er sich verhalten sollen?" *Oder* „Was hätte er anders machen sollen?"

11.16   Technik 16: Aktiv zuhören

Beim „aktiven Zuhören" wird der wahrgenommene emotionale Anteil in der Aussage in Form einer geschlossenen Frage widergespiegelt oder nur das Signalwort als Frage reflektiert.

Zielsetzung: Mithilfe des aktiven Zuhörens klären Sie interessante Einschätzungen des Bewerbers, die ihm während des Gesprächs „herausrutschen". Sie vertiefen das Gespräch an dieser Stelle besonders auf emotionaler Ebene. Der Bewerber fühlt sich emotional verstanden. Wichtig ist, dass Sie nach dem aktiven Zuhören eine Sprechpause machen und der Bewerber die Chance bekommt, etwas zu sagen.

Kurzprofil: Das Aktive Zuhören ist eine sehr wichtige ergänzende Gesprächstechnik. Es sollte situativ im Interview verwendet werden. Sie können dann mit der Antwort weiterarbeiten. Erhalten Sie z. B. eine Bestätigung auf Ihre Frage, wie anstrengend das Projekt war, dann ist Ihre nächste Frage: „Wie sind Sie mit dieser Anstrengung umgegangen?" Die Antwort auf diese Frage wird zu diesem Moment authentischer sein und eine andere Antwortqualität haben, als die Antwort auf eine entsprechende Frage „Wie bewältigen Sie eigentlich stressige bzw. anstrengende Situationen?" zu irgendeinem Zeitpunkt im Interview.

> **BEISPIEL: Aktiv zuhören**

- Wenn ich Sie so höre, dann sind Sie jetzt …?
- Sie sind …!?
- Und jetzt sind Sie so richtig sauer/unzufrieden/verärgert/ratlos, oder?
- Bei mir ist angekommen, dass Sie … sind

Beispieldialoge

Der Bewerber berichtet von einem Projekt und den Schwierigkeiten und Herausforderungen, mit denen er zu kämpfen hatte. Der Interviewer entgegnet: „Hört sich so an, als hätten Sie da sehr unter Strom gestanden?" oder „Das scheint Sie wirklich sehr angestrengt zu haben, oder?"

Der Bewerber berichtet von Kunden, die er als sehr anstrengend und nervig empfunden hat. Der Interviewer entgegnet: „Sie scheinen sich sehr über ihn geärgert zu haben, oder?"

11.17 Technik 17: Provokante Fragen

Grundsätzlich arbeiten Sie mit provokanten Fragen, wenn Ihnen bestimmte Aussagen des Bewerbers nicht glaubhaft erscheinen oder Sie aufgrund des Interviews Hypothesen gebildet haben, die Sie überprüfen und testen wollen.

Zielsetzung: Mit provokanten Fragen können Sie den Bewerber aus der Reserve locken, um echtes Verhalten zu erleben. Sie können auch eine andere Reaktion beim Bewerber provozieren, die es Ihnen ermöglicht, seine Aussagen besser einzuordnen. Stellen Sie eine solche Frage nicht in den ersten 15 bis 20 Minuten des Interviews. Sonst könnte sie den Aufbau einer guten Atmosphäre gefährden.

Kurzprofil: Die provokante Frage ist eine ergänzende Fragetechnik. Sie sollte situativ im Interview verwendet werden. Eine provokante Frage kann, vor allem wenn sie sehr überraschend kommt, vom Bewerber als Angriff auf der Beziehungsebene aufgefasst werden. Da dies aber nicht Ihr Ziel ist, empfehlen wir Ihnen, die provokante Frage mit einer Ankündigung zu verknüpfen. Nicht immer muss die provokante Frage auch eine Frage sein, es kann auch eine Aussage sein.

▶ **BEISPIEL: Provokante Fragen stellen**

Ein Bewerber erzählt, dass er vom Außendienst in den Innendienst wechseln will, um etwas Neues zu lernen. Der Interviewer fragt provokant nach:

- Hier möchte ich gern einmal etwas provokant nachfragen. Das nehme ich Ihnen nicht ab, wenn Sie mir erzählen, dass Sie nur wechseln wollen, weil Sie etwas Neues lernen wollen. Meine bisherige Erfahrung ist, dass die meisten dies tun, weil sie im Außendienst nicht erfolgreich sind oder aber bald wieder zurück in den Außendienst wollen. Wie sieht dies bei Ihnen aus?
- Sorry, da will ich jetzt etwas dranbleiben. Sie haben auf meine Fragen nach Ihren Erfolgen ausweichend geantwortet. Heißt das, Sie haben keine Erfolge vorzuweisen?

11.18 Technik 18: Stereotypkonträre Fragen

Bei stereotypkonträren Fragen formulieren Sie Aussagen oder Statements, die im Gegensatz zur gängigen Meinung oder zu Allgemeinplätzen stehen, wie sie z. B. die Medien (und Bewerbungsratgeber) transportieren. Diese Formulierungen sind eher Phrasenkiller, da sie ja genau diese infrage stellen.

Zielsetzung: Stereotypkonträre Fragen zeigen Ihnen, ob der Bewerber nur angelernte Standardantworten gibt (dann wird er mit dieser Fragetechnik Schwierigkeiten haben) oder ob er die Thematik aus eigener Erfahrung kennt und eine differenzierte Meinung dazu hat. Sie können damit herausfinden, ob der Bewerber „sein Fähnchen in den Wind hängt" und ob er gut argumentieren kann. Sie können damit in der Situation ein wenig provozieren.

Kurzprofil: Die stereotypkonträre Frage ist eine ergänzende Fragetechnik. Sie kann situativ im Interview verwendet werden. Sie können diese Fragen spontan im

Interview stellen, wenn Ihnen ein Bewerber Ihrer Meinung nach zu glatte, stereo-
typische Antworten gibt. Sie können diese Fragen auch im Vorfeld vorbereiten, um
sie dann als Bestandteil des Interviewleitfadens allen Bewerbern zu stellen.

▶ **BEISPIEL: Stereotypkonträre Fragen**

- Die Bedeutung von Teamarbeit wird oft weit überschätzt. Wo sehen Sie die
  Grenzen der Teamarbeit?
- Viele Firmen behaupten, die Mitarbeiter seien ihr wichtigstes Kapital. Glau-
  ben Sie das auch oder würden Sie differenzierter argumentieren?

11.19 Technik 19: Ja-Straße

Bei der Technik der Ja-Straße umschreiben Sie den nachgefragten Begriff oder die
Situation (also den Konflikt oder das gescheiterte Projekt) mit zwei bis drei ge-
schlossenen Suggestiv-Fragen. Sie sorgen so dafür, dass der Bewerber eine solche
Frage doch beantworten kann.

Ihre Aussagen müssen dabei so allgemein formuliert sein, dass der Bewerber nur
zustimmen kann. Wenn er widerspricht, ist entweder Ihre Frage nicht allgemein
genug formuliert oder aber er hat keine Ahnung z. B. von Projekten, wenn Sie nach
gescheiterten Projekten gefragt haben, oder von Zusammenarbeit, wenn Sie nach
Konflikten gefragt haben.

Kurzprofil: Die Technik der Ja-Straße ist eine wichtige ergänzende Technik, die Sie
situativ im Interview einsetzen sollten. Die Ja-Straßen sind wichtig, da Sie mithilfe
dieser Technik dem Bewerber helfen, doch auf Ihre Frage zu antworten. Ansonsten
wäre diese unbeantwortet geblieben, was eventuell negativ gegen den Bewerber
ausgelegt werden könnte.

Zielsetzung: Wichtig ist, dass der Bewerber durch die zwei bis drei Fragen automatisch Zeit zum Nachdenken erhält und er sich so leichter an ähnliche Situationen
erinnert.

▶ **BEISPIEL: Ja-Straßen-Technik**

Beispiel 1: Frage nach gescheitertem Projekt
Bewerber: „Also ein gescheitertes Projekt gibt es bei mir nicht."
Interviewer: „Sie kennen doch auch die Situation, dass ein Projekt so gerade
ins Ziel stolpert, oder?"

Bewerber: „Mmh, ja."

Interviewer: „Sodass man sagen kann, naja hauptsächlich geschafft, auch wenn einiges besser hätte laufen können, oder?"

Bewerber: „Mmh, ja."

Interviewer: „Dann geben Sie mir doch mal bitte ein Beispiel für eine solche Situation!"

Beispiel 2: Konflikte im Team

Bewerber: „Konflikte im Team kenne ich nicht."

Interviewer: „Nun, Sie kennen doch auch die Situation, dass nicht immer alle einer Meinung sind, wenn Menschen zusammenarbeiten, oder?"

Bewerber: „Mmh, ja."

Interviewer: „Die anderen verfolgen diese Interessen, die anderen verfolgen jene Ziele und diese können sich schon auch mal widersprechen, oder?"

Bewerber: „Mmh, ja."

Interviewer: „Oder es gibt nur begrenzte Ressourcen, auf die alle zugreifen möchten, und die Frage ist, wer bekommt was, oder?"

Bewerber: „Durchaus, ja."

Interviewer: „Dann geben Sie mir doch mal dazu ein Beispiel aus Ihrem Alltag!"

Beispiel 3: Schwächen

Bewerber: „Also Schwächen habe ich keine."

Interviewer: „Sie können doch auch bestimmte Dinge besser als andere, oder?"

Bewerber: „Mmh, ja."

Interviewer: „Wahrscheinlich gibt es auch bestimmte Tätigkeiten, die Sie lieber machen als andere, oder?"

Bewerber: „Mmh, ja."

Interviewer: „Manches geht Ihnen leicht von der Hand und anderes schieben Sie gern vor sich her oder tun sich schwer damit?"

Bewerber: „Durchaus, ja."

Interviewer: „Dann nennen sie mir doch mal ein paar solcher Dinge oder Tätigkeiten."

Die Ja-Straße-Technik erscheint auf den ersten Blick sehr einfach. Die Herausforderung besteht darin, dass Ihnen im Interview spontan solche Formulierungen einfallen müssen. Aus Erfahrung wissen wir, wie hilfreich es ist, diese Sätze durch ein paar Übungen für den Ernstfall zu festigen. Nutzen Sie daher die Übungen, die wir Ihnen bei den Arbeitshilfen online zur Verfügung stellen, und Sie sind bestens für die Praxis vorbereitet!

11.20 Technik 20: Suggestivfrage – wenig geeignet!

Die Suggestivfrage ist eine geschlossene Frage. Mit ihr will der Fragende den Befragten durch die Art und Weise der Fragestellung so beeinflussen will, dass dieser im Sinne des Fragenden antwortet. Nützlich kann eine Suggestivfrage dann sein, wenn sie eine vorhandene Gemeinsamkeit im Denken, Fühlen, Wollen oder Handeln betonen soll.

Zielsetzung: Die Frage hat den Zweck, auf das Denken, Fühlen, Wollen oder Handeln einer Person einzuwirken und den Befragten von einer rational bestimmten Antwort abzuhalten. Im Interview wollen wir mithilfe der Ja-Straßen-Technik dem Bewerber helfen, sich an ähnliche Situationen zu erinnern, um so unsere Frage zu beantworten.

Wer diese Frageform anwendet, stellt keine wirkliche Frage, sondern beabsichtigt, seine Idee, Sicht oder Meinung einer anderen Person zu suggerieren, um beeinflussend zu wirken.

Kurzprofil: Suggestivfrage

Die Suggestivfrage ist im Interview grundsätzlich nicht geeignet. Sie wollen ja das Denken, Fühlen, Wollen oder Handeln des Bewerbers kennenlernen und nicht in eine bestimmte Richtung lenken. Ausnahmsweise können Sie diese Fragetechnik situativ im Interview einsetzen, wenn einem Bewerber auf eine Frage (z. B. nach Konflikten, gescheiterten Projekten) nichts einfällt. Hier arbeiten Sie mit der Ja-Straßen-Technik.

▶ **BEISPIEL: Suggestivfragen**

Positives Beispiel: „Sie kennen doch auch die Situation, dass ein Projekt gerade so ins Ziel holpert, oder?"
Negative Beispiele: „Sie sind doch auch der Meinung, dass dies ein guter Vorschlag war, oder?" „Sie sind auch der Meinung, dass Teamarbeit überschätzt wird?"

Teil 4: Beurteilungsfehler, schwierige Situationen, internationale Personalauswahl

12 Wahrnehmungs- und Beurteilungsfehler

Wahrnehmungs- und Beurteilungsfehler im Interview können verschiedene Ursachen haben. Wir müssen uns diese Einflüsse bewusst machen und unser Urteil daraufhin immer wieder kritisch hinterfragen. Der wichtigste Schutz vor Wahrnehmung und Beurteilungsfehlern sind eine systematische Fragestellung, ein Interviewprotokoll sowie eine anschließende Auswertung der gewonnenen Information. Wenn dann noch zwei Interviewer ihre Beurteilung abgleichen, indem sie bei Uneinigkeit die Beispiele heranziehen und diskutieren (= Konsensprinzip), lassen sich die meisten Fehler ausschließen.

12.1 Diese Fehler sollten Sie kennen

Grundsätzlich lassen sich Wahrnehmungs- und Beurteilungsfehler nach folgenden Kategorien unterscheiden: Fehler, die in einem typischen Verhalten des Bewerbers begründet sind, aus der Interaktion zwischen Bewerber und Interviewer entstehen, in der Person des Interviewers begründet sind oder aus Einstellungsprozess und Rahmenbedingungen resultieren.

12.1.1 Fehlertyp 1: Bewerbertypisches Verhalten

Bewerber verhalten sich im Interview anders als „normal". Sie sind gewöhnlich eher angespannt und manche regelrecht nervös. Dies ist auch nicht verwunderlich, da das Gespräch für den Bewerber sehr bedeutungsvoll sein kann. Außerdem versuchen Bewerber in der Regel, einen guten ersten Eindruck zu hinterlassen. Sie „geben sich Mühe", sich ins rechte Licht zu rücken, um den Erwartungen gerecht zu werden.

Was Sie tun können: Schaffen Sie eine angenehme Gesprächsatmosphäre. Betreiben Sie Small Talk zum Einstieg. Bieten Sie Erfrischungsgetränke an. Stellen Sie Ziel und Ablauf des Interviews vor. Gehen Sie mit gutem Beispiel voran und stellen sich zum Einstieg selbst vor.

12.1.2 Fehlertyp 2: Interaktion zwischen Bewerber und Interviewer

Rosenthal-Effekt

Bestimmte Einstellungen, Erwartungen, Verhaltensweisen oder Ansichten des Interviewers beeinflussen das Verhalten des Bewerbers und damit das Urteil bzw. die Ergebnisse des Interviewers. So kann es z. B. sein, dass der Interviewer dem Bewerber fast ausschließlich geschlossene Fragen stellt und sich dann über die kurzen Antworten wundert. Seine Schlussfolgerung lautet dann, der Bewerber ist ungeeignet, da er so wenig erzählt.

Was Sie tun können: Vermeiden lässt sich dies durch eine gute Interviewausbildung. Führen Sie das Interview zu zweit — der zweite Interviewer merkt diesen Effekt und kann entsprechend offene Anschlussfragen stellen.

Stereotype

Stereotype beziehen sich auf bestimmte Gruppen von Menschen. Sie vereinfachen die Beurteilung bzw. Zuordnung: „Was ist das für einer?" So gelten Buchhalter als introvertiert, Programmierer („Nerd") als sozial inkompetent, Professoren als eher zerstreut und Ausländer als ... Stereotype sorgen also auch für Diskriminierungen: Wer „anders" heißt, hat schlechtere Chancen bei gleich guten Noten.

Was Sie tun können: Schauen Sie sich den einzelnen Menschen an und schauen Sie nicht auf die Gruppe, zu der er gehört. Machen Sie sich Ihre „Vorurteile" bewusst.

Bewerberverhalten statt zukünftigem Mitarbeiterverhalten

Ihr Verhalten hat einen maßgeblichen Einfluss auf das Bewerberverhalten. Wenn Sie als Interviewer eher ein hierarchisch geprägtes Kommunikationsverhalten im Interview pflegen, erhalten Sie ein stark angepasstes Bewerberverhalten. Sie messen so mit großer Wahrscheinlichkeit nicht das zukünftige Mitarbeiterverhalten (s. Kapitel 9.1.3).

Was Sie tun können: Schaffen Sie eine angenehme Gesprächsatmosphäre. Fragen Sie freundlich und höflich nach. Erläutern Sie im Zweifelsfall kurz Hintergründe.

Der erste Eindruck zählt — der letzte Eindruck bleibt

In den ersten Sekunden und Minuten des Gesprächs nimmt der Interviewer (un-bewusst) eine Generaleinschätzung seines Gegenübers vor. Dieses schnell gefällte Urteil führt dazu, dass danach bevorzugt Informationen erfragt und auch auf-genommen werden, die die bereits getroffene Entscheidung bestätigen. Entge-genstehende Informationen werden unterdrückt oder in ihrer Wertigkeit bis zur Bedeutungslosigkeit „heruntergespielt".

Aus der Wahrnehmungspsychologie lässt sich aber auch folgende Aussage auf das Bewerberinterview übertragen: „Der erste Eindruck zählt — der letzte bleibt". Dieser Satz beschreibt das Phänomen, das zuletzt aufgenommene Wahrnehmun-gen besser behalten werden als vorherige. Dadurch können die letzten Eindrücke frühere Wahrnehmungen unangemessen stark überlagern oder den Interviewer in seiner Meinung verzerren.

Was Sie tun können: Notieren Sie sich Ihre ersten Eindrücke: Indem Sie diese nie-derschreiben, machen Sie Ihren Kopf frei für neue Eindrücke. Gleichzeitig hinterfra-gen Sie so leichter diesen ersten Eindruck. Sie sollen sich ein Bild zu den relevanten Anforderungskriterien machen, insofern benötigen Sie ein stellenbezogenes An-forderungsprofil. Fertigen Sie Notizen im Interview an. So stellen Sie sicher, dass Sie sich im Anschluss an das Gespräch an wichtige Details für die Beurteilung erinnern. Führen Sie das Interview nach dem Mehrpersonenprinzip durch.

Self fullfilling prophecy

Mit self fullfilling prophecy ist die Neigung gemeint, bei einem einmal gefassten Urteil zu bleiben und nur noch das wahrzunehmen, was passt: „Sie sehen nur das, was Sie sehen wollen." Aus der Marktforschung ist bekannt, dass z. B. Käufer eines Autos in der Zeit nach dem Kauf signifikant häufiger positive Berichte oder Anzei-gen wahrnehmen.

Was Sie tun können: Sobald Sie sich dabei erwischen, dass Sie bestimmte Aspekte nicht wie üblich nachfassen, sollten Sie sich fragen, wieso das so ist. Versuchen Sie, die Meinungen über den Bewerber als Hypothesen zu verstehen, und im Sinne des kritischen Rationalismus („nur die Widerlegung einer Theorie bringt die Wissen-schaft voran") Ihre Hypothesen durch Nachfragen zu widerlegen.

Der Halo-Effekt oder Überstrahlungseffekt

Einzelne herausragende Merkmale (z. B. „intelligentes" Aussehen, sehr gute Kommunikationsfähigkeit) oder im Voraus bekannte Tatsachen (z. B. vorbestraft) überstrahlen die ganze Person des Bewerbers. Der Gesamteindruck wird in eine positive oder negative Richtung verschoben. Das wirkt sich u. U. sogar auf die Beurteilung anderer Kriterien aus. So wird zum Beispiel einem kommunikationsstarken und rhetorisch gewandten Bewerber unterstellt, dass er durchsetzungsstark oder auch fachlich-inhaltlich sehr gut ist. Und bei einem Menschen von hoher Intelligenz mutmaßen viele, dass auch seine Initiative sehr stark ausgeprägt sei.

Was Sie tun können: Kommunikationsstarken oder rhetorisch sehr gewandten Bewerbern wird unterstellt, dass sie auch durchsetzungsstark oder auch fachlich-inhaltlich sehr gut sind. Aus der höheren Intelligenz eines Menschen wird automatisch auch auf eine höhere Initiative geschlossen.

Sympathie und Antipathie

Dies sind Gesamteindrücke, die sich aus einer Vielzahl kleiner unbewusster Eindrücke zusammensetzen. Ein Kandidat, der dem Interviewer sympathisch ist, wird besser bewertet als der, der ihm unsympathisch ist.

Was Sie tun können: Sympathie und Antipathie sind wichtige Eindrücke, die insbesondere für Sie als *direkte Führungskraft* ein mitentscheidendes Kriterium sein sollten. Als *Personaler* hingegen sollte dies für Sie kein wichtiges Entscheidungskriterium sein. Führen Sie die Interviews nach dem Mehrpersonenprinzip durch.

Psychologische Nähe

Ergeben sich Ähnlichkeiten oder Gemeinsamkeiten zwischen dem Interviewer und dem Interviewten, kann das Urteil positiv beeinflusst werden. Gern neigen Interviewer dazu, bestimmten Hobbys oder gemeinsamen Studienorten mehr Zeit als notwendig zu widmen.

Was Sie tun können: Orientieren Sie sich an Ihrem Interviewleitfaden. Wichtig ist es diesen hinreichend genug durchzuarbeiten.

12.1.3   Fehlertyp 3: Person des Interviewers

Es gibt eine Reihe von möglichen Einflüssen, die unsere Wahrnehmung und in der Folge unsere Beurteilung beeinflussen. Dies geschieht oft unbemerkt, deshalb sollten wir sie uns immer wieder bewusst machen. Völligen Schutz gegen diese Einflüsse gibt es nicht, da auf beiden Seiten Menschen sitzen.

Unbewusste Wirkmechanismen sind die Quelle von Beurteilungsfehlern. Je mehr ein Interviewer über seine unbewussten Urteilstendenzen weiß, desto besser kann er sie auf der Bewusstseinsebene korrigieren. Häufig nehmen wir sofort nach der Wahrnehmung einer Person eine feste Einschätzung über sie vor: „Person A *ist* so." Von entscheidender Bedeutung ist es, sich darüber klar zu werden, dass wir nach einer Wahrnehmung nur Hypothesen über den anderen bilden können und dass es im weiteren Prozess der Kommunikation darauf ankommt, diese Hypothesen immer wieder zu überprüfen und gegebenenfalls zu korrigieren. Förderlich ist die Haltung: „Es könnte auch anders sein."

Tagesform

Selbstverständlich beeinflusst die aktuelle Stimmung oder Verfassung des Interviewers seine Wahrnehmung. Je nachdem, wie sein Arbeitstag bislang gelaufen ist, ob er irgendwelche (privaten) Probleme mit sich herumträgt oder wie wichtig ihm das Interview oder die zu besetzende Position sind, wird das Urteil ausfallen. So werden Sie wahrscheinlich, wenn Sie persönlich unter Druck stehen, Ärger hatten, eventuell leicht krank sind oder Schmerzen haben, einen Bewerber wesentlich kritischer und strenger beurteilen als nach einem freudigen Erlebnis.

Was Sie tun können: Planen Sie genügend Vorbereitungszeit für das Interview ein. Seien Sie sich Ihrer Tagesform bewusst: Wie geht es Ihnen? Stehen Sie sehr unter Stress? Sind Sie aufnahmefähig?

Projektion

Der Interviewer entdeckt beim Gesprächspartner eigene Verhaltensweisen oder Eigenheiten, die er an sich selbst nicht schätzt, und reagiert darauf besonders kritisch. Dabei ist es unerheblich, ob dies für die Tätigkeit relevant ist oder nicht.

Was Sie tun können: Stellen Sie sich folgende Fragen: Gibt es am Bewerber irgendwelche Verhaltensweisen oder Eigenheiten, die mir spontan unangenehm auffallen? Sind dies gegebenenfalls Verhaltensweisen oder Eigenheiten, die ich (selbstkritisch gefragt) von mir kenne? Sind dies gegebenenfalls Verhaltensweisen oder Eigenheiten, die auch anderen negativ auffallen?

Übertragung

Eine einzelne Eigenschaft oder ein äußeres Merkmal des Bewerbers erinnern an eine andere Person. Auf den Bewerber werden dann unzulässiger Weise zugleich auch andere Eigenschaften der erinnerten Person übertragen.

Was Sie tun können: Fragen Sie sich im Interview doch einmal: An wen in meiner Vergangenheit erinnert mich der Bewerber? Wodurch erinnert er mich (Verhalten, Aussehen, Blick, Dialekt etc.)?

„Fritz sucht klein Fritzchen"

Vorgesetzte haben oft die Tendenz, sich Mitarbeiter zu suchen, die ihnen ähnlich sind. Oft gehen sie davon aus, dass vor allem ihre eigenen Kompetenzen für die Position erforderlich sind. Dadurch besteht die Gefahr, dass wesentliche Erfolgsfaktoren bei der Entscheidung unberücksichtigt bleiben.

Die Tendenz, sich ähnliche Mitarbeiter zu suchen, kann, muss aber nicht zu Fehlentscheidungen führen. Wenn es um die Auswahl von Mitarbeitern für Projekte geht, gilt jedoch eher das Erfolgsrezept Unterschiedlichkeit.

Was Sie tun können: Fragen Sie sich als *Führungskraft*: Wie ähnlich ist mir der Bewerber? Worin ist er mir ähnlich? Ist das eher wichtig für die Tätigkeit oder eher unwichtig? Fragen Sie sich als *Personaler*: Wie ähnlich sind sich Bewerber und Führungskraft? Worin sind sie sich ähnlich? Ist das eher wichtig für die Tätigkeit oder eher unwichtig?

Tendenz zur Milde, zur Strenge oder zur Mitte

Ein Interviewer beurteilt generell Bewerber zu gut (mild), zu schlecht (streng) oder alle ähnlich im Mittelmaß ohne deutliche Ausprägungen.

Was Sie tun können: Sie sollten Ihre Tendenz zur Milde, zur Mitte oder zur Strenge kennen. Vergleichen Sie Ihre Beurteilungen mit den Bewertungen Ihrer Interviewpartner. Achten Sie bei der Bewertung des Interviews darauf, dass Sie die Skala in ihrer Breite nutzen. Vergleichen Sie die Bewerber für eine Stelle miteinander und überlegen Sie, ob wirklich alle so gut in den Kriterien waren oder ob es doch Unterschiede gibt, und prüfen Sie daraufhin einmal Ihre Bewertung.

12.1.4   Fehlertyp 4: Einstellungsprozess und Rahmenbedingungen

Selbstverständlich können sowohl der Einstellungsprozess als auch die Rahmenbedingungen zu deutlichen Verzerrungen und somit zu Wahrnehmungsfehlern führen.

Fehlende oder falsche Anforderungsprofile

Die Interviewer haben kein untereinander auf die Position abgestimmtes Anforderungsprofil. In der Konsequenz hat das Interview keine Struktur und die Interviewer wissen gar nicht genau, worauf sie jeweils achten sollen, bzw. jeder achtet auf andere für ihn persönlich als wichtig empfundene Aspekte.

Was Sie tun können: Erstellen Sie zu Beginn der Personalauswahl ein abgestimmtes Anforderungsprofil. Sprechen Sie zumindest mit Ihrem Interviewkollegen ab, auf welche Kriterien Sie achten wollen (das ist leicht, wenn es im Unternehmen einen Katalog von Kompetenzen gibt).

Sofort gemeinsame statt individuelle Auswertung

Immer wieder ist auch folgende Situation nach dem Interview anzutreffen. Der Bewerber verlässt den Raum und sofort findet ein munterer Austausch über ihn statt. Hier werden schnell Urteile gefällt, meist setzt sich der Lauteste bzw. hierarchisch Höchststehende durch.

Was Sie tun können: Planen Sie nach dem Interview unbedingt ausreichend Zeit zur individuellen Beurteilung ein. Sorgen Sie dafür, dass jeder Interviewer sich erst sein Urteil über den Bewerber bildet, bevor es zu einem gemeinsamen Austausch kommt.

Umgebungseffekte

Die Umgebung (z. B. Räumlichkeiten, Temperatur, Lärm), in der Sie und der Bewerber sich aufhalten, hat einen massiven Einfluss auf Ihrer beider Wahrnehmungsfähigkeit und Konzentrationsfähigkeit.

Was Sie tun können: Stellen Sie sicher, dass das Interview in adäquaten (hell, ruhig, normal temperiert) Räumlichkeiten und ungestört stattfinden kann.

Reihenfolge der Bewerber

Wenn Sie mehrere Interviews nacheinander führen, beeinflusst die Reihenfolge der Bewerber deren Beurteilung. Sie vergleichen die Bewerber stärker miteinander, statt jeden Bewerber zuerst am Anforderungsprofil zu messen. Nach einem „sehr guten" Bewerber wirkt ein „guter" nur „mittelmäßig" und nach einem „sehr schlechten" Bewerber wirkt ein „mittelmäßiger" bereits „gut".

Was Sie tun können: Planen Sie nach dem Interview unbedingt ausreichend Zeit zur individuellen Beurteilung ein. Sorgen Sie dafür, dass der Bewerber als erstes in Bezug auf das Anforderungsprofil beurteilt wird.

12.2 Checkliste: Wahrnehmungs- und Beurteilungsfehler vermeiden

Die folgende Checkliste unterstützt Sie dabei, Wahrnehmungs- und Beurteilungsfehler zu vermeiden. Die Checkliste ist chronologisch aufgebaut und folgt dem Ablauf eines Interviews.

CHECKLISTE: Wahrnehmungs- und Beurteilungsfehler vermeiden	
Was Sie vor Beginn des Interviews beachten sollten	
Erstellen Sie zu Beginn der Personalauswahl ein abgestimmtes Anforderungsprofil.	
Machen Sie sich ein Bild zu den relevanten Anforderungskriterien, insofern benötigen Sie ein stellenbezogenes Anforderungsprofil.	
Planen Sie genügend Vorbereitungszeit für das Interview ein.	

Planen Sie nach dem Interview unbedingt ausreichend Zeit zur individuellen Beurteilung ein.

Stellen Sie sicher, dass das Interview in adäquaten (hell, ruhig, normal temperiert) Räumlichkeiten und ungestört stattfinden kann.

Sie sollten Ihre Tendenz zur Milde, zur Mitte oder zur Strenge kennen.

Führen Sie die Interviews nach dem Mehrpersonenprinzip durch.

Schauen Sie sich den einzelnen Menschen an und nicht auf die Gruppe, zu der er gehört.

Machen Sie sich Ihre Stereotype bzw. „Vorurteile" bewusst.

Was Sie zu Beginn des Interviews beachten sollten

Schaffen Sie eine angenehme Gesprächsatmosphäre.

Betreiben Sie Small Talk zum Einstieg.

Bieten Sie Erfrischungsgetränke an.

Stellen Sie Ziel und Ablauf des Interviews vor.

Gehen Sie mit gutem Beispiel voran und stellen Sie sich zum Einstieg selbst vor.

Seien Sie sich Ihrer Tagesform bewusst: Wie geht es Ihnen? Stehen Sie sehr unter Stress? Sind Sie aufnahmefähig?

Was Sie während des Interviews beachten sollten

Fragen Sie freundlich und höflich nach.

Erläutern Sie im Zweifelsfall kurz Hintergründe Ihrer Fragen.

Orientieren Sie sich an Ihrem Interviewleitfaden. Wichtig ist, diesen hinreichend genug durchzuarbeiten.

Notieren Sie sich Ihre ersten Eindrücke: Indem Sie diese niederschreiben, machen Sie Ihren Kopf frei für neue Eindrücke und gleichzeitig hinterfragen Sie so leichter diese ersten Eindrücke.

Machen Sie sich Notizen im Interview. So stellen Sie sicher, dass Sie sich im Anschluss an das Gespräch an wichtige Details für die Beurteilung erinnern.

Fragen Sie sich im Interview: An wen in meiner Vergangenheit erinnert mich der Bewerber? Wodurch erinnert er mich (Verhalten, Aussehen, Blick, Dialekt etc.)?

Sobald Sie erkennen, dass Sie bestimmte Aspekte nicht wie üblich nachfragen, sollten Sie sich fragen, wieso das so ist.

Versuchen Sie, Ihre Meinungen über den Bewerber als Hypothesen zu verstehen und im Sinne des kritischen Rationalismus („nur die Widerlegung einer Theorie bringt die Wissenschaft voran"), Ihre Hypothesen durch Nachfragen zu widerlegen.

Stellen Sie sich im Interview folgende Frage: Was an dem Bewerber beeindruckt mich sehr oder schreckt mich auf besondere Weise ab? Inwieweit beeinflusst dies meine Meinung in Bezug auf seine sonstigen Fähigkeiten? Könnte ich diesen Zusammenhang begründen?

Stellen Sie sich folgende Fragen: Gibt es am Bewerber irgendwelche Verhaltensweisen oder Eigenheiten, die mir spontan unangenehm auffallen? Sind dies gegebenenfalls Verhaltensweisen oder Eigenheiten, die ich (selbstkritisch gefragt) von mir kenne? Sind dies gegebenenfalls Verhaltensweisen oder Eigenheiten, die auch anderen negativ auffallen?

Was Sie nach dem Interview beachten sollten

Sorgen Sie dafür, dass der Bewerber als erstes in Bezug auf das Anforderungsprofil beurteilt wird.

Sorgen Sie dafür, dass sich jeder Interviewer erst sein Urteil über den Bewerber bildet, bevor es zu einem gemeinsamen Austausch kommt.

Fragen Sie sich als *Führungskraft*:

- Wie ähnlich ist mir der Bewerber?

- Worin ist er mir ähnlich?

- Ist das eher wichtig für die Tätigkeit oder eher unwichtig?

Fragen Sie sich als *Personaler*:

- Wie ähnlich sind sich Bewerber und Führungskraft?

- Worin sind sie sich ähnlich?

- Ist das eher wichtig für die Tätigkeit oder eher unwichtig?

Das kann, muss aber nicht unbedingt zu Fehlentscheidungen führen. Wenn es um die Auswahl von Mitarbeitern für Projekte geht, gilt jedoch eher das Erfolgsrezept Unterschiedlichkeit.

Sympathie und Antipathie sind wichtige Eindrücke, die insbesondere für Sie als *direkte Führungskraft* ein mitentscheidendes Kriterium sein sollte.

Als *Personaler* sollte Sympathie oder Antipathie für Sie kein wichtiges Entscheidungskriterium sein.

13 Schwierige Situationen im Interview souverän lösen

Das Interview lebt einerseits von den gestellten Fragen, andererseits müssen Sie sich als Interviewer auf sehr unterschiedliche Bewerbertypen einstellen und im Interview selbst Steuerungsimpulse setzen. Mit diesen Impulsen sorgen Sie dafür, dass das gesetzte Zeitbudget eingehalten wird, und vor allem dafür, dass Sie die wichtigen Kriterien besprechen. Im Gespräch selbst geht es ja nicht darum, dass der Bewerber über seinen Lebenslauf erzählt, sondern dass Sie zielgerichtet Informationen erheben, die eine Beurteilungsgrundlage zu den Anforderungskriterien der Stelle darstellen.

Neben Hinweisen, wie Sie für eine gute Atmosphäre sorgen, erhalten eine Reihe hilfreicher Ideen und Interventionstipps für einige typische Situationen im Interview. Lesen Sie,

- wie Sie den Vielredner dazu bringen, auf den Punkt zu kommen,
- wie Sie den Schweigsamen zum Reden bringen,
- wie mit dem Märchenerzähler umgehen,
- Was Sie tun können, wenn dem Bewerber nichts einfällt oder er mit „Nein" antwortet,
- wie Sie Bewerber aus der Reserve locken,
- was Sie beim Recruiting von Jugendlichen bzw. jungen Erwachsenen berücksichtigen müssen.

Wir beziehen die Maßnahmen zur Steuerung auf bestimmte Bewerbertypen, sie sind aber grundsätzlich immer einsetzbar.

13.1 Vielredner abbremsen

Die Ursachen für das „Vielreden" können unterschiedlich sein. Es kann sein, dass der Bewerber generell viel spricht, dass es also Teil seiner Persönlichkeit ist. Oder aber er tut dies aus taktischen Gründen oder aus Nervosität aufgrund der Situation. Als Interviewer bilden Sie im Laufe des Gesprächs eine Annahme bzw. Hypothese dazu. Unabhängig davon ist es aber wichtig, dass Sie das Gespräch steuern. Das gilt auch dann, wenn der Bewerber viel zu ausschweifend geantwortet hat und Sie sich nicht zu intervenierten trauten. Anderenfalls riskieren Sie, dass Ihnen die zur Verfügung stehende Zeit nicht genügt, um auch die anderen wichtigen Kriterien ausreichend mit Fragen zu vertiefen.

Es liegt auf der Hand, dass eine der Steuerungsmöglichkeit ist, den Bewerber zu unterbrechen. Diese sollten Sie nutzen: Viele unerfahrene Interviewer denken, es sei unhöflich, den Bewerber zu unterbrechen. Aber das ist vor allem eine Frage des Tonfalls. Fühlen Sie sich ermutigt, den viel redenden Bewerber zu unterbrechen!

So bremsen Sie das „Vielreden" aus
Sagen Sie: „Bitte antworten Sie anhand konkreter Beispiele." Sagen Sie: „Bitte antworten Sie in drei Sätzen"
Weisen Sie auf die Zeitbegrenzung hin: „In Anbetracht der zur Verfügung stehenden Zeit, bitte ich Sie, kurz und knapp die Frage zu beantworten."
Stellen Sie Alternativfragen (s. Kapitel 11.13).
Stellen Sie geschlossene Fragen (s. Kapitel 11.3).
Beugen Sie dem Problem vor
Fangen Sie an, unruhig auf Ihrem Sitz hin- und herzurutschen, gegebenenfalls verbunden mit einer „Ich-will-auch-was-sagen"-Gestik.
Senden Sie keine weiteren nonverbalen Gesprächsverstärker wie „Ja", „Hmm", „Aha" o. Ä. Schweigen Sie!
Nehmen Sie seltener Blickkontakt auf.
Unterbrechen Sie den Bewerber: „Danke, das reicht mir dazu."
Wechseln Sie das Thema: „Ich möchte jetzt noch auf ein ganz anderes Thema kommen."
Machen Sie das Vielreden zum Thema mithilfe einer provokanten Frage, bzw. indem Sie Feedback geben: „Ich hatte Sie gebeten, mir kurz und knapp zu antworten. Jetzt haben Sie mir wieder sehr ausführlich geantwortet, sodass ich mich schon frage: Kann er nicht oder will er nicht. Aber wie sehen Sie das denn?"
Nutzen Sie das Trichterprinzip und stellen Sie mehr Konkretisierungsfragen! Das gilt gerade dann, wenn die Aussagen unglaubwürdig klingen.

13.2   Schweigsame zum Reden bewegen

Grundsätzlich gibt es beim Schweigsamen zwei Möglichkeiten: Es liegt in der Persönlichkeit, der Mensch vor Ihnen ist also eher introvertiert, oder der Bewerber ist aufgrund der Situation nervös und sagt deshalb sehr wenig. Folgendes Vorgehen ist in diesem Fall denkbar:

Bei Nervosität aufgrund der Situation

Hören Sie dem Bewerber aktiv zu. Senden Sie kleine Botschaften durch „Ja", „Hmm", „Aha" oder Kopfnicken.

Nutzen Sie die Zeit zu Beginn des Interviews, damit sich der Bewerber „warm" reden kann. Unterbrechen Sie ihn nicht mit Fragen.

Nehmen Sie sich viel Zeit für den Aufbau der Gesprächsatmosphäre: Fragen Sie nach Bekanntem, etwa zum Lebenslauf oder dem Hobby.

Halten Sie Pausen aus; nehmen Sie dem Bewerber nicht das Wort ab.

Loben Sie den Kandidaten: „Das kann ich gut verstehen" oder „Prima". So geben Sie Sicherheit.

Erzählen Sie etwas von sich selbst, um die Situation zu entkrampfen.

Bei introvertierten Personen

Stellen Sie offene Fragen.

Fragen Sie nach konkreten Beispielen.

Sagen Sie: „Nehmen Sie sich ruhig etwas Zeit, das war auch keine einfache Frage."

Sagen Sie: „Bitte erläutern Sie mir das noch etwas ausführlicher, damit ich mir ein wirklich gutes Bild machen kann."

13.3 Märchenerzähler auf den Boden der Tatsachen führen

Beim „Märchenerzähler" handelt sich um einen Bewerber, der sich bewusst besonders positiv darstellen will. Gleichzeitig werden Sie aber skeptisch, ob Sie alles glauben können. So fühlen Sie diesem Bewerber „auf den Zahn":

- Stellen Sie vermehrt Anschlussfragen zur Konkretisierung: „Können Sie das belegen?" (s. Kapitel 11.4)
- Machen Sie Bewerber auf mögliche Widersprüche aufmerksam. „Eben haben Sie aber gesagt, dass ... Wie soll ich das verstehen?"
- Nutzen Sie die Konkretisierungsfrage: „Geben Sie mir bitte ein konkretes Beispiel!" (s. Kapitel 11.4) und machen Sie dann weiter mit den VeSiEr-Fragen (s. Kapitel 11.1).
- Verlangen Sie nach Detaillierungen: „Was hat Sie am meisten an dem Buch fasziniert?"
- Lassen Sie sich mithilfe der Aufzählungsfrage gezielt Beispiele nennen, bei denen der Bewerber an Grenzen gekommen ist oder bei denen etwas nicht funktioniert hat. Dies dient als Kontrast zu den Positivbeispielen. Anschließend vertiefen Sie diese mit den VeSiEr-Fragen, um durch den Einsatz der Verhaltensdreiecke die Verhaltensbandbreite des Bewerbers wirklich kennenzulernen.
- Nutzen Sie die provokante Frage (s. Kapitel 11.17): „Das glaube ich Ihnen so nicht!"

13.4 Störrische Bewerber zum Reden bringen

Was können Sie tun, wenn der Bewerber z. B. auf die Frage nach Konflikten, gescheiterten Projekten, Schwächen oder auch Stärken mit „Nein" oder „Fällt mir nichts ein" antwortet? Dann stehen Ihnen verschiedene Möglichkeiten zur Verfügung. Wichtig ist jedoch ganz grundsätzlich, dass Sie Ihre gesprächsfördernde Haltung nicht aufgeben.

Bitte nehmen Sie für die Interviewsituation einfach an, dass dem Bewerber nichts einfällt, und nicht, dass er unwillig ist, Ihnen zu antworten. So bleiben Sie in einer neugierigen, nachfragenden Haltung gegenüber dem Bewerber.

13.5 Taktiker und Schüchterne aus der Reserve locken

Sollten Sie eher schweigsame oder schüchterne Bewerber vor sich haben oder auch Bewerber, die sich taktisch verhalten und z. B. keine Beispielsituationen zu bestimmten Kriterien wie Konfliktfähigkeit haben, dann können Sie so vorgehen:

- Sorgen Sie dafür, dass sich der Bewerber respektiert, akzeptiert und wertgeschätzt sowie generell wohlfühlt.
- Nutzen Sie die Ja-Straßen Technik (s. Kapitel 11.19).
- Erklären und begründen Sie, warum Sie bestimmte Fragen stellen.
- Erklären Sie im Zweifelsfall auch, welche Konsequenzen es für Sie hat, wenn der Bewerber die Frage nicht beantwortet: „Wenn ich mir kein Bild zu diesem für mich wichtigen Punkt machen kann, kann ich leider auch nicht für Sie sprechen. Das fände ich sehr schade, ..."
- Fragen Sie gezielt nach positiven Verhaltensbeispielen.
- Lassen Sie sich nicht manipulieren. Bleiben Sie bei Ihrer Frage und lassen Sie es nicht zu, dass der Bewerber ausweicht. „Ich kann mir nicht vorstellen, dass Sie noch gar keine Konfliktsituationen hatten, Sie sind immerhin auch schon XY Jahre alt. Überlegen Sie bitte noch einmal, ob Ihnen nicht doch ein Beispiel einfällt."
- Greifen Sie zu provokanten Fragen (s. Kapitel 11.17).

14 Interviews im internationalen Bereich

Die Anzahl an Interviews, die in Deutschland mit Bewerbern aus anderen Ländern geführt werden, wird zunehmen. Die Gründe kennen Sie: die zunehmend global vernetzte Arbeitswelt sowie die demographische Entwicklung in Deutschland, die ein höheres Maß an Zuwanderung von Menschen aus anderen Ländern erfordert. Für die Personaler, die für ihre deutschen Standorte Personal im Ausland auswählen, gilt das bereits seit längerem. Aufgrund dieser Entwicklung ist die weitere Qualifizierung der Personalauswahl im internationalen Bereich notwendig, um typische Fallen zu vermeiden. Zwei Beispiele zur Erläuterung:

- In einem Management-Audit in Deutschland wurde ein interner Bewerber aus Ungarn interviewt. Der Bewerber hatte ohne Zweifel einen sehr guten Hintergrund für die ausgeschriebene Position. Den beiden Assessoren viel jedoch auf, dass sich der Bewerber im Interview eher vorsichtig äußerste und sich — nach unseren deutschen Maßstäben — hätte besser darstellen bzw. verkaufen können. Doch ist diese Art der Zurückhaltung ein typisches Merkmal von Bewerbern aus osteuropäischen Kulturen: Dort ist es einfach nicht üblich, sich in dieser Form positiv darzustellen, wie es in Deutschland oder gar in den angelsächsischen Ländern Usus ist.
- Im Rahmen von Potentialassessments in Mexiko wurden ausführliche Interviews durchgeführt. Die Lebensläufe, die wir zur Vorbereitung genutzt hatten, lagen vor. Auffallend waren die oft guten Noten und die Tatsache, dass viele interne Bewerber häufig zwei Universitätsdiplome vorweisen konnten, was für Deutsche eher selten ist. Ich war beeindruckt davon, fragte mich allerdings, worin sich das mexikanische und das deutsche Bildungssysteme unterscheiden würden. Und so stellte sich heraus, dass der Aufwand zur Erlangung eines zweiten Diploms in Mexiko weitaus geringer ist als in Deutschland. Was natürlich als Information wichtig war, weil es half, die Einschätzung entsprechend zu justieren.

Anhand dieser beiden Beispiele lassen sich bereits zwei Fallen beschreiben, die bei der Personalauswahl im interkulturellen Kontext auftreten können.

Erstens gibt es die „**Ignoranzfalle**"[6], die aus der Culture-free-Annahme resultiert, also der Auffassung, dass interkulturellen Unterschieden keine Bedeutung beigemessen wird. Das bedeutet zugleich, dass die eigenen Kulturstandards im Umgang mit anderen Kulturen als Norm angesetzt werden.

Zweitens gibt es die sogenannte **Stereotypenfalle**, bei der anderen Kulturen pauschal mit Vorurteilen oder Klischees begegnet wird, so dass eigentlich nur die eigene Kultur bevorzugt wird. Diese Vorurteile beeinflussen letztlich die Einschätzung und Bewertung des Bewerbers in den Anforderungskriterien.

Im Folgenden gehen wir auf die für die Personalauswahl zentralen Voraussetzungen und Aufgaben ein: Vorauswahl, Kompetenz des Interviewers, Anforderungen an den Bewerber, Interviewführung und Auswertung des Interviews. In diesen fünf Bereichen gibt es zahlreiche Details, Erfahrungen und Erkenntnisse, die wir mit Ihnen teilen wollen.

14.1 Vorauswahl der Bewerbungen – die Frage nach dem Maßstab

Bei ausländischen Bewerbungen stellt sich immer die Frage, wie Noten in den Abschlusszeugnissen oder die Qualität der Ausbildung an der jeweiligen Universitäten (Elite-Uni oder Durchschnitts-Uni?) einzuschätzen sind. Das Schul- und Bildungssystem kennt man in der Regel nicht. Das erschwert die Vorauswahl und birgt die Gefahr von Fehlern. Allerdings muss man konstatieren, dass die Einordnung der Bildungsstätten und damit der Noten eines Bewerbers in der Regel nicht oder kaum möglich ist.

Mit welchem Maß wird gemessen?

Der Maßstab, mit dem der Auswählende in der Regel misst, ist durch die eigene Landeskultur und die Kultur der Organisation geprägt. Für die Einstellung von ausländischen Bewerbern in Deutschland ist das Maßstabsthema unproblematisch, weil diese sich ja in Deutschland messen lassen müssen, insofern ist hier nicht zu empfehlen einen anderen Maßstab anzulegen. Bei der Auswahl im Ausland spielt das aber eine Rolle. Sie haben als Deutscher — zunächst einmal — keinen landestypischen Vergleichsmaßstab!

---

[6]   Michael Mohe, Martin Stollfuß: Interkulturelle Problemfelder bei der Personalauswahl. Personalführung, 2009, Seite 22-30.

14.2 Interkulturelle Kompetenz für die Personalauswahl

Um diese Fallen in den Griff zu bekommen benötigt der Interviewer bzw. der Auswählende selbst eine angemessene interkulturelle Kompetenz. Dazu gehören Kenntnisse darüber, was die Eigenheiten und Merkmale der eigenen Kultur sind. Nur so lässt sich der aus diesen Merkmalen erwachsene Maßstab in Relation setzen zu anderen Maßstäben. Folgende Aspekte möchten wir hier erwähnen, wobei sich die Liste fortsetzen ließe. Typisch Deutsch sind diese Kennzeichen:

- Zielfokussierung
- Genauigkeit in der Planung
- Pünktlichkeit, Zuverlässigkeit, Effizienz, Ehrenhaftigkeit,
- Ernsthaftigkeit (Wir sind nicht hier um Spaß zu haben!)
- Klare Trennung zwischen Arbeit und Freunden
- Sicherheit
- Begründungsgläubigkeit (Deutsche wollen überzeugt werden)
- Direktheit (Deutsche sagen was sie denken)

Für die Interviewsituation ist relevant, dass wir Deutsche gerne zügig auf den Punkt kommen wollen und uns im Vergleich zu Menschen aus anderen Kulturen wenig Zeit für eine persönliche Vorstellung und einen Small-Talk nehmen. Das kann Bewerber aus anderen Ländern sehr irritieren — und dadurch die Offenheit des Bewerbers begrenzen und die Qualität des Interviews beeinflussen. Achten Sie also auf eine gute Aufwärmphase. Lassen Sie Ihren Drang nach Effizienz für zehn Minuten ruhen!

Interkulturelle Kompetenz ist für Mitarbeiter die ins Ausland entsendet werden aber auch für die Bewerber, die nach Deutschland kommen wollen, unabdingbar (siehe Kapitel 7.4.1.11). Und auch für die Interviewer von Menschen aus anderen Kulturen sind diese interkulturellen Kompetenzen eine notwendige Qualifikation. Wir verstehen darunter folgende Kompetenzen:

- Angemessene und erfolgreiche Kommunikation in einer fremdkulturellen Umgebung
- Entspannter Umgang mit nicht voraussehbaren Situationen oder Überraschungen in der Zusammenarbeit (Ambiguitätstoleranz)
- Kulturelle Bedingtheit des Urteilens, Empfindens und Handelns bei sich selbst und anderen Personen zu erfassen und respektvoll damit umzugehen

- Wissen über Kulturunterschiede inklusive landesspezifischer Aspekte (kognitiver Aspekt)
- Akzeptanz von Unterschieden zwischen Menschen aus unterschiedlichen Kulturen (affektiver/emotionaler Aspekt)

Für die formale Vorbereitung auf die Vorauswahl und das Interview von Bewerbern aus anderen Ländern hilft die folgende Checkliste.

☰	CHECKLISTE: Vorbereitung der Vorauswahl im internationalen Bereich
	Information über Bildung, Lebensläufe, das Schulsystem, die Hochschule/Universität einholen
	Information über das landestypische Notensystem und dessen Einschätzung einholen
	Bewerbungsunterlagen: Was ist üblich? Was ist guter Standard?
	Maßstab der Anforderungen mit einem Kollegen/einer Kollegin aus dem Land besprechen
	Welche Fragen sind in der Kultur tabu?
	Informationen über kulturelle Tendenzen zum Umgang mit Wahrheit einholen
	Unterschiedlichkeit der Kriterien und Maßstäbe erforschen/hinterfragen
	Sich der eigenen Kultureigenschaften bewusst werden
	Sich eigener Vorurteile bewusst werden (z. B. Italiener sind alle chaotisch)

14.3 Anforderungskriterien für Bewerber

Welche Anforderung müssen Sie an Mitarbeiter stellen, die im Ausland in einer Niederlassung eingesetzt werden sollen? Was sind die Kriterien, anhand derer eine interkulturelle Effektivität, die zu einer erfolgreichen Arbeitsleistung im Ausland führt, vorhergesagt werden kann?

Bei diesen Anforderungen an den Bewerber differenzieren wir zwischen eher enger mit der Persönlichkeit verbundenen Kriterien, die nicht so leicht verändert werden können, und anderen Kriterien, die leichter lernbar sind.

Kriterien, die der Bewerber erlernen kann

- Der Bewerber vermittelt Respekt und Wertschätzung
- nimmt Zuschreibungen (Attributionsstil) unvoreingenommen und nicht wertend vor,
- verhält sich nicht ethnozentrisch, ist tolerant und
- nimmt Einfluss auf den Verlauf von Interaktionen (siehe Kapitel 1.2.1, Kompetenz 2).

Den Bewerber können Sie bezüglich dieser vier Anforderungen prüfen, indem Sie auf seine konkreten Erfahrungen im Ausland zu sprechen kommen und sich schildern lassen, wie er dort in verschiedenen Situationen zurecht kam. Wichtig ist hierbei, die Grenzen des Verhaltens bewusst zu erkennen, um eine Einschätzung vornehmen zu können. Und es ist zu empfehlen, dann auch gezielt nach Lernerfahrungen zu fragen, um zu prüfen, ob der Bewerber heute etwas anders machen würde.

Kriterien die eng mit der Persönlichkeit verbunden sind

- Das Kriterium Ambiguitätstoleranz (Fähigkeit mit Unsicherheiten bzw. Ungewissheiten umzugehen) ist aus unserer Sicht nicht beliebig lernbar. Denn Toleranz in unsicheren Situationen ist sehr abhängig von der Persönlichkeitsstruktur.
- Das Kriterium „Initiative" zählt aus unserer Sicht ebenso zu den Fähigkeiten, die nicht einfach erlernt werden können. Diese Kompetenz ist uns in die Wiege gelegt und eben nicht beliebig trainierbar. Legen Sie aber bei der Stellenbesetzung starken Wert auf diese Anforderung, sollten Sie das als K.-o.-Kriterium definieren.
- Das Kriterium analytisches bzw. vernetztes Denken ist ebenfalls nicht einfach erlernbar. Sie können es mit einer Arbeitsprobe oder einem Testverfahren prüfen, denn auch hier hat jeder seine individuellen Grenzen, die nicht beliebig erweitert werden können.
- Das Kriterium Einfühlungsvermögen (s. Kapitel 1.2.1, Kompetenz 4) ist mit der Persönlichkeit eng verbunden, jedoch zumindest etwas trainierbar.
- Das Kriterium Rollenflexibilität (siehe Kapitel 1.2.2, Kompetenz 23) hängt eng mit der Persönlichkeit zusammen und ist nicht leicht lernbar.

14.4 Interviewführung

Für das Bewerberinterview ist selbstverständlich auch im internationalen Kontext die VeSiEr-Methode sehr hilfreich (siehe Kapitel 8). Die kompetenzorientierte, stark auf das Verhalten bezogene Methodik funktioniert kulturübergreifend. Jedoch gibt es kulturelle Besonderheiten, die Sie berücksichtigen müssen. Dazu geben wir Ihnen im Folgenden Beispiele, die sowohl für Bewerber aus diesen Ländern gelten, andererseits für Interviews in diesen Ländern.

- Bewerber aus sogenannten **Gruppen- oder Kollektivkulturen** in Asien oder Lateinamerika sprechen häufig von „wir" bzw. „uns". Leistungen beschreiben sie als Leistungen des Teams, in dem sie tätig waren. In diesem Fall fragen Sie als Interviewer nach den Anteilen des Bewerbers an der Leistung. Sie erlauben auf diese Weise dem Bewerber über sich zu sprechen und er kann so helfen, das Bild zu präzisieren.
- In asiatischen Ländern, in denen es wichtig ist **das Gesicht zu wahren**, könnten kritische Rückfragen schwierig werden. Wenn Sie beispielsweise die stellenbezogene Motivation eines Bewerbers hinterfragen und herausfinden wollen, was dem Bewerber am früheren Unternehmen nicht gefallen hat, dann werden Sie vermutlich eine ausweichende Antwort erhalten. Hier empfiehlt es sich, bei den positiven Beschreibungen auf die Zwischentöne zu achten. Eine Bemerkung wie „das war ein interessantes Vorgehen dort" kann bereits kritisch gemeint sein.
- Dieses andere Verhalten im **Umgang mit Kritik** sollten Sie auch bei der Verwendung der Ergebnisfrage im Verhaltensdreieck berücksichtigen. Kritische Aspekte werden Sie in vielen asiatischen Ländern nicht hören. Fragen Sie in diesem Fall nach der Selbsteinschätzung des Bewerbers oder danach, welches Verbesserungspotenzial er sieht. Diese positive Fragestellung führt eher zum Ziel.
- Häufiger **Arbeitsplatzwechsel** wird in Deutschland als Unzuverlässigkeit interpretiert, ist aber in Ländern wie Dänemark oder den USA eher üblich.
- Direkter **Blickkontakt** wird in Japan als unhöflich interpretiert, während bei uns die Vermeidung von Blickkontakt als Unsicherheit interpretiert wird. Japaner senken den Blick und schließen die Augen kurz, um sich zu konzentrieren.
- Dem Arbeitgeber zu **schmeicheln** ist in den USA selbstverständliche Gepflogenheit. Bei uns gilt es als unpassend oder wird als unerwünscht erlebt.
- Raumgreifendes **Gestikulieren** ist z.B. in Italien oder in Lateinamerika üblich, bewirkt in Deutschland eher einen Eindruck von Nervosität. Asiaten sind in der Regel dadurch vollkommen irritiert.

≡	**CHECKLISTE: Interviewführung**

Art der Begrüßung überprüfen, was ist üblich, was okay, was geht gar nicht?

Genug Zeit für die Aufwärmphase nehmen

Achtung Sprachbarriere: ggf. langsam sprechen & einfache Wortwahl

Im Gespräch: Erfahrungen mit der Zusammenarbeit mit Menschen anderer Kulturen klären

Vorsicht bei Interpretation von Gestik & Mimik in Asien

May be = nein im asiatischen Raum

Kulturelle Unterschiede erläutern als Hinweis für den Bewerber (wie ist es, in einer deutschen Firma zu arbeiten?)

Interviewauswertung idealerweise mit einem Landeskollegen gemeinsam machen

14.5   Auswertung

Die Auswertung der Interviews können Sie ebenfalls methodisch so durchführen wie wir es in Kapitel 5 beschrieben haben. Wir möchten Sie aber noch auf ein paar Kleinigkeiten hinweisen.

Viele Personaler oder auch Fachführungskräfte diskutieren die Idee, ausländische Bewerber eventuell milder zu beurteilen als die Bewerber aus dem eigenen Land. Davon raten wir jedoch ab. Denken Sie daran, dass sich die eingestellten Bewerber mit den lokalen Kollegen messen müssen. Die Vergabe eines Auswahlbonus ist daher nicht anzuraten.

Gleiches gilt für die Potenzialeinschätzung von Kandidaten in international agierenden Firmen: diese kommen aus verschiedenen Ländern, müssen ggf. auch einmal ins Ausland wechseln usw. Auch in diesen Fällen raten wir von einem Auswahlbonus ab und empfehlen einen einheitlichen Maßstab bei der Einschätzung anzuwenden. Sonst entsteht auch der Eindruck, dass Menschen, die vielleicht weniger zu bieten haben als die lokalen Bewerber in anderen Ländern bevorzugt werden, was zu unnötigen Diskussionen führen kann.

Prüfen Sie nach einem Interview sogleich die Frage, in welchen Anforderungsbereichen der Bewerber sich noch entwickeln kann und bei welchen Sie das nicht annehmen. Das kann bei einer Entscheidung behilflich sein. So haben Sie sichergestellt, dass der Bewerber über die relevanten, eventuell nicht leicht zu verändernden Anforderungen verfügt. Über die Anforderungen, die noch entwickelt werden müssen, informieren Sie den zukünftigen Vorgesetzten. Dann kann die verantwortliche Führungskraft die Personalentwicklung für die eingestellte Person sofort angehen.

15 Rechtliche Grundlagen für das Bewerberinterview

Bereits bisher mussten Sie unterschiedliche rechtliche Rahmenbedingungen beachten, wenn Sie Vorstellungsgespräche durchgeführt haben. Insbesondere darf nach der Rechtsprechung der Arbeitsgerichte bei der Auswahl kein Bewerber wegen seines Geschlechts benachteiligt werden.

15.1 Das Allgemeine Gleichbehandlungsgesetz (AGG)

Seit Juli 2006 gehört — neben anderen Vorschriften — auch das AGG, das Allgemeine Gleichbehandlungsgesetz, zu den Vorschriften, die Sie im Interview beachten müssen. Seit dessen Inkrafttreten darf niemand wegen der Rasse oder wegen der ethnischen Herkunft, des Geschlechts, der Religion oder Weltanschauung, einer Behinderung, des Alters oder der sexuellen Identität benachteiligt werden.

In der Praxis der letzten Jahre seit der Einführung des AGG hat sich gezeigt, dass es selten zu Problemen aufgrund der Interviewführung kommt, sofern sich der Interviewer an einige Grundsätze hält. Ein klares Anforderungsprofil ist die Voraussetzung, um nachweisen zu können, warum Sie sich für bestimmte Themen interessieren. Das Fragen nach konkretem Verhalten sowie die Dokumentation durch ein Protokoll sind unabdingbar für einen reibungslosen Ablauf des Gesprächs. Insofern befinden Sie sich auf der sicheren Seite bei der Anwendung der VeSiEr-Methode und den jetzt folgenden Tipps zu (un-)zulässigen Fragen.

CHECKLISTE: AGG-sicheres Bewerberinterview

Das Anforderungsprofil genügt AGG-Anforderungen.

Der Interviewleitfaden genügt AGG-Kriterien.

Das Interview wird nach dem Mehraugenprinzip durchgeführt.

Das Interview wird durch ein Protokoll dokumentiert.

Die Auswahlentscheidung ist durch die systematische Auswertung nachvollziehbar.

15.2 Fragerecht des Arbeitgebers und Antwortrecht des Bewerbers

Generell gilt, dass Sie den Bewerber im Vorstellungsgespräch zu allen Themen befragen dürfen, die für die Durchführung des Arbeitsverhältnisses erforderlich sind. Sie dürfen sich also im Bewerbungsverfahren die Informationen verschaffen, die aus Ihrer Sicht für die Einschätzung notwendig sind, ob der Bewerber die fachlichen und persönlichen Voraussetzungen für die Erledigung der zukünftigen Arbeitsaufgabe besitzt.

Das gilt grundsätzlich für Fragen im Bewerbungsgespräch

Dabei sind nicht nur diejenigen Aufgabenstellungen von Bedeutung, die der Bewerber unmittelbar nach seiner Einstellung zu erledigen haben wird. Der Arbeitgeber darf sich auch ein Bild darüber machen, ob der Bewerber für zukünftige weiterführende Aufgaben, insbesondere für Projektleitungen oder Führungsaufgaben, infrage kommt. Der Bewerber hat solche Fragestellungen wahrheitsgemäß zu beantworten. Sollte der Bewerber zulässigerweise gestellte Fragen unrichtig beantworten, wäre der Arbeitgeber u. U. zu einem späteren Zeitpunkt zur Anfechtung oder zur Kündigung des Arbeitsverhältnisses berechtigt.

Fragen, die über diesen Rahmen hinausgehen, muss der Bewerber nicht wahrheitsgemäß beantworten. Dies gilt insbesondere für Fragen, deren wahrheitsgemäße Beantwortung zu einer diskriminierenden Entscheidung zulasten des Bewerbers führen könnte. Eine solche unerlaubte Frage im Bewerberinterview ist: „Wie sieht denn Ihre Familienplanung in den nächsten zwei bis drei Jahren aus?"

Dem Bewerber steht insofern ein „Recht zur Lüge" zu, ohne dass ihm daraus Nachteile entstehen. Darüber hinaus hat der Bewerber gegebenenfalls ein Recht auf Schadenersatz nach AGG, wenn er die Stelle nicht erhalten hat, da er davon ausgehen kann, dass diese Fragen relevant für die Auswahlentscheidung sind. Wenn Sie dem Bewerber absagen mit der Begründung „Wir haben uns für einen jüngeren Mitarbeiter entschieden" oder „Wir haben uns für jemanden entschieden, der bereits zwei Kinder hat", dann könnte er Schadenersatz einklagen.

Zulässige Fragen

Wenn Sie die oben genannten Grundsätze berücksichtigen, dürfen Sie alle Fragen verwenden, die unmittelbar oder mittelbar zur Entscheidungsfindung über die fachliche und persönliche Eignung des Bewerbers beitragen können. Zulässig sind damit Fragen nach

- identifizierenden Tatsachen (Name, Geburtsdatum, Geburtsort),
- Lebenslauf, beruflichem Werdegang und Berufserfahrungen,
- Ausbildungen und Ausbildungsabschlüssen (Schulzeugnisse, Hochschulzeugnisse, Diplome, Doktorgrade, Techniker- und Meisterprüfungen, Fahrerlaubnis etc.),
- bestehenden Wettbewerbsverboten beim derzeitigen Arbeitgeber,
- beruflichen Perspektiven und Karriereplanung,
- Frage nach Vorlage der Originaldokumente (Zeugnisse, Urkunden)
- außerberuflichen Aktivitäten, soweit daraus Aufschlüsse über persönliche Qualifikationen ableitbar sind.
- Gerade der letzte Punkt zeigt, dass Sie bei jungen Bewerbern bewusst nach Hobbys etc. fragen dürfen, um etwas über deren überfachliche Kompetenzen wie Initiative oder Führungspotenzial herauszufinden.

Unzulässige Fragen

Unzulässig sind Fragen zu Merkmalen, die Sie zu einer objektiven Auswahlentscheidung normalerweise nicht benötigen, z. B. Fragen nach

- Rasse und ethnischer Herkunft,
- sexueller Identität,
- öffentlichen Ämtern, Abgeordnetenmandate,
- Religion und Weltanschauung (außer bei Tendenzbetrieben wie Kirchen),
- politischer Einstellung oder Parteizugehörigkeit (außer bei Tendenzbetrieben wie Parteien),
- Gewerkschaftszugehörigkeit (außer bei Tendenzbetrieben wie Gewerkschaften),
- Schwangerschaft,
- Krankheiten, sofern sie nicht unmittelbar im Zusammenhang mit der Aufgabenerfüllung stehen,
- dem Entgelt beim früheren Arbeitgeber (zulässig aber: Frage nach Entgeltvorstellungen),
- dem Entgelt des Lebenspartners sowie
- persönlichen Vermögensverhältnissen.

Nur ausnahmsweise zulässige Fragen

Insbesondere Fragen nach dem Gesundheitszustand, nach Vorstrafen und nach Pfändungen sind nur ausnahmsweise zulässig.

- Krankheiten und Schwerbehinderung
  Entscheidend ist, ob bei Vorliegen einer gesundheitlichen Beeinträchtigung das konkrete Arbeitsverhältnis nicht durchgeführt werden kann. Die Frage nach Krankheiten bzw. die Frage nach Schwerbehinderungen ist nur dann zulässig, wenn die Krankheit bzw. die Schwerbehinderung die Eignung des Bewerbers für die angestrebte Tätigkeit auf Dauer oder in periodisch wiederkehrenden Abständen erheblich beeinträchtigt oder aufhebt. (z. B. Frage nach Krankheiten für Tätigkeit auf Intensivstation)
- Vorstrafen
  Die Frage nach Vorstrafen ist nur zulässig, wenn die Art des zu besetzenden Arbeitsplatzes dies erfordert. Die Frage ist nur nach „einschlägigen" Vorstrafen zulässig (z. B. Frage nach Straßenverkehrsdelikten bei Kraftfahrern oder Betrugsdelikten bei Buchhaltern).
- Pfändungen
  Die Frage nach Entgeltpfändungen ist nur bei Bewerbern für besondere Vertrauenspositionen zulässig.

15.3 Information des abgelehnten Bewerbers über die Ablehnungsgründe

Teilweise wird empfohlen, abgelehnten Bewerbern keinerlei Auskünfte über die Gründe einer Ablehnung zu erteilen, um so missbräuchliche Entschädigungsforderungen zu vermeiden.

Diese Empfehlung ist jedoch nicht angemessen. Es besteht auch nach AGG kein zwingender Grund, abgelehnten Bewerbern Aussagen zu verweigern, die im Bewerbungsverfahren festgestellte fachliche oder persönliche Schwächen generell betreffen. Es muss aber sichergestellt werden, dass der abgelehnte Bewerber keine Mitteilungen erhält, die aus seiner Sicht Anlass für Entschädigungsforderungen geben könnten. Unzulässig wäre insbesondere die Feststellung, der abgelehnte Bewerber sei für die in Aussicht genommene Aufgabe „zu alt" oder man habe sich „für einen jüngeren Kandidaten entschieden". Entsprechendes gilt für die Ablehnung einer externen oder internen Kandidatin mit dem Hinweis auf eine bestehende Schwangerschaft.

Abbildungsverzeichnis

Stichwortverzeichnis